物联网工程技术丛书

无线传感器网络技术及应用开发

熊茂华 熊昕 刘萍 编著

清华大学出版社

北 京

内 容 简 介

本书介绍了无线传感器网络研究领域中的相关技术和应用。全书共分 12 章,内容涵盖无线传感器网络的体系结构,传感器与智能检测技术,无线传感器网络的协议规范,无线传感器网络通信技术,短距离无线通信协议标准,覆盖与拓扑控制技术,定位、跟踪与时间同步技术,网络安全技术,无线传感器网络数据融合与管理技术以及无线传感器网络中间件技术等方面;重点介绍了无线传感器网络开发环境的构建以及无线传感器网络操作系统;最后详细介绍了 2 个典型的无线传感器网络应用系统实例。

本书在编写上既重视基础知识,又跟踪前沿技术;既具有学术深度,又具有教材的系统性和可读性。本书课后习题的答案可从清华大学出版社网站下载。

本书可以作为高职高专院校物联网、传感器网络通信工程、电子信息、计算机等专业的高职高专生和本科生的教材,也可作为无线传感器网络领域的研究人员及广大对无线传感器网络感兴趣的工程技术人员的参考书。

图书在版编目(CIP)数据

无线传感器网络技术及应用开发/熊茂华,熊昕,刘萍编著.--北京:清华大学出版社,2015
(2019.2重印)
(物联网工程技术丛书)
ISBN 978-7-302-36441-2

Ⅰ. ①无… Ⅱ. ①熊… ②熊… ③刘… Ⅲ. ①无线电通信—传感器 Ⅳ. ①TP212

中国版本图书馆 CIP 数据核字(2014)第 095825 号

责任编辑:孟毅新
封面设计:傅瑞学
责任校对:刘 静
责任印制:沈 露

出版发行:清华大学出版社
      网   址:http://www.tup.com.cn,http://www.wqbook.com
      地   址:北京清华大学学研大厦 A 座   邮   编:100084
      社 总 机:010-62770175   邮   购:010-62786544
      投稿与读者服务:010-62776969,c-service@tup.tsinghua.edu.cn
      质量反馈:010-62772015,zhiliang@tup.tsinghua.edu.cn
      课件下载:http://www.tup.com.cn,010-62795764
印 装 者:三河市龙大印装有限公司
经   销:全国新华书店
开   本:185mm×260mm   印   张:19.5   字   数:444 千字
版   次:2015 年 4 月第 1 版   印   次:2019 年 2 月第 5 次印刷
定   价:45.00 元

产品编号:053681-01

无线传感器网络(Wireless Sensor Network)是新一代的传感器网络,具有非常广泛的应用前景,其发展和应用将会给人类的生活和生产的各个领域带来深远影响。可以预计,无线传感器网络的研究与应用将给人类社会带来极大的变革。为满足各地无线传感器网络技术与应用人才培养的需要,我们编写了本书。本书可作为高等职业院校和应用型本科院校物联网、传感器网络通信工程、电子信息、计算机专业的教材,也可作为无线传感器网络领域的研究人员及广大对无线传感器网络感兴趣的工程技术人员的参考读物。

本书详细介绍了无线传感器网络的概念、关键技术和典型应用。首先讨论无线传感器网络的概念与特点,无线传感器网络体系结构、节点结构、应用系统结构和通信体系结构,无线传感器网络的协议规范(包括 IEEE 802.15.4 标准、ZigBee 协议栈体系结构及规范),无线传感器网络路由协议、传感器及检测技术、智能传感器技术、智能检测系统的设计、RFID 的工作原理及系统组成,RFID 中间件技术及 RFID 典型模块应用等;其次介绍了物联网通信与网络技术知识,主要包括无线通信技术、蓝牙技术、Wi-Fi 技术、ZigBee 技术、GPS 技术、无线局域网、无线城域网、无线自组织网络技术、Ad Hoc 网络的体系结构与应用等;然后介绍无线传感器网络开发环境的构建、TinyOS 操作系统与编程、无线传感器网络的节点定位与跟踪技术、时间同步技术、测距技术、无线传感器网络拓扑控制与覆盖技术、无线传感器网络安全技术、无线传感器网络密钥管理、无线传感器网络中间体技术、无线传感器网络中的数据融合与管理技术、无线传感器网络应用系统设计与开发等,使课程理论与实践紧密地结合起来。

本书由熊茂华、熊昕、刘萍编著,徐建闽教授主审。由熊茂华负责全书内容的规划与编排。

在本书编写过程中,得到了许多老师和无锡清华信息科学与技术国家实验室物联网技术中心的帮助,部分内容参考了本书所列参考文献。在此谨向所有给予帮助的同志和所列参考文献的作者深表谢意。

由于作者的水平有限,书中难免存在缺点与疏漏,敬请各位专家以及广大读者批评指正。本书的配套开发工具软件、练习题参考答案和课件可在清华大学出版社网站下载。

编　者
2015 年 3 月

CONTENTS 目录

第 **1** 章

无线传感器网络基础知识

本章要点
- 无线传感器网络的概念与特点
- 无线传感器网络的发展和现状
- 无线传感器网络体系结构
- 无线传感器网络的应用及关键技术

1.1 无线传感器网络的概念与特点

1.1.1 无线传感器网络的概述

无线传感器网络(Wireless Sensor Network,WSN)是新一代的传感器网络,具有非常广泛的应用前景,其发展和应用将会给人类的生活和生产的各个领域带来深远影响。2001 年 1 月,《MIT 技术评论》将无线传感器列于十种改变未来世界的新兴技术之首。2003 年 8 月,《商业周刊》预测,无线传感器网络将会在不远的将来掀起新的产业浪潮。2004 年 IEEE Spectrum 杂志发表一期专辑:"传感器的国度——论述无线传感器网络的发展和可能的广泛应用"。在我国未来 20 年预见技术的调查报告中,信息领域的 157 项技术课题中有 7 项与传感器网络直接相关。2006 年年初发布的《国家中长期科学与技术发展规划纲要》为信息技术确定了三个前沿方向,其中两个与无线传感器的研究直接相关,即智能感知技术和自组织网络技术。可以预计,无线传感器网络的研究与应用是一种必然趋势,将会给人类社会带来极大的变革。

无线传感器网络是由部署在监测区域内大量的廉价微型传感器节点组成,通过无线通信方式形成的一个多跳自组织网络的网络系统。其目的是协作感知、采集和处理网络覆盖区域中感知对象的信息,并发送给观察者。

可以看出,传感器、感知对象和观察者是传感器网络的三个基本要素。这三个要素之间通过无线网络建立通信路径,协作地感知、采集、处理、发布感知信息。

1.1.2 无线传感器网络的特点

目前常见的无线网络包括移动通信网、无线局域网、蓝牙网络、Ad Hoc 网络等,无线传感器网络在通信方式、动态组网以及多跳通信等方面与之有许多相似之处，但也有很大的差别。无线传感器网络具有如下特点。

1．电源能量有限

传感器节点体积微小，通常携带能量十分有限的电池。由于传感器节点数目庞大，成本要求低廉，分布区域广，而且部署区域环境复杂，有些区域甚至人员不能到达，所以传感器节点通过更换电池的方式来补充能源是不现实的。

2．通信能量有限

传感器网络的通信带宽窄而且经常变化，通信覆盖范围只有几十米到几百米。由于传感器网络更多地受到高山、建筑物、障碍物等地势地貌以及风雨雷电等自然环境的影响，传感器可能会长时间脱离网络，离线工作。

3．传感器节点的能量、计算能力和存储能力有限

传感器节点是一种微型嵌入式设备，其价格低、功耗小，处理器能力也比较弱，存储器容量比较小。

4．网络规模大，分布广

传感器网络中的节点分布密集，数量巨大。传感器网络可以分布在很广泛的地理区域。这一特点使得网络维护十分困难，甚至不可维护，因此传感器网络的软、硬件必须具有高强壮性和容错性，以满足其功能要求。

5．自组织、动态性网络

在传感器网络应用中，有可能传感器节点的位置不能预先精确设定，节点之间相互的邻居关系预先也不知道，而是随机布撒。这就要求传感器节点具有自组织能力，能够自动进行配置和管理，通过拓扑控制机制和网络协议自动形成转发监控数据的多跳无线网络系统。

6．传感器节点具有数据融合能力

传感器网络与 Mesh 网络的区别是数据小，能移动，重能源。它与无线 Ad Hoc 网络相比，数量多，密度大，易受损，拓扑结构频繁，采用广播式点对多点通信，其节点能量和计算能力受限。

1.2　无线传感器网络的发展

1.2.1　无线传感器网络的发展阶段

无线传感器网络的发展分为以下几个阶段。

第一阶段：最早可以追溯 20 世纪 70 年代越战时期使用的传统传感器系统。当年，美越双方在密林覆盖的"胡志明小道"进行了一场血腥较量，这条道路是胡志明部队向南方游击队源源不断输送物资的秘密通道，美军曾经绞尽脑汁动用航空兵狂轰滥炸，但效果不大。后来，美军投放了 2 万多个"热带树"传感器。

第二阶段：20 世纪 80 年代至 90 年代之间。主要是美军研制的分布式传感器网络系统、海军协同交战能力系统、远程战场传感器系统等。这种现代微型化的传感器具备感知能力、计算能力和通信能力。因此在 1999 年,《商业周刊》将传感器网络列为 21 世纪最具影响的 21 项技术之一。

第三阶段:21 世纪开始至今。这个阶段的传感器网络技术特点在于网络传输自组织,节点设计低功耗。它除了应用于情报部门反恐活动以外,在其他领域更是获得了很好的应用,所以,2002 年美国国家重点实验室——橡树岭实验室提出了"网络就是传感器"的论断。

无线传感器网络经历了智能传感器、无线智能传感器、无线传感器网络 3 个阶段。智能传感器将计算能力嵌入传感器中,使得传感器节点不仅具有数据采集能力,而且具有滤波和信息处理能力;无线智能传感器在智能传感器的基础上增加了无线通信能力,大大延长了传感器的感知触角,降低了传感器的工程实施成本;无线传感器网络则将网络技术引入无线智能传感器中,使得传感器不再是单个的感知单元,而是能够交换信息、协调控制的有机结合体,实现物与物的互联,把感知触角深入世界各个角落,必将成为下一代互联网的重要组成部分。

1.2.2　无线传感器网络技术发展背景

1996 年,美国 UCLA 大学的 William J. Kaiser 教授向 DARPA 提交的"低能耗无线集成微型传感器"揭开了现代 WSN 网络的序幕。1998 年,同是 UCLA 大学的 Gregory J. Pottie 教授从网络研究的角度重新阐述了 WSN 的科学意义。在其后的十余年里,WSN 网络技术得到学术界、工业界乃至政府的广泛关注,成为在国防军事、环境监测和预报、健康护理、智能家居、建筑物结构监控、复杂机械监控、城市交通、空间探索、大型车间和仓库管理以及机场、大型工业园区的安全监测等众多领域中最有竞争力的应用技术之一。美国《商业周刊》将 WSN 网络列为 21 世纪最有影响的技术之一,麻省理工学院(MIT)技术评论将其列为改变世界的十大技术之一。

1. WSN 相关的会议和组织

WSN 网络技术一经提出,就迅速在研究界和工业界得到广泛的认可。1998 年到 2003 年,各种与无线通信、Ad Hoc 网络、分布式系统的会议开始大量收录与 WSN 网络技术相关的文章。2001 年,美国计算机学会(ACM)和 IEEE 成立了第一个专门针对传感网技术的会议 International Conference on Information Processing in Sensor Network (IPSN),为 WSN 网络的技术发展开拓了一片新的技术园地。2003 年到 2004 年,一批针对传感网技术的会议相继组建。ACM 在 2005 年还专门创刊 ACM Transaction on Sensor Network,用来出版最优秀的传感器网络技术成果。2004 年,Boston 大学与 BP、Honeywell、Inetco Systems、Invensys、Millennial Net、Radianse、Sensicast Systems 等公司联合创办了传感器网络协会,旨在促进 WSN 技术的开发。2006 年 10 月,在中国北京,中国计算机学会传感器网络专委会正式成立,标志着中国 WSN 技术研究开始进入一个新的历史阶段。

2. 相关科研和工程项目

美国从 20 世纪 90 年代开始,就陆续开展分布式传感器网络(DSN)、集成无线网络传感器(WINS)、智能尘埃(Smart Dust)、无线嵌入式系统(WEBS)、分布式系统可升级协调体系结构研究(SCADDS)、嵌入式网络传感(CENS)等一系列重要的 WSN 网络研究项目。

自 2001 年起,美国国防部远景研究计划局(DARPA)每年都投入千万美元进行 WSN 网络技术研究,设立了 Smart Sensor Web、灵巧传感器网络通信、无人值守地面传感器群、传感器组网系统、网状传感器系统等一系列军事传感器网络研究项目。在美国自然科学基金委员会的推动下,美国如麻省理工学院、加州大学伯克利分校、加州大学洛杉矶分校、南加州大学、康奈尔大学、伊利诺伊大学等许多著名高校也进行了大量 WSN 网络的基础理论和关键技术的研究。除美国以外,日本、英国、意大利、巴西等国家也对传感器网络表现出极大的兴趣,并各自展开了该领域的研究工作。

中国现代意义的 WSN 网络及其应用研究几乎与发达国家同步启动,首先被记录在 1999 年发表的中国科学院《知识创新工程试点领域方向研究》的信息与自动化领域研究报告中。

2001 年,中国科学院成立了微系统研究与发展中心,挂靠中科院上海微系统所。从 2002 年开始,中国国家自然科学基金委员会开始部署传感器网络相关的课题。截至 2008 年年底,中国国家自然基金共支持面上项目 111 项、重点项目 3 项;国家"863"重点项目发展计划共支持面上项目 30 余项;国家重点基础研究发展计划"973"也设立 2 项与传感器网络直接相关的项目;国家发改委中国下一代互联网工程项目(CNGI)也对传感器网络项目进行了连续资助。"中国未来 20 年技术预见研究"提出的 157 个技术课题中,有 7 项直接涉及无线传感器网络。这些专项的设立将大大推进 WSN 网络技术在应用领域的快速发展。

1.3　无线传感器网络体系结构

1.3.1　无线传感器网络的体系结构

无线传感器网络的体系结构如图 1.1 所示。监测区域中随机分布着大量的传感器节点,这些节点以自组织的方式构成网络结构。每个节点既有数据采集功能,又有路由功能。采集数据经过多跳传递给汇聚节点,然后连接到互联网。在网络的任务管理节点,对信息进行管理、分类、处理,最后供用户集中处理。

图 1.1　无线传感器网络的体系结构

1.3.2　无线传感器网络的节点结构

　　节点同时具有传感、信息处理和进行无线通信及路由的功能。对于不同的应用环境，节点的结构也可能不一样，但它们的基本组成部分是一致的。一个节点通常由传感器、微处理器、存储器、A/D 转换接口、无线发射以及接收装置和电源组成。概括地说，可分为传感器模块、处理器模块、无线通信模块和能量供应模块四个部分。无线传感器节点的体系结构如图 1.2 所示。传感器模块负责信息采集和数据转换；处理器模块控制整个传感器节点的操作，处理本身采集的数据和其他节点发来的数据，运行高层网络协议；无线通信模块负责与其他传感器节点进行通信；能量供应模块为传感器节点提供运行所需的能量，通常采用微型蓄电池。

图 1.2　传感器节点的体系结构

1.3.3　无线传感器网络应用系统结构

　　无线传感器网络应用系统结构如图 1.3 所示。无线传感器网络应用支撑层、无线传感器网络基础设施和基于无线传感器网络应用业务层的一部分共性功能以及管理、信息安全等部分组成了无线传感器网络中间件和平台软件。其基本含义是，应用支撑层支持应用业务层为各个应用领域服务，提供所需的各种通用服务。在这一层中，核心是中间件软件。管理和信息安全是贯穿各个层次的保障。无线传感器网络中间件和平台软件体系结构主要分为四个层次：网络适配层、基础软件层、应用开发层和应用业务适配层。其中，网络适配层和基础软件层组成无线传感器网络节点嵌入式软件(部署在无线传感器网络节点中)的体系结构，应用开发层和基础软件层组成无线传感器网络应用支撑结构(支持应用业务的开发与实现)。在网络适配层中，网络适配器是对无线传感器网络底层(无线传感器网络基础设施、无线传感器操作系统)的封装。基础软件层包含无线传感器网络的各种中间件。这些中间件构成无线传感器网络平台软件的公共基础，并提供了高度的灵活性、模块性和可移植性。

　　无线传感器网络中间件有如下几种。

　　(1) 网络中间件：完成无线传感器网络接入服务、网络生成服务、网络自愈合服务、网络连通等。

　　(2) 配置中间件：完成无线传感器网络的各种配置工作，如路由配置、拓扑结构的调整等。

图 1.3　无线传感器网络应用系统结构

（3）功能中间件：完成无线传感器网络各种应用业务的共性功能，提供各种功能框架接口。

（4）管理中间件：为无线传感器网络应用业务实现各种管理功能，如目录服务，资源管理、能量管理、生命周期管理。

（5）安全中间件：为无线传感器网络应用业务实现各种安全功能，如安全管理、安全监控、安全审计。

1.3.4　无线传感器网络通信体系结构

无线传感器网络的实现需要自组织网络技术。相对于一般意义上的自组织网络，传感器网络有以下特色，需要在体系结构的设计中特殊考虑。

（1）无线传感器网络中的节点数目众多，这就对传感器网络的可扩展性提出了要求。由于传感器节点的数目多，开销大，传感器网络通常不具备全球唯一的地址标识，使得传感器网络的网络层和传输层相对于一般网络而言有很大的简化。

（2）自组织传感器网络最大的特点就是能量受限。传感器节点受环境的限制，通常由电量有限且不可更换的电池供电，所以在考虑传感器网络体系结构以及各层协议设计时，节能是主要考虑的目标之一。

（3）由于传感器网络应用环境的特殊性，无线信道不稳定以及能源受限的特点，传感器网络节点受损的概率远大于传统网络节点，因此自组织网络的健壮性保障是必须的，以保证部分传感器网络的损坏不会影响全局任务的进行。

（4）传感器节点高密度部署，网络拓扑结构变化快，这对拓扑结构的维护提出了挑战。

无线传感器网络通信体系结构如图 1.4 所示，即横向的通信协议层和纵向的传感器网络管理面。通信协议层可以划分为物理层、数据链路层、网络层、传输层和应用层。网络管理面划分为能耗管理面、移动性管理面以及任务管理面。网络管理面的存在主要是为了协调不同层次的功能，以求在能耗管理、移动性管理和任务管理方面获得综合考虑的最优设计。

图 1.4 无线传感器网络通信体系结构

1.4 无线传感器网络的应用及关键技术

1.4.1 无线传感器网络的应用

无线传感器网络(WSN)的应用分类如图 1.5 所示,分为追踪和监测两类。监测应用包括室外、室内环境监测,健康状况监测,库存监测,工厂生产过程自动化,自然环境监测等方面。追踪的应用有目标追踪、动物追踪、汽车追踪、人的追踪等。

图 1.5 无线传感器网络的应用分类

无线传感器网络主要应用在以下领域。

1. 军事领域

2005 年,美国军方成功测试了由美国 Crossbow 产品组建的枪声定位系统,为救护、反恐提供有力手段。美国科学应用国际公司采用无线传感器网络,构筑了一个电子周边防御系统,为美国军方提供军事防御和情报信息。

在中国,中科院微系统所主导的团队积极开展基于 WSN 的电子围栏技术的边境防御系统的研发和试点,已取得了阶段性的成果。

2. 公共卫生

WSN 可用于残疾人监测、病人监测、诊断、医院药品管理系统。C. R. Badker 等人指出,在公共卫生医疗监测中应用 WSN,能提高现有卫生和病人监测状况。他们提出了

4 种应用原型：婴儿监测、提醒聋人、血压监测与追踪、消防员身体特征信号监测。这些原型采用了 SHIMME 和 T-mote 节点。

在医疗监控方面，美国英特尔公司目前正在研制用于家庭护理的无线传感器网络系统，作为美国"应对老龄化社会技术项目"的一项重要内容。另外，在对特殊医院（精神类或残障类）中病人的位置监控方面，WSN 也有巨大应用潜力。

3. 环境应用

WSN 的环境应用包括跟踪生物，如鸟类、小动物和昆虫的迁移，监测影响农作物和庄稼的环境，以及大海、土壤及森林火灾等的监测。美国加利福尼亚州索诺马县应用 WSN 研究红木树林的现状。每个传感器节点用于测量空气温度、相对湿度以及光合有效辐射作用。通过在树的不同高度放置节点，生物学家可以追踪红木树林小气候的空间渐变情况，从而验证其生物学理论。

4. 工业应用

在工业监控方面，美国英特尔公司为俄勒冈的一家芯片制造厂安装了 200 台无线传感器，用来监控部分工厂设备的振动情况，并在测量结果超出规定时提供监测报告。西安成峰公司与陕西天和集团合作开发了矿井环境监测系统和矿工井下区段定位系统。

5. 公共事业领域

在民用安全监控方面，英国的一家博物馆利用无线传感器网络设计了一个报警系统。他们将节点放在珍贵文物或艺术品的底部或背面，通过侦测灯光的亮度改变和振动情况来判断展览品的安全状态。中科院计算所在故宫博物院实施的文物安全监控系统也是 WSN 技术在民用安防领域中的典型应用。

现代建筑的发展不仅要求为人们提供更加舒适、安全的房屋和桥梁，而且希望建筑本身能够对自身的健康状况进行评估。WSN 技术在建筑结构健康监控方面将发挥重要作用。2004 年，哈尔滨工业大学在深圳地王大厦实施部署了监测环境噪声和震动加速度响应测试的 WSN 网络系统。

在智能交通方面，美国交通部提出了"国家智能交通系统项目规划"，预计到 2025 年全面投入使用。该系统综合运用大量传感器网络，配合 GPS 系统、区域网络系统等资源，实现对交通车辆的优化调度，并为个体交通推荐实时的、最佳的行车路线服务。目前在美国的宾夕法尼亚州的匹兹堡市已经建有这样的智能交通信息系统。

以中科院上海微系统所为首的研究团队正在积极开展 WSN 在城市交通的应用。中科院软件所在地下停车场基于 WSN 网络技术实现了细粒度的智能车位管理系统，使得停车信息能够迅速通过发布系统推送给附近的车辆，大大提高了停车效率。

在物流领域中，基于 RFID 和传感器节点的应用在大粒度商品物流管理中广泛采用。宁波中科万通公司与宁波港合作，实现基于 RFID 网络的集装箱和集卡车的智能化管理。

在智能家居领域中，浙江大学计算机系的研究人员开发了一种基于 WSN 网络的无线水表系统，能够实现水表的自动抄录。复旦大学、电子科技大学等单位研制了基于 WSN 网络的智能楼宇系统，其典型结构包括照明控制、警报门禁，以及家电控制的 PC 系统。各部件自治组网，最终由 PC 将信息发布在互联网上。人们通过互联网终端对家庭状况实施监测。

1.4.2　无线传感器网络的关键技术

无线传感器网络的核心关键技术和关键支撑技术如下所述。

1. 核心关键技术

（1）组网模式

无线传感器网络的组网模式是无线传感器网络的核心关键技术。

① 扁平组网模式：所有节点的角色相同，通过相互协作，完成数据的交流和汇聚。最经典的定向扩散路由（Direct Diffusion）就是这种网络结构。

② 基于分簇的层次型组网模式：此模式是指节点分为普通传感器节点和用于数据汇聚的簇头节点。传感器节点将数据先发送到簇头节点，然后由簇头节点汇聚到后台。

③ 网状网（Mesh）模式：Mesh 模式在传感器节点形成的网络上增加一层固定无线网络，用来收集传感器节点数据；另一方面，实现节点之间的信息通信，以及网内融合处理。

④ 移动汇聚模式：移动汇聚模式是指使用移动终端收集目标区域的传感数据，并转发到后端服务器。移动汇聚可以提高网络的容量，但数据的传递延迟与移动汇聚节点的轨迹相关。如何控制移动终端轨迹和速率是该模式研究的重要目标。

（2）拓扑结构

组网模式决定了网络的总体拓扑结构，但为了实现 WSN 网络的低能耗运行，需要对节点连接关系的时变规律进行细粒度控制。目前主要的拓扑控制技术分为时间控制、空间控制和逻辑控制 3 种。时间控制是指通过控制每个节点睡眠、工作的占空比，节点间睡眠起始时间的调度，让节点交替工作，网络拓扑在有限的拓扑结构间切换；空间控制是指通过控制节点发送功率改变节点的连通区域，使网络呈现不同的连通形态，从而获得控制能耗、提高网络容量的效果；逻辑控制是指通过邻居表将不"理想的"节点排除在外，从而形成更稳固、可靠和强健的拓扑。

（3）媒体访问控制和链路控制

媒体访问控制（MAC）和链路控制解决无线网络中普遍存在的冲突和丢失问题。根据网络中的数据流状态控制临近节点，乃至网络中所有节点的信道访问方式和顺序，达到高效利用网络容量，减低能耗的目的。要实现拓扑控制中的时间和空间控制，WSN 的MAC 层需要配合完成睡眠机制、时分信道分配和空分复用等功能。

（4）路由、数据转发及跨层设计

WSN 网络中的数据流向与 Internet 相反：在 Internet 网络中，终端设备主要从网络上获取信息；而在 WSN 网络中，终端设备是向网络提供信息。因此，WSN 网络层协议设计有自己的独特要求。由于在 WSN 网络中对能量效率的苛刻要求，研究人员通常利用 MAC 层的跨层服务信息来进行转发节点、数据流向的选择。另外，网络在任务发布过程中一般要将任务信息传送给所有的节点，因此设计能量高效的数据分发协议也是在网络层研究的重点。网络编码技术是提高网络数据转发效率的一项技术。在分布式存储网络架构中，一份数据往往有不同的代理对其感兴趣，网络编码技术通过有效减少网络中数据包的转发次数，来提高网络容量和效率。

（5）QoS 保障和可靠性设计

QoS 保障和可靠性设计技术是传感器网络走向可用的关键技术之一。QoS 保障技术包括通信层控制和服务层控制。传感器网络大量的节点如果没有质量控制，将很难完成实时监测环境变化的任务。可靠性设计技术的目的是保证节点和网络在恶劣工作条件下长时间工作。节点计算和通信模块的失效直接导致节点脱离网络，传感器模块的失效可能导致数据出现歧变，造成网络误警。如何通过数据检测失效节点，也是关键的研究内容之一。

2. 关键支撑技术

（1）WSN 网络的时间同步技术

时间同步技术是完成实时信息采集的基本要求，也是提高定位精度的关键手段。常用的方法是通过时间同步协议完成节点间的对时，通过滤波技术抑制时钟噪声和漂移。最近，利用耦合振荡器的同步技术实现网络无状态自然同步的方法备受关注，这是一种高效的、可无限扩展的时间同步新技术。

（2）基于 WSN 的自定位和目标定位技术

定位跟踪技术包括节点自定位和网络区域内的目标定位跟踪。节点自定位是指确定网络中节点的自身位置，这是随机部署组网的基本要求。GPS 技术是室外惯常采用的自定位手段，但一方面成本较高，另一方面在有遮挡的地区会失效。传感器网络更多采用混合定位方法：手动部署少量的锚节点（携带 GPS 模块），其他节点根据拓扑和距离关系进行间接位置估计。目标定位跟踪通过网络中节点之间的配合完成对网络区域中特定目标的定位和跟踪，一般建立在节点自定位的基础上。

（3）分布式数据管理和信息融合

分布式动态实时数据管理是以数据中心为特征的 WSN 网络的重要技术之一。该技术通过部署或者指定一些节点为代理节点，代理节点根据监测任务收集兴趣数据。监测任务通过分布式数据库的查询语言下达给目标区域的节点。在整个体系中，WSN 网络被当作分布式数据库独立存在，实现对客观物理世界实时和动态地监测。

信息融合技术是指节点根据类型、采集时间、地点、重要程度等信息标度，通过聚类技术将收集到的数据进行本地融合和压缩，一方面排除信息冗余，减小网络通信开销，节省能量；另一方面，通过贝叶斯推理技术实现本地的智能决策。

（4）WSN 的安全技术

安全通信和认证技术在军事和金融等敏感信息传递应用中有直接需求。传感器网络由于部署环境和传播介质的开放性，很容易受到各种攻击。但受无线传感器网络资源限制，直接应用安全通信、完整性认证、数据新鲜性、广播认证等现有算法存在实现的困难。鉴于此，研究人员一方面探讨在不同组网形式、网络协议设计中可能遭到的各种攻击形式；另一方面，设计安全强度可控的简化算法和精巧协议，以满足传感器网络的现实需求。

（5）精细控制、深度嵌入的操作系统技术

作为深度嵌入的网络系统，WSN 网络对操作系统有特别的要求，既要能够完成基本体系结构支持的各项功能，又不能过于复杂。从目前发展状况来看，TinyOS 是最成功的

WSN 专用操作系统。但随着芯片低功耗设计技术和能量工程技术水平的提高,更复杂的嵌入式操作系统,如 VXWorks、μCLinux 和 μC/OS 等,也可能被 WSN 网络所采用。

(6) 能量工程

能量工程包括能量的获取和存储两方面。能量获取主要指将自然环境的能量转换成节点可以利用的电能,如太阳能、振动能量、地热、风能等。2007 年,在无线能量传递方面有了新的研究成果:通过磁场的共振传递技术将使远程能量传递。这项技术将对 WSN 技术的成熟和发展带来革命性的影响。在能量存储技术方面,高容量电池技术是延长节点寿命,全面提高节点能力的关键性技术。纳米电池技术是目前最有希望的技术之一。

1.4.3　无线传感器网络的未来发展

WSN 针对不同的应用有不同的假设和需求。当前已经提出一系列协议,它们有各自的优点和适用的环境,也存在一些不足。随着工艺、计算机及其网络技术的发展,WSN 必将得到越来越广泛的应用,迫切需要高效的支撑技术算法和协议。下面给出将来 WSN 的几个发展方向。

(1) 能效问题是无线传感器网络中的热点研究问题。针对不同应用的能效节点自定位算法、优化覆盖算法、时间同步算法都是值得深入研究的,以便进一步提高网络的性能,延长网络的生命周期。

(2) 在高密度网络中,需要大范围时间同步。时间同步可以减少事件碰撞、能量浪费和统一更新。现有的时间同步方案致力于同步网络中的局部节点时钟以及较少的能量负担。接下来的研究可以更多地关注最小化长时间的不确定性误差,以提高精度。

(3) WSN 中布置了大量的节点,随着时间发展会产生大量的数据。数据压缩、融合和聚合技术能有效地减少数据传送量。基于事件的压缩、融合、聚合方案和连续时间采集网络也是具有挑战性的研究领域。

(4) WSN 的安全检测问题。安全协议需要能监视、检测,同时应对入侵者的攻击。现有的许多安全协议是针对网络层和数据链路层的。然而,恶意攻击可能出现在任何层中,不同层的安全检测是一个值得研究的问题。跨层的安全检测是网络安全研究中的一个具有挑战性的课题。

(5) 可扩展性。保证网络的可扩展性是 WSN 的另一项关键需求。由于能量耗尽、节点故障、通信故障等原因,网络的拓扑结构常常会发生变化。如果没有网络的可扩展性保证,网络性能会随着网络规模的增加或是随着时间而显著降低。

(6) WSN 有着分层的体系结构,导致各层的优化设计不能保证整个网络的设计最优。将 MAC 与路由相结合进行跨层设计,可以有效节省能量,延长网络的寿命。传感器网络在能量管理、低功耗设计、时间同步和节点定位方面可以结合实际,跨层优化设计。

练习题

一、填空题

1. 传感器网络的三个基本要素是_____、_____、_____。

2. 传感器网络的基本功能是_____、_____、_____、_____。

3. 无线传感器节点的基本功能是_____、_____、_____、_____。

4. 1996 年,美国 UCLA 大学的_____教授向 DARPA 提交的"低能耗无线集成微型传感器"揭开了现代 WSN 网络的序幕。

5. _____年 10 月,在中国北京,中国计算机学会传感器网络专委会正式成立,标志着中国 WSN 技术研究进入一个新的历史阶段。

6. 网络中间件完成无线传感器_____、_____、网络自愈合服务、网络连通等。

7. 无线传感器网络的核心关键技术主要包括_____、_____、媒体访问控制和链路控制、路由、数据转发及跨层设计、QoS 保障和可靠性设计、移动控制模型。

8. 无线传感器网络的关键支撑技术主要包括_____、_____、_____、_____、数据融合及管理、网络安全、应用层技术等。

9. 无线传感器网络的特点是_____、_____、_____、以数据为中心的网络、应用相关的网络。

10. 传感器节点由_____、_____、_____和_____四部分组成。

二、简答题

1. 请简述无线传感器网络的定义。

2. 无线传感器网络具有哪些特点?

3. 无线传感器网络的发展分为哪几个阶段?

4. 无线传感器网络的中间件有哪几种?

5. 简述无线传感器网络的节点结构。

第 2 章

无线传感器网络的协议规范

本章要点

- IEEE 802.15.4 标准
- ZigBee 技术及其和 IEEE 802.15.4 的关系
- ZigBee 协议规范
- ZigBee 技术的应用
- 无线传感器网络路由协议

2.1 IEEE 802.15.4 标准

2.1.1 IEEE 802.15.4 标准的概述

1. IEEE 802.15.4 标准概述

随着通信技术的迅速发展,人们提出了在人自身附近几米范围之内通信的需求,由此出现了个人区域网络(Personal Area Network,PAN)和无线个人区域网络(Wireless Personal Area Network,WPAN)的概念。WPAN 网络为近距离范围内的设备建立无线连接,把几米范围内的多个设备通过无线方式连接在一起,使它们可以相互通信,甚至接入 LAN 或 Internet。1998 年 3 月,IEEE 802.15 工作组致力于 WPAN 网络的物理层(PHY)和媒体访问层(MAC)的标准化工作,目标是为在个人操作空间(Personal Operating Space,POS)内相互通信的无线通信设备提供通信标准。POS 一般是指用户附近 10m 左右的空间范围。在这个范围内,用户可以是固定的,也可以是移动的。

在 IEEE 802.15 工作组内有四个任务组(Task Group,TG),分别制定适合不同应用的标准。这些标准在传输速率、功耗和支持的服务等方面存在差异。

(1) 任务组 TG1:制定 IEEE 802.15.1 标准,又称蓝牙无线个人区域网络标准。这是一个中等速率、近距离的 WPAN 网络标准,通常用于手机、PDA 等设备的短距离通信。

(2) 任务组 TG2:制定 IEEE 802.15.2 标准,研究 IEEE 802.15.1 与 IEEE 802.11(无线局域网标准,WLAN)的共存问题。

(3) 任务组 TG3:制定 IEEE 802.15.3 标准,研究高传输速率无线个人区域网络标准。主要考虑无线个人区域网络在多媒体方面的应用,追求更高的传输速率与服务品质。

(4) 任务组 TG4:制定 IEEE 802.15.4 标准,针对低速无线个人区域网络(Low-Rate Wireless Personal Area Network,LR-WPAN)制定标准。该标准把低能量消耗、低速率传输、低成本作为重点目标,旨在为个人或者家庭范围内不同设备之间的低速互联提供统一标准。

任务组 TG4 定义的 LR-WPAN 网络的特征与传感器网络有很多相似之处,很多研究机构把它作为传感器的通信标准。

LR-WPAN 网络是一种结构简单、成本低廉的无线通信网络,它使得在低电能和低吞吐量的应用环境中使用无线连接成为可能。与 WLAN 相比,LR-WPAN 网络只需要很少的基础设施,甚至不需要基础设施。IEEE 802.15.4 标准为 LR-WPAN 网络制定了物理层和 MAC 子层协议。

2. IEEE 802.15.4 标准定义的 LR-WPAN 网络的特点

IEEE 802.15.4 标准定义的 LR-WPAN 网络具有如下特点。

(1) 在不同的载波频率下实现了 20Kbps、40Kbps 和 250Kbps 三种不同的传输速率。

(2) 支持星状和点对点两种网络拓扑结构。

(3) 有 16 位和 64 位两种地址格式。其中,64 位地址是全球唯一的扩展地址。

(4) 支持冲突避免的载波多路侦听技术(Carrier Sense Multiple Access with Collision Avoidance,CSMA-CA)。

(5) 支持确认(ACK)机制,保证传输的可靠性。

2.1.2 IEEE 802.15.4 网络简介

IEEE 802.15.4 网络是指在一个 POS 内使用相同的无线信道,并通过 IEEE 802.15.4 标准相互通信的一组设备的集合,又名 LR-WPAN 网络。在这个网络中,根据设备所具有的通信能力,分为全功能设备(Full-Function Device,FFD)和精简功能设备(Reduced-Function Device,RFD)。FFD 设备之间以及 FFD 设备与 RFD 设备之间都可以通信。RFD 设备之间不能直接通信,只能与 FFD 设备通信,或者通过一个 FFD 设备向外转发数据。这个与 RFD 相关联的 FFD 设备称为该 RFD 的协调器(Coordinator)。RFD 设备主要用于简单的控制应用,如灯的开关、被动式红外线传感器等。它传输的数据量较少,对传输资源和通信资源占用不多,RFD 设备可以采用非常廉价的实现方案。

在 IEEE 802.15.4 网络中,有一个称为 PAN 网络协调器(PAN Coordinator)的 FFD 设备,是 LR-WPAN 网络中的主控制器。PAN 网络协调器除了直接参与应用以外,还要完成成员身份管理、链路状态信息管理以及分组转发等任务。

1. IEEE 802.15.4 网络拓扑结构

IEEE 802.15.4 网络根据应用的需要,可以组织成星状网络,也可以组织成点对点网络。在星状结构中,所有设备都与中心设备 PAN 网络协调器通信。星状网络适合家庭自动化、个人计算机的外设以及个人健康护理等小范围的室内应用。

2. 网络拓扑的形成过程

虽然网络拓扑结构的形成过程属于网络层的功能,但 IEEE 802.15.4 为形成各种网络拓扑结构提供了充分支持。

（1）星状网络的形成

星状网络以网络协调器为中心,所有设备只能与网络协调器通信,因此在星状网络的形成过程中,第一步就是建立网络协调器。任何一个 FFD 设备都有成为网络协调器的可能,一个网络如何确定自己的网络协调器,由上层协议决定。一种简单的策略是一个 FFD 设备在第一次被激活后,首先广播查询网络协调器的请求,如果接收到回应,说明网络中已经存在网络协调器;再通过一系列认证过程,设备就成为这个网络中的普通设备。如果没有收到回应,或者认证过程不成功,这个 FFD 设备就可以建立自己的网络,并且成为这个网络的网络协调器。

网络协调器要为网络选择唯一的标识符,所有该星状网络中的设备都是用这个标识符来规定自己的属主关系。不同星状网络之间的设备通过设置专门的网关完成相互通信。选择一个标识符后,网络协调器就允许其他设备加入自己的网络,并为这些设备转发数据分组。星状网络中的两个设备如果需要互相通信,都是先把各自的数据包发送给网络协调器,然后由网络协调器转发给对方。

（2）点对点网络的形成

在点对点网络中,任意两个设备可直接通信,不需要其他设备的转发。但点对点网络仍然需要一个网络协调器,该协调器的功能不是为其他设备转发数据,而是完成设备注册和访问控制等基本的网络管理功能。网络协调器的产生同样由上层协议规定,比如把某个信道上第一个开始通信的设备作为该信道上的网络协议器。簇树网络是点对点网络的一个例子,下面以簇树网络为例描述点对点网络的形成过程。

在簇树网络中,绝大多数设备是 FFD 设备,而 RFD 设备总是作为簇树的叶设备连接到网络中。任意一个 FFD 都可以充当 RFD 协调器或者网络协调器,为其他设备提供同步信息。在这些协调器中,只有一个可以充当整个点对点网络的网络协调器。网络协调器可能和网络中的其他设备一样,也可能拥有比其他设备更多的计算资源和能量资源。网络协调器首先将自己设为簇头（CLuster Header,CLH）,并将簇标识符（Cluster IDentifier,CID）设置为 0,同时为该簇选择一个未被使用的 PAN 网络标识符,形成网络中的第一个簇。接着,网络协调器开始广播信标帧。邻近设备收到信标帧后,就可以申请加入该簇。设备可否成为簇成员,由网络协调器决定。如果请求被允许,则该设备将作为簇的子设备加入网络协调器的邻居列表。新加入的设备会将簇头作为它的父设备加入自己的邻居列表中。

2.1.3　IEEE 802.15.4 网络协议栈

IEEE 802.15.4 网络协议栈基于开放系统互联模型（OSI）,每一层都实现一部分通信功能,并向高层提供服务。

IEEE 802.15.4 标准只定义了物理层 PHY 和介质访问控制 MAC（Media Access Control）子层协议。PHY 层由射频收发器以及底层的控制模块构成。MAC 子层为高层访问物理信道提供点对点通信的服务接口。

MAC 子层以上的几个层次,包括特定服务的汇聚子层(Service Specific Convergence Sublayer,SSCS)、逻辑链路控制子层(Logical Link Control,LLC)等,只是 IEEE 802.15.4 标准可能的上层协议并不在 IEEE 802.15.4 标准的定义范围之内。SSCS 为 IEEE 802.15.4 的 MAC 层接入 IEEE 802.2 标准中定义的 LLC 子层提供汇聚服务。LLC 子层可以使用 SSCS 的服务接口访问 IEEE 802.15.4 网络,为应用层提供链路层服务。

1. 物理层

物理层定义了物理无线信道和 MAC 子层之间的接口,提供物理层数据服务和物理层管理服务。物理层数据服务从无线物理信道收发数据,物理层管理服务维护一个由物理层相关数据组成的数据库。

物理层数据服务包括以下五方面的功能:

① 激活和休眠射频收发器;

② 信道能量检测(energy detect);

③ 检测接收数据包的链路质量指示(Link Quality Indication,LQI);

④ 空闲信道评估(Clear Channel Assessment,CCA);

⑤ 收发数据。

信道能量检测为网络层提供信道选择依据。它主要测量目标信道中接收信号的功率强度。由于这个检测本身不执行解码操作,检测结果是有效信号功率和噪声信号功率之和。

链路质量指示为网络层或应用层提供接收数据帧时无线信号的强度和质量信息。与信道能量检测不同的是,它要对信号进行解码,生成的是一个信噪比指标。这个信噪比指标和物理层数据单元一道提交给上层处理。

空闲信道评估判断信道是否空闲。IEEE 802.15.4 定义了三种空闲信道评估模式:第一种简单判断信道的信号能量,当信号能量低于某一门限值,就认为信道空闲;第二种是通过判断无线信号的特征,这个特征主要包括两方面,即扩频信号特征和载波频率;第三种模式是前两种模式的综合,同时检测信号强度和信号特征,给出信道空闲判断。

(1) 物理层的帧结构

物理帧的第一个字段是 4 字节的前导码。收发器在接收前导码期间,会根据前导码序列的特征完成片同步和符号同步。帧起始分隔符(Start-oF-Delimiter,SFD)字段长度为 1 字节,其值固定为 0xA7,标识一个物理帧的开始。收发器接收完前导码后,只能做到数据的位同步,通过搜索 SFD 字段的值 0xA7 才能同步到字节上。帧长度(length)由 1 字节的低 7 位表示,其值就是物理帧负载的长度,因此物理帧负载的长度不会超过 127 个字节。物理帧的负载长度可变,称为物理服务数据单元(PHY Service Data Unit,PSDU),一般用来承载 MAC 帧。

(2) 物理层的载波调制

物理层定义了三个载波频段用于收发数据。在这三个频段上发送数据使用的速率、信号处理过程以及调制方式等存在一些差异。三个频段总共提供了 27 个信道(channel):868MHz 频段 1 个信道,915MHz 频段 10 个信道,2450MHz 频段 16 个信道。

在 868MHz 和 915MHz 这两个频段上，信号处理过程相同，只是数据速率不同。处理过程是首先将物理层协议数据单元（PHY Protocol Data Unit，PPDU）的二进制数据差分编码，然后将差分编码后的每一位转换为长度为 15 的片序列（Chip Sequence），最后 BPSK 调制到信道上。

（3）2.4GHz 频段的处理过程

首先将 PPDU 的二进制数据中每 4 位转换为一个符号（symbol），然后将每个符号转换成长度为 32 的片序列。

在把符号转换为片序列时，用符号在 16 个近似正交的伪随机噪声序列的映射表，这是一个直接序列扩频的过程。扩频后，信号通过 O-QPSK 调制方式调制到载波上。

2. MAC 子层

在 IEEE 802 系列标准中，OSI 参考模型的数据链路层进一步划分为 LLC（Logical Link Control，逻辑链路控制）和 MAC（Media Access Control，介质访问控制）两个子层。MAC 子层使用物理层提供的服务实现设备之间的数据帧传输；而 LLC 在 MAC 子层的基础上，在设备间提供面向连接和非连接的服务。

MAC 子层提供两种服务：MAC 层数据服务和 MAC 层管理服务（MAC subLayer Management Entity，MLME）。前者保证 MAC 协议数据单元在物理层数据服务中的正确收发，后者维护一个存储 MAC 子层协议状态相关信息的数据库。

MAC 子层的主要功能包括下面六个方面。

① 协调器产生并发送信标帧，普通设备根据协调器的信标帧与协议器同步；

② 支持 PAN 网络的关联（Association）和取消关联（Disassociation）操作；

③ 支持无线信道通信安全；

④ 使用 CSMA-CA 机制访问信道；

⑤ 支持保证时隙（Guaranteed Time Slot，GTS）机制；

⑥ 支持不同设备的 MAC 层间可靠传输。

关联操作是指一个设备在加入一个特定网络时，向协调器注册以及身份认证的过程。LR-WPAN 网络中的设备有可能从一个网络切换到另一个网络，这时需要执行关联和取消关联操作。

时隙保障机制和时分复用（Time Division Multiple Access，TDMA）机制相似，但它可以动态地为有收发请求的设备分配时隙。使用时隙保障机制需要设备间的时间同步，IEEE 802.15.4 中的时间同步通过"超帧"机制实现。

（1）超帧

在 IEEE 802.15.4 中，LR-WPAN 标准中允许使用超帧结构，超帧格式由协调器定义。每个超帧都以网络协调器发出信标帧（beacon）为始，在这个信标帧中包含了超帧将持续的时间以及对这段时间的分配等信息。网络中的普通设备接收到超帧开始时的信标帧后，就可以根据其中的内容安排自己的任务。例如，进入休眠状态，直到超帧结束。

超帧将通信时间划分为活跃和不活跃两部分。在不活跃期间，PAN 网络中的设备不会相互通信，进入休眠状态，以节省能量。超帧的活跃期间分为三个阶段：信标帧发送时段、竞争访问时段（Contention Access Period，CAP）和非竞争访问时段（Contention-Free

Period,CFP）。超帧的活跃部分被划分为 16 个等长的时隙,每个时隙的长度、竞争访问时段包含的时隙数等参数都由协调器设定,并通过超帧开始时发出的信标帧广播到整个网络。

在超帧的竞争访问时段,IEEE 802.15.4 网络设备使用带时隙的 CSMA-CA 访问机制,并且任何通信都必须在竞争访问时段结束前完成。在非竞争时段,协调器根据上一个超帧 PAN 网络中设备申请 GTS 的情况,将非竞争时段划分成若干个 GTS。每个 GTS 由若干个时隙组成,时隙数目在设备申请 GTS 时指定。如果申请成功,申请设备就拥有了它指定的时隙数目。每个 GTS 中的时隙都指定分配给了时隙申请设备,因而不需要竞争信道。IEEE 802.15.4 标准要求任何通信都必须在自己分配的 GTS 内完成。

超帧由协调器发送并受网络信标的限制,如图 2.1 和图 2.2 所示,分为 16 个大小相同的时隙,第一个时隙用来传输信标帧,后面 15 个时隙是竞争接入期(CAP),这 16 个时隙组成超帧结构。最后一个时隙也传输信标帧,但是属于下一个超帧结构。如果协调器不希望使用超帧结构,它就不发送信标。

图 2.1　无 GTS 的超帧结构　　　　　图 2.2　有 GTS 的超帧结构

任何设备想要在两个信标之间的竞争访问时段通信,必须同其他设备采用时隙免冲突载波检测多路接入 CSMA-CA 机制进行竞争,所有的处理必须在下一个网络信标到达之前完成。

对于应用于低延迟或需要在特定数据带宽的情况下,PAN 协调器可以用活动超帧的一部分来实现,这部分称为保证时隙(Guaranteed Time Slot,GTS)。保证时隙(可有多个)形成了非竞争访问时段(CFP),它始终出现在 CAP 之后和活动超帧之前。PAN 协调器可分配七个 GTS,而每个 GTS 时间不少于一个时隙。然而,CAP 的有效部分应当保留,使基于竞争的其他网络设备和新设备能接入网络。所有基于竞争的传输应当在 CFP 开始之前完成,同时每个工作在 GTS 时期的设备应当确保它的传输在下一个 GTS 开始和 CFP 结束之前完成。

(2) 数据传输模型

LR-WPAN 网络中有三种数据传输方式:设备发送数据给协调器、协调器发送数据给设备、对等设备之间的数据传输。星型拓扑网络中只存在前两种数据传输方式,因为数据只在协调器和设备之间交换;而在点对点拓扑网络中,三种数据传输方式都存在。

在 LR-WPAN 网络中,有两种通信模式可选择:信标使能通信和信标不使能通信。

在信标使能的网络中,PAN 网络协调器定时广播信标帧。信标帧表示超帧的开始。设备之间通信使用基于时隙的 CSMA-CA 信道访问机制,PAN 网络中的设备都通过协调器发送的信标帧进行同步。在时隙 CSMA-CA 机制下,每当设备需要发送数据帧或命令帧时,它首先定位下一个时隙的边界,然后等待随机数目个时隙。等待完毕后,设备开始检测信道状态：如果信道忙，设备需要重新等待随机数目个时隙，再检查信道状态，重复这个过程，直到有空闲信道出现。在这种机制下，确认帧的发送不需要使用 CSMA-CA 机制，而是紧跟着接收帧发送回源设备。

在信标不使能的通信网络中，PAN 网络协调器不发送信标帧，各个设备使用非分时隙的 CSMA-CA 机制访问信道。该机制的通信过程如下：每当设备需要发送数据或者 MAC 命令时，它首先等候一段随机长的时间，然后开始检测信道状态；如果信道空闲，该设备立即开始发送数据；如果信道忙，设备需要重复上面的步骤，等待一段随机时间，并检测信道状态的过程，直到能够发送数据。在设备接收到数据帧或命令帧而需要回应确认帧的时候，确认帧应紧跟着接收帧发送，而不使用 CSMA-CA 机制竞争信道。

（3）MAC 层帧结构

MAC 层帧结构的设计目标是用最低复杂度实现在多噪声无线信道环境下的可靠数据传输。每个 MAC 子层的帧都由帧头、负载和帧尾三部分组成。帧头由帧控制信息、帧序列号和地址信息组成。MAC 子层负载具有可变长度，具体内容由帧类型决定。帧尾是帧头和负载数据的 16 位 CRC 校验序列。

在 MAC 子层中，设备地址有两种格式：16 位（2 个字节）的短地址和 64 位（8 个字节）的扩展地址。16 位短地址是设备与 PAN 网络协调器关联时，由协调器分配的网内局部地址；64 位扩展地址是全球唯一地址，在设备进入网络之前就分配好了。16 位短地址只能保证在 PAN 网络内部是唯一的，所以在使用 16 位短地址通信时，需要结合 16 位的 PAN 网络标识符才有意义。两种地址类型的地址信息的长度是不同的，导致 MAC 帧头的长度是可变的。一个数据帧使用哪种地址类型，由帧控制字段的内容指示。在帧结构中没有表示帧长度的字段，这是因为在物理层的帧里面有表示 MAC 帧长度的字段，MAC 负载长度可以通过物理层帧长和 MAC 帧头的长度计算出来。

IEEE 802.15.4 网络共定义了四种类型的帧：信标帧、数据帧、应答帧和 MAC 命令帧。

① 信标帧

信标帧 MPDU 由 MAC 子层产生。在信标网络中，协调器通过向网络中的所有从设备发送信标帧，以保证这些设备能够与协调器同步（同步工作和同步休眠），以达到网络功耗最低（非信标模式只允许 ZE（ZigBee End Device，ZigBee 终端节点），进行周期性休眠。ZC（ZigBee Coordinator，协调点）和所有 ZR（ZigBee Router，ZigBee 路由节点）必须长期处于工作状态）。其帧结构如图 2.3 所示。

图 2.3　信标帧结构

其中，MHR 是 MAC 层帧头；MSDU 是 MAC 层服务数据单元，表示 MAC 层载荷；MFR 是 MAC 层帧尾。这三部分共同构成了 MAC 层协议数据单元（MPDU）。MFR 中包含 16 位帧校验序列（FCS）。当 MAC 层协议数据单元（MPDU）被发送到物理层

(PHY)时,它便成为物理层服务数据单元(PSDU)。如果在 PSDU 前面加上一个物理层帧头(PHR),可构成物理层协议数据单元(PPDU)。如果再加上一个同步帧头(SHR),这个数据包便成为最终在空气中传播的数据包。

MSDU＝超帧域＋未处理事务地址域＋地址列表域＋信标净荷域

MHR＝帧控制域＋信标序列号＋寻址信息域

MFR＝16bit 的帧校验序列 FCS

MPDU＝MHR＋MSDU＋MFR

MAC 协议数据单元＝MAC 帧头＋MAC 服务数据单元＋MAC 帧尾

PPDU＝PHR＋PSDU＋PFR

物理层协议数据单元＝物理层帧头＋物理层数据单元＋物理层帧尾

空气中最终传播的数据包＝PPDU＋同步帧头 SHR

信标帧的负载数据单元由四部分组成:超帧描述字段、GTS 分配字段、待转发数据目标地址字段和信标帧负载数据。

② 数据帧

数据帧用来传输上层(应用层)发到 MAC 子层的数据,它的负载字段包含了上层需要传送的数据。数据负载传送至 MAC 子层时,被称为 MAC 服务数据单元(MSDU)。通过添加 MAC 层帧头信息和帧尾,便形成了完整的 MAC 数据帧 MPDU,其帧结构如图 2.4 所示。

图 2.4　数据帧结构

MAC 帧传送至物理层后,成为物理帧的负载 PSDU。PSDU 在物理层被"包装",其首部增加了同步信息 SHR 和帧长度字段 PHR 字段。同步信息 SHR 包括用于同步的前导码和 SFD 字段,它们都是固定值。帧长度字段的 PHR 标识了 MAC 帧的长度,为一个字节长,而且只有其低 7 位有效位,所以 MAC 帧的长度不会超过 127 字节。

应用层的处理方式是:应用层生成要传输的数据→逐层数据处理→MSDU→添加 MHR、MFR→MPDU→PSDU→添加 SHR、PHR→PPDU。

其中:

$$SHR＝前导码序列＋SFD 域$$

$$PHR＝PSDU 长度值$$

③ 应答帧

应答帧由 MAC 子层发起。为了保证设备之间通信的可靠性,发送设备通常要求接收设备在接收到正确的帧信息后返回一个应答帧,向发送设备表示已经正确地接收了相应的信息。其帧结构如图 2.5 所示。MAC 子层应答帧由 MHR 和 MFR 组成。MHR 包括 MAC 帧控制域和

图 2.5　应答帧

数据序列号；MFR 由 16 位 FCS 组形成。应答帧如图 2.5 所示。

同样,MPDU 传到物理层就形成物理应答帧的净载荷,即 PSDU。在 PSDU 前面加上 SHR 和 PHR 就形成 PPDU。其中,SHR 由前导码序列和 SFD 域构成；PHR 由 PSDU 的长度值域构成。

④ MAC 命令帧

MAC 命令帧由 MAC 子层发起。在 ZigBee 网络中,为了对设备的工作状态进行控制,同网络中的其他设备进行通信,MAC 层将根据命令类型生成相应的命令帧。其帧结构如图 2.6 所示。

图 2.6　MAC 命令帧结构

MSDU＝命令类型域＋数据域(命令净载荷)
MHR＝MAC 帧控制域＋数据序列号＋寻址信息域
MFR＝16 位 FCS
MPDU＝MHR＋MSDU＋MFR

同样,MPDU 传到物理层就形成物理层命令帧的净载荷,即 PSDU。在 PSDU 前面加上 SHR 和 PHR 就形成 PPDU。其中,SHR 由前导码序列(保证接收机和符号同步)和 SFD 域构成；PHR 由 PSDU 的长度值域构成。

2.1.4　IEEE 802.15.4 的安全服务

IEEE 802.15.4 提供的安全服务是在应用层已经提供密钥的情况下对称密钥服务。密钥的管理和分配都由上层协议负责。这种机制提供的安全服务基于这样一个假定:即密钥的产生、分配和存储都在安全方式下进行。在 IEEE 802.15.4 中,以 MAC 帧为单位提供了四种帧安全服务,为了适应各种不同的应用,设备可以在三种安全模式中选择。

1. 帧安全

MAC 子层可以为输入/输出的 MAC 帧提供安全服务,主要包括四种:访问控制、数据加密、帧完整性检查和顺序更新。

访问控制提供的安全服务是确保一个设备只和它愿意通信的设备通信。在这种方式下,设备需要维护一个列表,记录它希望与之通信的设备。

数据加密服务使用对称密钥来保护数据,防止第三方直接读取数据帧信息。在 LR-WPAN(低速无线个人域网)网络中,信标帧、命令帧和数据帧的负载均可使用加密服务。

帧完整性检查通过一个不可逆的单向算法对整个 MAC 帧运算,生成一个消息完整性代码,并将其附加在数据包的后面发送。接收方式用同样的过程对 MAC 帧进行运算,然后对比运算结果和发送端给出的结果是否一致,以此判断数据帧是否被第三方修改。信标帧、数据帧和命令帧均可使用帧完整性检查保护。

顺序更新使用一个有序编号,避免帧重发攻击。接收到一个数据帧后,新编号要与最后一个编号比较。如果新编号比最后一个编号新,则校验通过,编号更新为最新的;反之,校验失败。这项服务可以保证收到的数据是最新的,但不提供严格的与上一帧数据之间的时间间隔信息。

2. 安全模式

在 LR-WPAN 网络中,设备可以根据自身需要选择不同的安全模式:无安全模式、ACL 模式和安全模式。

无安全模式是 MAC 子层默认的安全模式。处于这种模式下的设备不对接收到的帧进行任何安全检查。当某个设备接收到一个帧时,只检查帧的目的地址。如果目的地址是本设备地址或广播地址,这个帧就会转发给上层,否则丢弃。在设备被设置为混杂模式时,它会向上层转发没有接收到的帧。

访问控制列表模式为通信提供了访问控制服务。高层可以通过设置 MAC 子层的 ACL 条目,指示 MAC 子层根据源地址过滤接收到的帧。因此在这种方式下,MAC 子层没有提供加密保护,高层有必要采取其他机制来保证通信的安全。

安全模式对接收或发送的帧提供全部四种安全服务:访问控制、数据加密、帧完整性检查和顺序更新。

2.2　ZigBee 协议规范

2.2.1　ZigBee 协议概述

ZigBee 的基础是 IEEE 802.15.4,这是 IEEE 无线个人区域网(Personal Area Network,PAN)工作组的一项标准,被称作 IEEE 802.15.4(Zigbee)技术标准。

ZigBee 使用直接序列扩频技术收发电波,利用 2.4GHz 频段、868MHz 频段、915MHz 频段。一次调制方式使用 O-QPSK 时,最大数据传输速率为 250Kbps。网络拓扑采用网状、星状、树状。规定了两种设备级别,一种是支持所有拓扑的全功能设备,一种是只支持部分拓扑的精简功能设备。

ZigBee 技术的主要特点如下。

(1) 数据传输速率低:10～250Kbps。

(2) 功耗低:在低耗电待机模式下,两节普通 5 号干电池可使用 6 个月到 2 年。

(3) 成本低:因为 ZigBee 数据传输速率低,协议简单,所以大大降低了成本。

(4) 网络容量大:每个 ZigBee 网络最多可支持 255 个设备。

(5) 延时短:通常延时 15～30ms。

(6) 安全:ZigBee 提供了数据完整性检查和鉴权功能,加密算法采用 AES-128。

(7) 有效范围小:有效覆盖范围在 10～75m 之间,由发射功率的大小和应用模式而定。

(8) 工作频段灵活:频段为 2.4GHz、868MHz(欧洲)及 915MHz(美国),为免执照频段。

2.2.2　ZigBee 协议栈体系结构及规范

1. ZigBee 协议各版本规范比较

ZigBee 是 ZigBee 联盟建立的技术标准,它是一种工作在 900MHz 和 2.4GHz 频段的新兴无线网络技术,具有中等通信距离(10 米到数百米),比较灵活、经济的通信速率(40～250Kbps),并且有星型、网状(Mesh)、树型等多种网络拓扑,功耗低等特点。

第一个 ZigBee 协议栈规范于 2004 年 12 月正式生效,称为 ZigBee 1.0 或 ZigBee 2004。

第二个 ZigBee 协议栈规范于 2006 年 12 月发布,称为 ZigBee 2006 规范,主要是用"群组库(cluster library)"替换 ZigBee 2004 中的 MSG/KVP 结构。最为重要的是,ZigBee 2006 协议栈不兼容 ZigBee 2004 技术规范。

2007 年 10 月发布了 ZigBee 2007 规范,定义了两套高级的功能指令集(feature set):ZigBee 功能命令集和 ZigBee Pro 功能命令集(ZigBee 2004 和 2006 都不兼容这两套新的命令集)。ZigBee 2007 包含两个协议栈模板(profile),一个是 ZigBee 协议栈模板(Stack Profile 1),它是 2006 年发布的,目标是消费电子产品和灯光商业应用环境,其设计简单,使用在少于 300 个节点的网络中。另一个是 ZigBee Pro 协议栈模板(Stack Profile 2),它于 2007 年发布,目标是商业和工业环境,支持大型网络,1000 个以上网络节点,具有更好的安全性。ZigBee Pro 提供了更多特性,比如多播、多对一路由和 SKKE(Symmetric-Key Key Establishment)高安全,但 ZigBee(协议栈模板 1)在内存和 flash 中提供了一个比较小的区域;两者都提供了全网状网络与所有的 ZigBee 应用模板工作。

ZigBee 2007 向后完全兼容 ZigBee 2006 设备。ZigBee 2007 设备可以加入一个 ZigBee 2006 网络,并能在 ZigBee 2006 网络中运行,反之亦然。

ZigBee 协议栈各版本间的区别如表 2.1 所示,ZigBee 各版本功能比较如表 2.2 所示。

表 2.1　ZigBee 协议栈各版本间的区别

性　能	描　述	ZigBee 2004	ZigBee 2006	ZigBee 2007	ZigBee Pro
避免冲突	支持运行中冲突检测,采用新 RF 信道或 PAN ID			支持	支持
自动分配	设备地址按照一个分等级的、分布式计划自动分配	支持	支持	支持	
地址管理	设备地址随机自动分配				支持
组寻址	设备可以按组分配,并可被唯一寻址		支持	支持	支持
集中数据	多对一路由允许整个网络发现数据集合体				支持
采集	源路由允许数据集合体以经济的方式回应所有发送者				支持
安全机制	任何设备可以作为信任中心				支持
	在特定的信任中心决策下允许高层安全机制,并且需要应用层连接钥匙,各实体鉴定等				支持
网络可测	网络范围受寻址法则的限制,支持几百个设备	支持	支持	支持	
量性	降低寻址法则对网络范围的限制,支持几千个设备				支持
信息包	小于 100 字节	支持	支持		
	大信息包,支持分裂与重组			支持	支持
标准调试	标准的启动程序和属性支持调试功能		支持	支持	支持

续表

性　能	描　　述	ZigBee 2004	ZigBee 2006	ZigBee 2007	ZigBee Pro
Mesh 网络	每一个设备都支持它的邻居的路径跟踪				支持
串库	支持 ZigBee 串库。作为一种协议栈工具,为开发者提供无价的资源		支持	支持	

表 2.2　ZigBee 各版本功能比较

版本	ZigBee 2004	ZigBee 2006	ZigBee 2007	
指令集	无	无	ZigBee	ZigBee Pro
无线射频标准	802.15.4	802.15.4	802.15.4	802.15.4
地址分配		CSKIP	CSKIP	随机
拓扑结构	星状	树状、网状	树状、网状	网状
大网络	不支持	不支持	不支持	支持
自动跳频	是,3 条信道	否	否	是
PAN ID 冲突解决	支持	否	可选	支持
数据分割	支持	否	可选	可选
多对一路由	否	否	否	支持
高安全	支持	支持,1 个密钥	支持,1 个密钥	支持,多密钥
应用领域	消费电子(少量节点)	住宅(300 个节点以下)	住宅(300 个节点以下)	商业(1000 个节点以上)

2. 协议栈体系结构及规范

ZigBee 协议栈体系结构如图 2.7 所示,协议栈的层与层之间通过服务接入点(SAP)通信。SAP 是某一特定层提供的服务与上层之间的接口。大多数层有两个接口:数据实体接口和管理实体接口。数据实体接口的目标是向上层提供所需的常规数据服务;管理实体接口的目标是向上层提供访问内部层参数、配置和管理数据的服务。

(1) 物理层服务规范

物理层通过射频固件和硬件提供 MAC 层与物理无线信道之间的接口。物理层还应包括物理层管理实体(PLME),以提供调用物理层管理功能的管理服务接口;同时,PLME 负责维护物理层 PAN 信息库(PHY PIB)。物理层通过物理层数据服务接入点(PD-SAP)提供物理层数据服务;通过物理层管理实体服务接入点(PLME-SAP)提供物理层管理服务。

(2) MAC 层服务规范

MAC 层提供特定服务汇聚子层(SSCS)和物理层之间的接口。MAC 层还应包括 MAC 层管理实体(MLME),提供调用 MAC 层管理功能的管理服务接口;同时,MLME 负责维护 MAC PAN 信息库(MAC PIB)。MAC 层通过 MAC 公共部分子层(MCPS)的数据 SAP(MCPS-SAP)提供 MAC 数据服务;通过 MLME-SAP 提供 MAC 管理服务。这两种服务通过物理层 PD-SAP 和 PLME-SAP 提供了 SSCS 和 PHY 之间的接口。除了这些外部接口外,MCPS 和 MLME 之间还隐含了一个内部接口,用于 MLME 调用 MAC 数据服务。

图 2.7　ZigBee 协议栈体系结构

（3）应用层规范

ZigBee 应用层包括 APS 子层、ZDO（包含 ZDO 管理平台）和厂商定义的应用对象。应用支持子层（APS）提供了网络层（NWK）和应用层（APL）之间的接口，其功能通过 ZDO 和厂商定义的应用对象都可以使用的一组服务来实现。数据和管理实体分别由 APSDE-SAP 和 APSME-SAP 提供。APSDE 提供的数据传输服务在同一网络的两个或多个设备之间传输应用层 PDU；APSME 提供设备发现和绑定服务，维护管理对象数据库——APS 信息库（AIB）。

（4）网络层规范

网络层应提供保证 IEEE 802.15.4 MAC 层正确工作的能力，并为应用层提供合适的服务接口。数据和管理实体分别由 NLDE-SAP 和 NLME-SAP 提供。具体来说，NLDE 提供的服务：一是在应用支持子层 PDU 基础上添加适当的协议头，产生网络协议数据单元（NPDU）；二是根据路由拓扑，把 NPDU 发送到通信链路的目的地址设备或通信链路的下一跳。而 NLME 提供的服务包括配置新设备、创建新网络、设备请求加入/离开网络和 ZigBee 协调器或路由器请求设备离开网络、寻址、近邻发现、路由发现、接收控制等。网络层的数据和管理服务由 MCPS-SAP 和 MLME-SAP 提供了应用层和 MAC 子层之间的接口。除了这些外部接口，在 NWK 内部 NLME 和 NLDE 之间还有一个隐含接口,允许 NLME 使用 NWK 数据服务。

2.2.3 基于 ZigBee 的 WPAN 网络配置应用

ZigBee 是一种新兴的短距离、低速率、低成本、低功耗的无线网络技术。它采用直接序列扩频(DSSS)技术,工作频率为 868MHz、915MHz 或 2.4GHz,都是无须申请执照的频率。

1. ZigBee 网络配置

(1) 网络设备组成

ZigBee 网络设备主要包括网络协调器、全功能设备和精简功能设备 3 类。

① 网络协调器

网络协调器包含所有的网络消息,是 3 种设备类型中最复杂的一种,其存储容量最大,计算能力最强。它的功能是发送网络信标,建立一个网络,管理网络节点,存储网络节点信息,寻找一对节点间的路由消息,并不断地接收信息。

② 全功能设备

全功能设备(Full-Function Device,FFD)可以担任网络协调者,让其他 FFD 或精简功能设备(RFD)相连接。FFD 具备控制器的功能,可提供信息双向传输,其特性如下:

* 附带由标准指定的全部 IEEE 802.15.4 功能和所有特征;
* 更强的存储能力和计算能力,使其在空闲时起网络路由器的作用;
* 也能用作终端设备。

③ 精简功能设备

精简功能设备(Reduced-Function Device,RFD)只能传送信息给 FFD,或从 FFD 接收信息,其特性如下:

* 附带有限的功能来控制成本和复杂性;
* 在网络中通常用作终端设备;
* RFD 由于省掉了内存和其他电路,降低了 ZigBee 部件的成本;其简单的 8 位处理器和小协议栈也有助于降低成本。

(2) 网络节点类型

从网络配置上,ZigBee 网络中有 3 种类型的节点:ZigBee 协调节点、ZigBee 路由节点和 ZigBee 终端节点。

① ZigBee 协调节点

ZigBee 协调节点在 IEEE 802.15.4 中也称为 PAN(Personal Area Network)协调点(ZigBee Coordinator,ZC),在无线传感器网络中可以作为汇聚节点。ZigBee 协调节点必须是 FFD。一个 ZigBee 网络只有一个 ZigBee 协调节点,它往往比网络中其他节点的功能更强大,是整个网络的主控节点。它负责发起建立新的网络、设定网络参数、管理网络中的节点以及存储网络中的节点信息等,网络形成后也可以执行路由器的功能。ZigBee 协调节点是 3 种类型 ZigBee 节点最为复杂的一种,一般由交流电源持续供电。

② ZigBee 路由节点

ZigBee 路由节点(ZigBee Router,ZR)也必须是 FFD。ZigBee 路由节点可以参与路

由发现、消息转发,通过连接别的节点来扩展网络的覆盖范围。此外,ZigBee 路由节点可以在其个人操作空间(Personal Operating Space,POS)中充当普通协调点(IEEE 802.15.4 称为协调点)。普通协调点与 ZigBee 协调点不同,它仍然受 ZigBee 协调点的控制。

③ ZigBee 终端节点

ZigBee 终端节点(ZigBee EndDevice,ZE)可以是 FFD 或者 RFD,它通过 ZigBee 协调点或者 ZigBee 路由节点连接到网络,但不允许其他任何节点通过它加入网络。ZigBee 终端节点能够以非常低的功率运行。

(3) 网络工作模式

ZigBee 网络的工作模式分为信标(Beacon)和非信标(Non-beacon)两种。信标模式实现了网络中所有设备的同步工作和同步休眠,以最大限度地节省功耗。非信标模式只允许 ZE 周期性休眠,ZC 和所有 ZR 设备必须长期处于工作状态。

信标模式下,ZC 负责以一定的间隔时间(一般 15ms～4min)向网络广播信标帧。2 个信标帧发送之间有 16 个相同的时槽,这些时槽分为网络休眠区和网络活动区 2 个部分,消息只能在网络活动区的各时槽内发送。

非信标模式下,ZigBee 标准采用父节点为 ZE 子节点缓存数据。ZE 主动向其父节点提取数据的机制,实现 ZE 的周期性(周期可设置)休眠。网络中的所有父节点需要为自己的 ZE 子节点缓存数据帧,所有 ZE 子节点的大多数时间都处于休眠模式,周期性地醒来与父节点握手,以确认自己仍处于网络中。它从休眠模式转入数据传输模式一般只需要 15ms。

2. 网络拓扑结构

IEEE 802.15.4 网络根据应用的需要组织成星状网络、树状网络和网状网络。

树状网络是点对点网络的一个例子,也是 ZigBee 典型的网络拓扑结构。在一般的点对点网络中,任意 2 个设备只要能够彼此收到对方的无线信号,就可以直接通信,不需要其他设备的转发。但点对点网络中仍然需要一个网络协调器,不过该协调器的功能不再是为其他设备转发数据,而是完成设备注册和访问控制等基本的网络管理功能。网络协调器的产生同样由上层协议规定,例如,把某个信道上第一个开始通信的设备作为该信道上的网络协议器。

Mesh 网状网络具有强大的功能,可以通过"多级跳"的方式来通信。该拓扑结构可以组成极为复杂的网络,具备自组织、自愈功能。

网状(Mesh)网络是一种特殊的、按接力方式传输的点对点网络结构,其路由可自动建立和维护。通过图 2.8 得知,一个 ZigBee 网络只有一个网络协调器,但可以有若干个路由器。协调器负责整个网络的建网,同时作为与其他类型网络的通信节点(网关)。构成协调器和路由器的设备必须是全功能设备(FFD);构成终端设备的可以是全功能设备,也可是精简约功能设备(RFD)。

3. 节点功能及配置文件

(1) 节点功能

ZigBee 节点可支持多种特性和功能。例如,I/O 节点可能有多种数字和模拟输入/输

图 2.8　ZigBee 网状网络结构图

出。一些数字输入可能被一个远程控制器节点用到,其他数字输入可能被另一个远程控制器节点使用。这种分配将创建一个真正的分布式控制网络。为了便于在 I/O 节点和2 个控制器节点之间传输数据,所有节点中的应用程序必须保存多条数据链路。为了减少成本,ZigBee 节点仅使用一条无线信道来和多个端点/接口创建多条虚拟链路或信道。

　　一个 ZigBee 节点支持 32 个端点(编号为 0～31)和 8 个接口(编号为 0～7)。端点 0 被保留用于设备配置,端点 31 被保留仅用于广播,剩下的总共 30 个端点用于应用。每个端点总共有 8 个接口。因此实际上,应用在一条物理信道中最多可能有 240 条虚拟信道。

　　ZigBee 节点也可能有很多属性。例如,I/O 节点包含称为数字输入 1、数字输入 2、模拟输入 1 等的属性。每个属性都有自己的值。又如,数字输入 1 属性可能有值 1 或 0。属性的集合称为群集。在整个网络中,每个群集都被分配了唯一的群集 ID,每个群集最多有 65535 个属性。

　　(2) 配置文件

　　ZigBee 协议还定义了一个称为配置文件的术语。配置文件就是指对分布式应用的描述。它根据应用必须处理的数据包和必须执行的操作来描述分布式应用。使用描述符描述配置文件,描述符仅仅是各种值的复杂结构。此配置文件使 ZigBee 设备可以互操作。ZigBee 联盟定义了很多标准的配置文件,例如远程控制开关配置文件和光传感器配置文件等。任何遵循某一标准配置文件的节点都可以与其他实现相同配置文件的节点进行互操作。每个配置文件可以定义最多 256 个群集,每个群集最多可以有 65535 个属性。此灵活性允许节点有大量的属性(或 I/O 点)。

2.3　无线传感器网络路由协议

2.3.1　无线传感器网络路由协议的性能指标

　　无线传感器网络的路由协议具有能量优先、基于局部的拓扑信息、以数据为中心和应用相关四个特点,因而,设计路由机制时,从以下四个方面衡量路由协议的优劣。

（1）能量高效：在无线传感器网络中，节点的能量有限，因此要选择能量消耗小的消息传输路径，也要使能量均衡消耗，避免出现过度使用某些节点，使其失效，以致出现路由空洞。应实现简单且高效的传输，尽可能地延长整个网络的生存期。

（2）可扩展性：无线传感器网络的规模随应用不同而变化，这很容易造成拓扑结构动态变化，因而要求路由协议有可扩展性，能够适应结构的变化。具体体现在传感器的数量、网络覆盖区域、网络生命周期、网络时间延迟和网络感知精度等方面。

（3）鲁棒性：无线传感器节点所处的环境非常复杂，而且难以预测，再加上无线信道非常复杂，数据传输的可靠性显得非常重要。例如，对于某些敏感区域的探测，比如外太空某区域环境的监测，煤矿井下瓦斯监测等，这些数据非常重要，所以在路由协议的设计过程中必须考虑软、硬件的高容错性，保障网络的健壮性。

（4）快速收敛性：由于网络拓扑结构动态变化，要求路由协议能够快速收敛，以适应这种变化，提高带宽和节点能量等有限资源的利用率和消息传输效率。特别是对实时任务和时间有较高的要求时，一般都是减小通信开销，提高网络传输的效率。

2.3.2　无线传感器网络路由协议的分类

根据不同的标准，无线传感器网络中的路由协议可进行多种分类。

（1）根据应用要求分类。传感器网络中的路由协议按应用要求分为能量感知路由、基于查询的路由、地理位置路由和可靠性路由。

（2）根据数据收集方式分类。传感器网络中的路由协议按数据收集方式分为：传统的当需要时再建立路径的按需路由机制，如动态源路由（Dynamic Source Routing，DSR）；协议基于数据驱动的主动路由机制，如定向扩散路由（Directed Diffusion，DD）和混合路由机制，即动态扩展多路径路由机制。

（3）根据传输过程中采用的路径的跳数分类。传感器网络中的路由协议按传输过程中采用的路径的跳数，分为单路径路由和多路径路由。

（4）根据路由是否考虑 QoS 约束分类。传感器网络中的路由协议按路由是否考虑 QoS 约束，分为保证 QoS 的路由协议与不保证 QoS 的路由协议。

（5）根据节点路由过程是否有层次结构，节点在选路过程中所起到的作用分类。传感器网络中的路由协议按节点路由过程是否有层次结构，节点在选路过程中所起到的作用，分为平面路由和层次路由。

（6）按网络结构分类。传感器网络中的路由协议按网络结构，分为平面路由协议、基于位置路由协议和分级网络路由协议。

（7）按协议的应用特征分类。传感器网络中的路由协议分为基于多路径路由的协议、基于可靠路由的协议、基于协商路由的协议、基于查询路由的协议、基于位置路由的协议和基于 QoS 的路由协议。

本书就各个协议的不同侧重点提出一种新的分类方法，把现有的代表性路由协议按节点的传播方式划分为广播式路由协议、坐标式路由协议和分簇式路由协议。

2.3.3 广播式路由协议

1. 扩散法

扩散法(Flooding)是一种传统的网络通信路由协议,是简单的无结构路由协议,每个节点只需将接收到的数据包进行广播,而无需查找路由表,进行选择下一跳节点的计算;其次,无需特殊的算法来保持网络拓扑信息的更新以及新路由的发现。但是,Flooding路由协议的漏洞十分明显且致命,主要有以下3个方面。

(1) 信息内爆(Implosion):信息内爆是指网络中的节点收到一个数据的多个副本。

(2) 部分重叠(Overlap)现象:由于无线传感器网络节点密集部署,因此在同一局部区域中,若干个节点对区域内同一个事件做出的反应相同,所感知的信息在数据性质上相似,数值上相同,那么这些节点的邻居节点所接收到的数据副本也具有较大的相关性。

(3) 网络资源利用不合理:每个节点只是单纯地将接收到的数据进行广播,并没有考虑到网络中节点能量消耗的问题,不能发现下一跳节点的可行性,从而不具备自适应性,造成网络资源浪费。

2. 定向路由扩散 DD

C. Intanagonwiwat 等人为传感器网络提出一种新的数据采集模型,即定向路由扩散(Directed Diffusion)。它通过泛洪方式广播兴趣消息给所有的传感器节点,随着兴趣消息在整个网络中传播,协议逐跳地在每个传感器节点上建立反向的从数据源节点到基站或者汇聚节点的传输梯度。该协议通过将来自不同源节点的数据聚集再重新路由,达到消除冗余和最大限度降低数据传输量的目的,因而可以节约网络能量、延长系统生存期。然而,路径建立时的兴趣消息扩散要执行一个泛洪广播操作,时间和能量开销大。

3. 谣传路由

谣传路由(Rumor Routing)协议是 D. Braginsky 等人提出的适用于数据传输量较小的无线传感器网络高效路由协议。其基本思想是时间监测区域的感应节点产生代理消息,代理消息沿着随机路径向邻居节点扩散传播。同时,基站或汇聚节点发送的查询消息沿着随机路径在网络中传播。当查询消息和代理消息的传播路径交叉在一起时,就会形成一条基站或汇聚节点到时间监测区域的完整路径。

4. 基于信息协商的传感器协议

基于信息协商的传感器(Sensor Protocols for Information via Negotiation,SPIN)协议是 W. Heinzelman 等人提出的一种自适应的路由协议。该协议假定网络中的所有节点都是 Sink 节点,每一个节点都有用户需要的信息,而且相邻的节点拥有类似的数据,所以只需发送其他节点没有的数据。SPIN 协议通过协商完成资源自适应算法,即在发送真正的数据之前,通过协商压缩重复的信息,避免了冗余数据的发送。此外,SPIN 协议有权访问每个节点的当前能量水平,并根据节点的剩余能量水平调整协议,所以可以在一定程度上延长网络的生存期。

5. 基于地理位置与能量感知的路由协议

Y. Yu 等人提出了基于地理位置与能量感知的路由(Geographical and Energy

Aware Routing,GEAR)协议,即根据时间区域的地址位置建立基站,或者汇聚节点到时间区域的优化路径。把 GEAR 划分为广播式路由协议有点牵强,但是由于它是在利用地理信息的基础上将数据发送到合适区域,而且是基于 DD 提出的,这里仍然作为广播式的一种。

2.3.4　坐标式路由协议

1. 图嵌入路由协议

J. Newsome 和 D. Song 提出建立一个基于虚拟极坐标系统(Virtual Polar Coordinate System,VPCS)的图嵌入(Graph EMbedding,GEM)路由协议,用来代表实际的网络拓扑结构。整个网络节点形成一个以基站或汇聚节点为根的带环树(Ringed Tree)。每个节点用距离树根的跳数距离和角度范围两个参数表示。

2. 基于地理信息的无位置信息路由协议

基于地理信息的无位置信息路由协议(Geographic Routing Without Location Information,GRWLI)的前提是需要少数节点的精确位置信息。首先确定节点在坐标系中的位置,根据位置进行数据路由。关键是利用某些知道自己位置信息的信标节点确定全局坐标系及其他节点在坐标系中的位置。

2.3.5　分簇式路由协议

1. 低功耗自适应集簇分层协议

低功耗自适应集簇分层(Low Energy Adaptive Clustering Hierarchy,LEACH)协议是 MIT 的 Chandrakasan 等人为无线传感器设计的一种分簇路由协议,其基本思想是以循环的方式随机选择簇首节点,然后平均分配整个网络的能量到每个传感器节点,从而降低网络能源消耗,延长网络生存时间。簇首的产生是簇形成的基础,簇首的选取一般基于节点的剩余能量、簇首到基站或汇聚节点的距离、簇首的位置和簇内的通信代价。簇首的产生算法分为分布式和集中式两种,这里不予介绍。

2. 基于地理信息的自适应保真协议

基于地理信息的自适应保真协议(Geographic Adaptive Fidelity,GAF)是 Y. Xu 等人提出的一种利用分簇进行通信的路由协议。它最初是为移动 Ad Hoc 网络应用设计的,也适用于无线传感器网络。其基本思想是网络区被分成固定区域,形成虚拟网格,每个网格里选出一个簇首节点在某段时间内保持活动,其他节点都进入睡眠状态,但是簇首节点并不做任何数据汇聚或融合工作。GAF 算法关掉网络中不必要的节点来节省能量,同样可以达到延长网络生存期的目的。

2.3.6　无线传感器网络路由协议比较

1. 路由协议综合比较

WSN 具有与应用高度相关的特点,所以 WSN 路由协议同样具有多样性的特点,很难说哪个协议更为优越,表 2.3 所示是对典型的路由协议的特点的比较。

表 2.3　典型的路由协议的特点的比较

性能 路由协议	节能	元数据描述	数据融合	维护多路径	网络生存周期	节点定位	健壮性	扩展性	QoS支持	移动性支持	安全机制
DD	是	有	有	是	较长	否	好	较好	无	一般	无
Rumor	是	有	有	否	较长	否	好	好	无	一般	无
SPIN	是	有	有	是	较长	否	好	一般	无	好	无
GBR	是	有	有	否	较长	否	好	一般	无	一般	无
LEACH	是	无	有	否	长	否	好	好	无	一般	无
TEEN	是	无	有	否	长	否	好	好	无	一般	无
PEGASIS	是	无	有	否	长	否	好	好	无	一般	无
GPSR	是	无	无	否	较长	是	好	一般	无	一般	无
GEM	是	无	无	否	较长	是	好	一般	无	不好	无
EAR	是	无	有	是	长	否	好	一般	无	一般	无

2. 路由协议的发展

通过对典型协议的比较可以看出,每种路由协议都有其优缺点,分别适用于不同的应用场合,现有的无线传感器网络路由协议设计基本上都是以节能、延长网络生命周期为主要目的。这在一定程度上解决了能源消耗问题,但是存在以下问题:不支持 QoS;移动性的支持比较差,没有安全机制;单路径协议占多数。可以看出,将来无线传感器网络路由协议采用的某些研究策略与发展趋势如下所述。

(1) QoS 路由:目前传感器网络路由协议的研究重点主要集中在能量效率上,在未来的研究中可能还需要解决由视频和成像传感器以及实时应用引起的 QoS 问题。

(2) 支持移动性:目前的 WSN 路由协议对网络的拓扑感知能力和移动性的支持比较差,如何在控制协议开销的前提下支持快速拓扑感知是一个重要挑战。

(3) 安全路由:由于 WSN 的固有特性,其路由协议极易受到安全威胁,是网络攻击的主要目标。设计简单、有效,适用于 WSN 的安全机制是今后努力的方向。

(4) 有效功耗:WSN 中的数据通信最为耗能,应更好地使用数据融合技术,在数据传输中采用过滤机制来减少通信量,并通过让各节点平均消耗能量来保持通信量的负载均衡。

(5) 容错性:由于 WSN 节点容易发生故障。利用节点易获得的网络信息计算路由,以确保在路由出现故障时能够尽快恢复,可采用多路径传输来提高数据传输的可靠性。

练习题

一、填空题

1. IEEE 802.15.4 标准主要包括_____、_____。

2. IEEE 802.15.4 网络根据应用的需要可以组织成_____,也可以组织成点对点网络。

3. IEEE 802.15.4 标准包括_____和介质访问控制 MAC(Media Access Control)子层协议。

4. 物理层定义了物理无线信道和 MAC 子层之间的接口,提供_____和_____。

5. 无线传感器网络可以选择的频段有_____、_____、_____、_____。

6. 在 IEEE 802 系列标准中,OSI 参考模型的数据链路层进一步划分为_____和_____两个子层。

7. MAC 子层提供两种服务:_____和_____。前者保证 MAC 协议数据单元在物理层数据服务中的正确收发,后者维护一个存储 MAC 子层协议状态相关信息的数据库。

8. 传感器网络的安全问题是_____、_____、_____。

9. MAC 子层可以为输入/输出的 MAC 帧提供安全服务。提供的安全服务主要包括四种:_____、_____、_____和_____。

10. 在 LR-WPAN 网络中,设备可以根据自身需要选择不同的安全模式,即_____、_____和_____。

11. 根据应用要求分类,传感器网络中的路由协议按应用要求可分为_____、_____、_____和_____。

12. 根据传输过程中采用的路径的跳数分类,传感器网络中的路由协议按传输过程中采用的路径的跳数,分为_____和_____。

二、简答题

1. IEEE 802.15.4 标准定义的 LR-WPAN 网络具有哪些特点?

2. 物理层数据服务包括哪几个方面的功能?

3. 媒体访问控制(Media Access Control,MAC)子层的主要功能包括哪几个方面?

4. ZigBee 技术的主要特点有哪些?

5. 按协议的应用特征分类,传感器网络中的路由协议分为哪几种?

第 3 章

传感器及检测技术

本章要点
- 传感器的分类、传感器的组成及传感器在物联网中的应用
- 检测的基本概念、检测技术分类及检测系统组成
- 典型传感器介绍
- 智能检测系统的组成及类型,智能传感器技术

3.1 传感器

3.1.1 传感器的概述

传感器是一种物理装置或生物器官,能够探测、感受外界的信号、物理条件(如光、热、湿度)或化学组成(如烟雾),并将探知的信息传递给其他装置或器官。

国家标准 GB 7665—87 对传感器下的定义是:"能感受规定的被测量件并按照一定的规律转换成可用信号的器件或装置,通常由敏感元件和转换元件组成"。传感器是一种检测装置,能感受到被测量的信息,并能将检测感受到的信息,按一定规律变换成为电信号或其他所需形式的信息输出,以满足信息的传输、处理、存储、显示、记录和控制等要求。它是实现自动检测和自动控制的首要环节。

关于传感器,我国曾出现过多种名称,如发送器、传送器、变送器等,它们的内涵相同或相似,近来逐渐趋向统一,都使用"传感器"这一名称。从字面上如下解释:传感器的功用是一感二传,即感受被测信息,并传送出去。根据这个定义,传感器的作用是将一种能量转换成另一种能量形式,所以不少学者也用"换能器(Transducer)"来称谓"传感器(Sensor)"。

3.1.2 传感器的分类

同一被测量可以用不同类型的传感器来测量,同一原理的传感器可测量多种物理量,因此传感器有许多种分类方法,常见的如下所述。

1. 按传感器的用途分类

传感器按照其用途分为力敏传感器、位置传感器、液面传感器、能耗传感器、速度传感器、加速度传感器、射线辐射传感器、热敏传感器和 24GHz 雷达传感器等。

2. 按传感器的原理分类

传感器按照其原理,分为振动传感器、湿敏传感器、磁敏传感器、气敏传感器、真空度传感器和生物传感器等。

3. 按传感器的输出信号标准分类

传感器按照其输出信号的标准分为以下几种。

(1) 模拟传感器:将被测量的非电学量转换成模拟电信号。

(2) 数字传感器:将被测量的非电学量转换成数字输出信号(包括直接和间接转换)。

(3) 膺数字传感器:将被测量的信号量转换成频率信号或短周期信号的输出(包括直接或间接转换)。

(4) 开关传感器:当一个被测量的信号达到某个特定的阈值时,传感器相应地输出一个设定的低电平或高电平信号。

4. 按传感器的材料分类

在外界因素的作用下,所有材料都会作出相应的、具有特征性的反应。它们中的那些对外界作用最敏感的材料,即那些具有功能特性的材料,被用来制作传感器的敏感元件。根据所采用的材料不同,将传感器分成下列几类。

(1) 按照所用材料的类别分类:金属聚合物和陶瓷混合物。

(2) 按材料的物理性质分类:导体、半导体、绝缘体和磁性材料。

(3) 按材料的晶体结构分类:单晶、多晶和非晶材料。

与采用新材料紧密相关的传感器开发工作归纳为下述三个方向。

(1) 在已知的材料中探索新的现象、效应和反应,使它们能在传感器技术中得到实际使用。

(2) 探索新的材料,应用那些已知的现象、效应和反应来改进传感器技术。

(3) 在研究新型材料的基础上探索新现象、新效应和反应,并在传感器技术中具体实施。

现代传感器制造业的进展取决于用于传感器技术的新材料和敏感元件的开发强度。传感器开发的基本趋势是和半导体以及介质材料的应用密切关联的。

5. 按传感器的制造工艺分类

传感器按照其制造工艺,分为集成传感器、薄膜传感器、厚膜传感器和陶瓷传感器。

(1) 集成传感器是用标准的生产硅基半导体集成电路的工艺技术制造的。通常还将用于初步处理被测信号的部分电路也集成在同一芯片上。

(2) 薄膜传感器是通过沉积在介质衬底(基板)上的相应敏感材料的薄膜形成的。使用混合工艺时,同样可将部分电路制造在此基板上。

（3）厚膜传感器是利用相应材料的浆料涂覆在陶瓷基片上制成的。基片通常是由Al_2O_3制成的，然后进行热处理，使厚膜成型。

（4）陶瓷传感器是采用标准的陶瓷工艺或其某种变种工艺（溶胶—凝胶等）生产的。完成适当的预备性操作之后，已成型的元件在高温中进行烧结。

厚膜传感器和陶瓷传感器这两种工艺之间有许多共同特性。在某些方面，可以认为厚膜工艺是陶瓷工艺的一种变型。

每种工艺技术都有自己的优点和不足。由于研究、开发和生产所需的资本投入较低，以及传感器参数的高稳定性等原因，采用陶瓷传感器和厚膜传感器比较合理。

6. 按传感器的测量目的不同分类

传感器根据测量目的不同，分为物理型传感器、化学型传感器和生物型传感器。

（1）物理型传感器是利用被测量物质的某些物理性质发生明显变化的特性制成的。

（2）化学型传感器是利用把化学物质的成分、浓度等化学量转化成电学量的敏感元件制成的。

（3）生物型传感器是利用各种生物或生物物质的特性做成的，用以检测与识别生物体内化学成分的传感器。

3.1.3　传感器的性能技标

1. 传感器静态特性

传感器的静态特性是指对于静态的输入信号，传感器的输出量与输入量之间所具有的相互关系。因为这时输入量和输出量都和时间无关，所以它们之间的关系，即传感器的静态特性可用一个不含时间变量的代数方程，或以输入量作为横坐标，把与其对应的输出量作为纵坐标而画出的特性曲线来描述。表征传感器静态特性的主要参数有线性度、灵敏度、迟滞、重复性、漂移等。

（1）线性度：指传感器输出量与输入量之间的实际关系曲线偏离拟合直线的程度。其定义为在全量程范围内，实际特性曲线与拟合直线之间的最大偏差值与满量程输出值之比。

（2）灵敏度：是传感器静态特性的一个重要指标。其定义为输出量的增量与引起该增量的相应输入量增量之比。用S表示灵敏度。

（3）迟滞：指传感器在输入量由小到大（正行程）及输入量由大到小（反行程）变化期间，其输入、输出特性曲线不重合的现象。对于同一大小的输入信号，传感器的正、反行程输出信号大小不相等，这个差值称为迟滞差值。

（4）重复性：指传感器在输入量按同一方向作全量程连续多次变化时，所得特性曲线不一致的程度。

（5）漂移：指在输入量不变的情况下，传感器输出量随着时间变化的现象。产生漂移的原因有两个方面：一是传感器自身结构参数；二是周围环境（如温度、湿度等）。

2. 传感器动态特性

所谓动态特性，是指传感器在输入变化时，它的输出的特性。在实际工作中，传感器的动态特性常用它对某些标准输入信号的响应来表示。这是因为传感器对标准输入信号的响应容易用实验方法求得,并且它对标准输入信号的响应与它对任意输入信号的响应之间存在一定的关系,知道了前者就能推定后者。最常用的标准输入信号有阶跃信号和正弦信号两种,所以传感器的动态特性也常用阶跃响应和频率响应来表示。

3. 传感器的线性度

通常情况下,传感器的实际静态特性输出是条曲线而非直线。在实际工作中,为使仪表具有均匀刻度的读数,常用一条拟合直线近似地代表实际的特性曲线。线性度(非线性误差)就是这个近似程度的一个性能指标。

拟合直线的选取有多种方法。如将零输入和满量程输出点相连的理论直线作为拟合直线;或将与特性曲线上各点偏差的平方和为最小的理论直线作为拟合直线,此拟合直线称为最小二乘法拟合直线。

4. 传感器的灵敏度

灵敏度是指传感器在稳态工作情况下输出量变化 Δy 对输入量变化 Δx 的比值。它是输出/输入特性曲线的斜率。如果传感器的输出和输入之间呈线性关系,则灵敏度 S 是一个常数;否则,它将随输入量的变化而变化。

灵敏度的量纲是输出、输入量的量纲之比。例如,某位移传感器,在位移变化 1mm 时,输出电压变化为 200mV,则其灵敏度应表示为 200mV/mm。

当传感器的输出、输入量的量纲相同时,灵敏度可理解为放大倍数。提高灵敏度,可得到较高的测量精度。但灵敏度愈高,测量范围愈窄,稳定性往往愈差。

5. 传感器的分辨率

分辨率是指传感器可感受到的被测量的最小变化的能力。也就是说,如果输入量从某一非零值缓慢地变化,当输入变化值未超过某一数值时,传感器的输出不会发生变化,即传感器对此输入量的变化是分辨不出来的;只有当输入量的变化超过分辨率时,其输出才会发生变化。

通常,传感器在满量程范围内各点的分辨率并不相同,因此常用满量程中能使输出量产生阶跃变化的输入量中的最大变化值作为衡量分辨率的指标。上述指标若用满量程的百分比表示,称为分辨率。分辨率与传感器的稳定性有负相关性。

3.1.4　传感器的组成和结构

国家标准(GB 7665—87)中对传感器(Transducer/Sensor)的定义是:能够感受规定的被测量并按照一定规律转换成可用输出信号的器件或装置。

这一定义包含了以下几方面的意思。

(1) 传感器是测量装置,能完成检测任务。

(2) 它的输出量是某一被测量,可能是物理量,也可能是化学量、生物量等。

(3) 它的输出量是某种物理量,这种量要便于传输、转换、处理、显示等。这种量可以是气、光、电量,但主要是电量。

(4) 输出/输入有对应关系,且应有一定的精确程度。

传感器一般由敏感元件、转换元件、转换电路三部分组成,组成框图如图 3.1 所示。

图 3.1   传感器组成框图

① 敏感元件:是直接感受被测量,并且输出与被测量成确定关系的某一物理量的元件。

② 转换元件:敏感元件的输出就是它的输入,它把输入转换成电路参量。

③ 转换电路:转换电路可把敏感元件的输出经转换元件的输出再转换成电量输出。

实际上,有些传感器很简单,有些则较复杂;大多数是开环系统,也有些是带反馈的闭环系统。

3.2   检测技术基础

自动检测技术是一门以研究检测系统中信息提取、转换及处理的理论和技术为主要内容的应用技术学科。在信息社会的一切活动领域,检测是科学地认识各种现象的基础性方法和手段。检测技术是多学科知识的综合应用,涉及半导体技术、激光技术、光纤技术、声控技术、遥感技术、自动化技术、计算机应用技术,以及数理统计、控制论、信息化等近代新技术和新理论。

3.2.1   检测系统概述

检测是人类认识物质世界、改造物质世界的重要手段。检测技术的发展标志着人类的进步和人类社会的繁荣。在现代工业、农业、国防、交通、医疗、科研等各行业,检测技术的作用越来越大,检测设备就像神经和感官,源源不断地向人们传输各种有用的信息。检测的自动化、智能化归功于计算机技术的发展。从广义上说,自动检测系统包括以单片机为核心的智能仪器、以 PC 为核心的自动测试系统和目前发展势头迅猛的专家系统。

现代检测系统应当包含测量、故障诊断、信息处理和决策输出等多种内容,具有比传统的"测量"更丰富的范畴和模仿人类专家的信息综合处理能力。

现代检测系统充分开发利用了计算机资源,在人工最少参与的条件下尽量以软件实现系统功能,一般具有以下特点。

(1) 软件控制测量过程。自动检测系统可实现自动测量、自动极性判断、自动量程切换、自动报警、过载保护、非线性补偿、多功能测试和自动回巡检测。由于有了计算机,这些过程可采用软件控制,以简化系统的硬件结构,缩小体积,降低功耗,提高检测系统的可靠性和自动化程度。

(2) 智能化数据处理。智能化数据处理是智能检测系统最突出的特点。计算机可以方便、快捷地实现各种算法。因此,智能检测系统可用软件对测量结果进行及时、在线处理,提高测量精度。

（3）高度的灵活性。智能检测系统以软件为工作核心，生产、修改、复制都较容易，功能和性能指标更改方便。而传统的硬件检测系统，生产工艺复杂，参数分散性较大，每次更改都牵涉到元器件和仪器结构的改变。

（4）实现多参数检测与信息融合。智能检测系统配备多个测量通道，可以由计算机对多路测量通道进行高速扫描采样。因此，智能检测系统可以对多种测量参数进行检测。在多参数检测的基础上，依据各路信息的相关特性，实现智能检测系统的多传感器信息融合，从而提高检测系统的准确性、可靠性和可容错性。

（5）测量速度快。高速测量是智能检测系统追求的目标之一。所谓检测速度，是指从测量开始，经过信号放大、整流滤波、非线性补偿、A/D 转换、数据处理和结果输出的全过程所需的时间。目前高速 A/D 转换的采样速度为 200MHz 以上，32 位 PC 的时钟频率也在 500MHz 以上。

（6）智能化功能强。以计算机为信息处理核心的智能检测系统具有较强的智能功能，可以满足各类用户的需要。典型的智能功能有以下几种。

① 检测选择功能。智能检测系统能够实现量程转换，以及信号通道和采样方式的自动选择，使系统具有对被测对象的最优化跟踪检测能力。

② 故障诊断功能。智能检测系统结构复杂，功能较多，系统本身的故障诊断尤为重要。系统可以根据检测通道的特征和计算机本身的自诊断能力，检查各单元故障，显示故障部位、故障原因和应该采取的故障排除方法。

③ 其他智能功能。智能检测系统还可以具备人机对话、自校准、打印、绘图、通信、专家知识查询和控制输出等智能功能。

检测就是借助专用的手段和技术工具，通过实验的方法，把被测量与同性质的标准量进行比较，求出两者的比值，从而得到被测量数值大小的过程。传感器是感知、获取与检测信息的窗口，特别是在自动检测和自动控制系统中获取的信息，都要通过传感器转换为容易传输、处理的电信号。

实现被测量与标准量比较而得出比值的方法，称为测量方法。针对不同测量任务进行具体分析，找出切实可行的测量方法，对测量工作是十分重要的。

3.2.2　检测技术分类

1. 按测量过程的特点分类

（1）直接测量法

在使用仪表或传感器进行测量时，对仪表读数不需要经过任何运算就能直接表示测量结果的测量方法称为直接测量。例如，用磁电式电流表测量电路的某一支路电流、用弹簧管压力表测量压力等，都属于直接测量。直接测量的优点是测量过程既简单又迅速，缺点是测量精度不高。直接测量方法又包括以下几种。

① 偏差测量法。用仪表指针的位移（即偏差）决定被测量的量值的测量方法。在测量时，插入被测量，按照仪表指针在标尺上的示值决定被测量的数值。这种方法测量过程比较简单、迅速，但测量结果精度较低。

② 零位测量法。用指零仪表的零位指示检测测量系统的平衡状态，在测量系统平衡

时,用已知的标准量决定被测量的量值的测量方法。在测量时,已知的标准量直接与被测量相比较,已知量应连续可调,指零仪表指零时,被测量与已知标准量相等。

③ 微差测量法。这是综合了偏差法测量与零位法测量的优点而提出的一种测量方法。它将被测量与已知的标准量相比较,取得差值后,再用偏差测量法测得此差值。应用这种方法测量时,不需要调整标准量,只需测量两者的差值。微差测量法的优点是反应快,而且测量精度高,特别适用于在线控制参数的测量。

（2）间接测量法

在使用仪表或传感器测量时,首先对与测量有确定函数关系的几个量进行测量,将被测量代入函数关系式,经过计算得到所需要的结果,这种测量方法称为间接测量法。间接测量法的测量手续较多,花费时间较长,一般用于直接测量法不方便或者缺乏直接测量手段的场合。

（3）组合测量法

组合测量法是一种特殊的精密测量方法。被测量必须经过求解联立方程组才能得到最后结果。组合测量操作手续复杂,花费时间长,多用于科学实验或特殊场合。

2. 按测量的精度因素分类

（1）等精度测量法：用相同精度的仪表与测量方法对同一被测量进行多次重复测量。

（2）非等精度测量法：用不同精度的仪表或不同的测量方法,或在环境条件相差很大时,对同一被测量进行多次重复测量。

3. 按测量仪表特点分类

（1）接触测量法：传感器直接与被测对象接触,承受参数的作用,感受其变化,从而获得其信号,并测量其信号大小的方法。

（2）非接触测量法：传感器不与被测对象直接接触,而是间接承受被测参数的作用,感受其变化,并测量其信号大小的方法。

4. 按测量对象的特点分类

（1）静态测量法：指被测对象处于稳定情况下的测量,此时被测对象不随时间变化,故又称为稳态测量。

（2）动态测量法：指被测对象处于不稳定情况下进行的测量,此时被测对象随时间而变化。因此,这种测量必须在瞬间完成,才能得到动态参数的测量结果。

3.2.3　检测系统组成

1. 检测系统构成

在工程中,需要由传感器与多台仪表组合在一起,才能完成信号的检测,这样便形成了一个检测系统。检测系统是传感器与测量仪表、变换装置等的有机结合。图 3.2 所示为检测系统原理结构框图。

图 3.2　检测系统原理结构框图

2. 开环检测系统和闭环检测系统

（1）开环检测系统

开环检测系统的全部信息变换只沿着一个方向进行，如图 3.3 所示。其中，x 为输入量，y 为输出量，x_1 和 x_2 为各个环节的传递系数。采用开环方式构成的检测系统，结构较简单，但各环节特性的变化都会造成测量误差。

图 3.3　开环检测系统框图

（2）闭环检测系统

闭环检测系统是在开环系统的基础上加了反馈环节，使得信息变换与传递形成闭环，能对包含在反馈环内的各环节造成的误差进行补偿，使系统的误差变得很小。

3. 检测仪表的组成

检测仪表是实现检测过程的物质手段，是测量方法的具体化，它将被测量经过一次或多次信号或能量形式的转换，由仪表指针、数字或图像等形式显示出量值，实现被测量的检测。检测仪表的组成框图如图 3.4 所示。

图 3.4　检测仪表的组成框图

（1）传感器

传感器也称敏感元件、一次元件，其作用是感受被测量的变化并产生一个与被测量呈某种函数关系的输出信号。

根据被测量性质分为机械量传感器、热工量传感器、化学量传感器及生物量传感器等；根据输出量性质分为无源电参量型传感器（如电阻式传感器、电容式传感器、电感式传感器等）与发电型传感器（如热电偶传感器、光电传感器、压电传感器等）。

（2）变送器

变送器的作用是将敏感元件输出信号变换成既保存原始信号全部信息，又易于处理、传输及测量的变量，因此要求变送器能准确、稳定地实现信号的传输、放大和转化。

（3）显示（记录）仪表

显示（记录）仪表也称二次仪表，它将测量信息转变成对应的工程量，并在仪表上显示出来。

3.3　典型传感器简介

3.3.1　磁检测传感器

磁检测传感器使用的是干簧管。干簧管（Reed Switch）也称舌簧管或磁簧开关，是一种磁敏的特殊开关。它通常有两个软磁性材料做成的、无磁时断开的金属簧片触点，有的还有第三个作为常闭触点的簧片。这些簧片触点被封装在充有惰性气体（如氮、氦等）或真空的玻璃管里，玻璃管内平行封装的簧片端部重叠，并留有一定间隙或相互接触，以构成开关的常开或常闭触点。干簧管比一般机械开关结构简单、体积小、速度高、工作寿命长；与电子开关相比，它又有抗负载冲击能力强等特点，工作可靠性很高。

干簧管作为传感器，用于计数、限位等。例如，有一种自行车里程计，就是在轮胎上粘上磁铁，在一旁固定上干簧管构成的。把干簧管装在门上，可作为开门时报警用，也可作为开关使用。

干簧管的外形和接口原理图如图3.5所示。磁检测传感器使用的是常开型干簧管。当传感器靠近磁性物质（如磁铁）时，U_2 闭合，Q_1 导通，LED_3 点亮。通过 STM8 单片机读取 P1.3 状态，可知当前是否靠近磁性物质。高电平时，表明未检测到磁性物质；低电平时，表明检测到磁性物质。

图 3.5　干簧管的外形和接口原理图

3.3.2　光照传感器

光照传感器使用的是光敏电阻。光敏电阻又称光导管,常用的制作材料为硫化镉,另外还有硒、硫化铝、硫化铅和硫化铋等材料。这些制作材料具有在特定波长的光照射下,阻值迅速减小的特性。这是由于光照产生的载流子都参与导电,在外加电场的作用下作漂移运动,电子奔向电源的正极,空穴奔向电源的负极,从而使光敏电阻器的阻值迅速下降。光敏电阻器一般用于光的测量、光的控制和光电转换(将光的变化转换为电的变化)。常用的光敏电阻器是硫化镉光敏电阻器,它由半导体材料制成。光敏电阻器的阻值随入射光线(可见光)的强弱变化而变化。在黑暗条件下,它的阻值(暗阻)可达 $1 \sim 10 M\Omega$;在强光条件($100 LX$)下,其阻值(亮阻)仅有几百至数千欧姆。光敏电阻器对光的敏感性(即光谱特性)与人眼对可见光($0.4 \sim 0.76 \mu m$)的响应很接近,只要人眼可感受的光,都会引起它的阻值变化。

光照传感器的外形和接口原理图如图 3.6 所示。传感器使用的光敏电阻的暗电阻为 $1 \sim 2 M\Omega$,亮电阻为 $1 \sim 5 k\Omega$。可以计算出:

在黑暗条件下,Light_AD 的数值为 $3.3V \times 10k\Omega / (1000k\Omega + 10k\Omega) = 0.033V$。

在光照条件下,Light_AD 的数值为 $3.3V \times 10k\Omega / (10k\Omega + 5k\Omega) = 2.2V$。

图 3.6　光照传感器的外形和接口原理图

STM8 单片机内部带有 10 位 AD 转换器,参考电压为供电电压 3.3V。根据以上计算结果,选定 2.2V(需要根据实际测量结果进行调整)作为临界值。当 Light_AD 为 2.2V 时,AD 读数为 $2.2/3.3 \times 1024 = 682$。当 AD 读数小于 682 时,说明无光照,当 AD 读数大于 682 时,说明有光照,并点亮 LED₃ 作为指示。

3.3.3　红外对射传感器

红外对射传感器使用的是槽形红外光电开关。红外光电传感器捕捉红外线这种不可见光,采用专用的红外发射管和接收管,将其转换为可以观测的电信号。红外光电传感器有效地防止周围可见光的干扰,进行无接触探测,不损伤被测物体。红外光电传感器在一般情况下由三部分构成,分别是发送器、接收器和检测电路。红外光电传感器的发送器对准目标发射光束,当前面有被检测物体时,物体将发射器发出的红外光线反射回接收器,于是红外光电传感器就"感知"了物体的存在,产生输出信号。

红外对射传感器的外形和接口原理图如图 3.7 所示。槽形红外光电开关把一个红外光发射器和一个红外光接收器面对面地装在一个槽的两侧。发光器能发出红外光,在无阻情况下,光接收器能收到光。但当被检测物体从槽中通过时,光被遮挡,光电开关便动作,输出一个开关控制信号,切断或接通负载电流,完成一次控制动作。槽形开关的检测距离因为受整体结构的限制一般只有几厘米。

图 3.7　红外对射传感器的外形和接口原理图

当槽形光电开关 U_2 中间有障碍物遮挡时,IR_DATA 为高电平,LED_3 熄灭;当槽形光电开关 U_2 中间无障碍物遮挡时,IR_DATA 为低电平,LED_3 点亮。通过 STM8 单片机读取 IR_DATA 的高、低电平状态,即可获知红外对射传感器是否检测到障碍物。

3.3.4　红外反射传感器

红外反射传感器使用的是反射型红外光电开关。反射型红外光电开关把一个红外光发射器和一个红外光接收器装在一个同一面上,前方装有滤镜,滤除干扰光。发光器能发出红外光,在无阻情况下,光接收器不能收到光。但当前方有障碍物时,光被反射回接收器,光电开关便动作,输出一个开关控制信号,切断或接通负载电流,完成一次控制动作。反射型光电开关的检测距离从几厘米到几米不等,在工业测控、安防等方面具有很广泛的应用。红外反射传感器的外形和接口原理图如图 3.8 所示。

图中,红外光电开关 U_3 供电电压为 5V,集电极开路输出。当无障碍物时,U_3 的 1 脚输出高电平,Q_1 导通,IR_DATA 为低电平;当有障碍物时,U_3 的 1 脚输出低电平,Q_1 截止,IR_DATA 为高电平。通过 STM8 单片机读取 IR_DATA 的高、低电平状态,即可获知红外反射传感器是否检测到障碍物。当检测到障碍物时,可以点亮 LED_3 作为指示。

3.3.5　结露传感器

HDS05 结露传感器是正特性开关型元件。它对低湿度不敏感,仅对高湿度敏感,可以在直流电压下工作。其特点是在高湿环境下具有极高敏感性,具有开关功能,响应速度

图 3.8 红外反射传感器的外形和接口原理图

快、污染能力强、高可靠性，稳定性好；其结露测试范围是 94%～100%RH，可用于电子、制药、粮食、仓储、烟草、纺织、气象等行业的温湿度表、加湿器、除湿机、空调、微波炉等产品中。

结露传感器的外形和接口原理图如图 3.9 所示。图中，HDS05_AD 最大值为 47kΩ/(47kΩ+150kΩ)×3.3V=0.787V，小于 HDS05 的最大供电电压 0.8V。由特性参数表可知，75% RH 25℃条件下，HDS05 电阻为 10kΩ，计算出 HDS05_AD 为 0.172V。当湿度增加时，电阻增大，HDS05_AD 增大，选定一个临界值（根据实际情况选择），比如 0.172V，此时 AD 读数为 0.172/3.3×1024=53。当 AD 采集的数值大于 53 时，表明有结露，并点亮 LED_3 作为指示。

图 3.9 结露传感器的外形和接口原理图

3.3.6 酒精传感器

酒精传感器选用 MQ-3 酒精检测用半导体气敏元件。MQ-3 所使用的气敏材料是在清洁空气中电导率较低的二氧化锡(SnO_2)。当传感器所处环境中存在酒精蒸汽时，传感器的电导率随空气中酒精气体浓度的增大而增大。使用简单的电路即可将电导率的变化转换为与该气体浓度相对应的输出信号。MQ-3 气体传感器对酒精的灵敏度高，可以抵抗汽油、烟雾、水蒸气的干扰。这种传感器可检测多种浓度酒精气体，是一款应用广泛的低成本酒精传感器。常应用于对机动车驾驶人员及其他风险作业人员的酒后监督检测和其他场所乙醇蒸汽的探测。其特点是对乙醇蒸汽有很高的灵敏度和良好的选择性,快速的响应恢复特性,简单的驱动回路,对酒精的探测范围为 10～1000ppm。

MQ-3 酒精传感器接口电路原理图如图 3.10 所示。图中,MQ-3 传感器的供电电压 V_c 和加热电压 V_h 都为 5V,负载电阻 R_1 为 1kΩ。从技术指标表可知,在 0.4mg/L 酒精中,传感器电阻 R_s 为 2～20kΩ,取 $R_s=10$kΩ。假设检测到酒精浓度为 10mg/L 时报警,由灵敏度特性曲线可知,MQ3 电阻值为 10kΩ×0.12=1.2kΩ,MQ3_AD=5V×1kΩ/(1kΩ+1.2kΩ)=2.27V,AD 读数为 2.27/3.3×1024=704。当 AD 采集的数值大于 704 时,表明检测到酒精,并点亮 LED3 作为指示。

图 3.10　MQ-3 酒精传感器接口电路原理图

3.3.7　人体检测传感器

人体检测传感器使用的是热释电人体红外线感应模块。它是基于红外线技术的自动控制产品,灵敏度高,可靠性强,用于各类感应电器设备,适合干电池供电的电器产品;它采用低电压工作模式,可方便地与各类电路实现对接;它尺寸小,便于安装。人体红外线感应模块适用于感应广告机、感应水龙头、各类感应灯饰、感应玩具、感应排气扇、感应垃圾桶、感应报警器、感应风扇等。其主要技术参数是:静态功耗<50μA;电平输出高于 3.3V,待机时输出 0V;可重复触发方式;感应范围≤110°锥角,7m 以内。

人体检测传感器的外形和接口原理图如图 3.11 所示。传感器检测到人时,输出高电平,Q_1 导通,I/O 输出低电平;未检测到人时,Q_1 截止,I/O 输出高电平。通过 STM8 单片机读取 I/O 值,可获知现在的传感器状态。热释电人体红外线感应模块只对人体活动产生感应信号,对静止的人体不做反应,因此,使用时在模块上方挥舞手模拟人体活动。

3.3.8　振动检测传感器

振动传感器选用的是振动开关,在静止条件下为开路状态;当受到外力或运动速度达到适当的离心力时,会产生短时间内非连续性导通。以 SW-1801P 振动传感器为例的接口电路原理图如图 3.12 所示。

当有振动时,U_2 导通,Q_1 导通,SW_IO 输出低电平,并点亮 LED3。由于振动开关为

图 3.11　人体检测传感器的外形和接口原理图

图 3.12　SW-1801P 振动传感器接口原理图

非连续性导通,因此,可采用中断方式采集 SW_IO 信号,在指定时间内(如 10ms)对中断信号计数。当它大于指定值(如 5)时,说明存在振动。

3.3.9　声响检测传感器

声响检测传感器使用话筒作为拾音器,再经过运算放大器放大,单片机 AD 采集,获取声响强度信号。话筒是将声音信号转换为电信号的能量转换器,和喇叭正好相反。若选用的是驻极体电容式话筒,其接口电路原理如图 3.13 所示。

图中各元器件的说明如下。

(1) FET:(场效应管)MIC 的主要器件,起到阻抗变换和放大的作用。

(2) C:是一个可以通过膜片振动而改变电容量的电容,是声/电转换的主要部件。

图 3.13　话筒接口电路原理图

（3）C_1、C_2：是为了防止射频干扰而设置的，分别对两个射频频段的干扰起抑制作用。C_1 一般是 10pF，C_2 一般是 33pF。10pF 滤波 1800MHz，33pF 滤波 900MHz。

（4）R_L：负载电阻，它的大小决定灵敏度的高低。

（5）V_S：工作电压，为 MIC 提供工作电压。

（6）C_o：隔直电容，信号输出端。

声音检测传感器接口电路如图 3.14 所示。由于麦克风输出的信号微弱，必须经过运放放大才能保证 AD 采样的精度。麦克风输入的是交流信号，C_7 和 C_6 用于耦合输入；运放 LMV321 将信号放大了 101 倍，经过 D_1 保留交流信号的正向信号，最后输入单片机 AD 进行采样。在实验室测得，静止条件下，MIC_AD 为 0V；给一个拍手的声响信号，MIC_AD 最大到 1V 左右，此时 AD 值约为 300。因此，取 300 作为临界值，AD 采样值大于 300 时，表明检测到声响，并点亮 LED_3 作为指示。

图 3.14　声音检测传感器接口电路

3.3.10　温湿度传感器

AM2302（DHT22）数字温湿度模块是一款含有已校准数字信号输出的温湿度复合传感器。它包括一个电容式感湿元件和一个高精度测温元件，并与一个高性能 8 位单片机相连接。因此，该产品具有品质卓越、超快响应、抗干扰能力强、性价比极高等优点。

AM2302（DHT22）数字温湿度主要应用在暖通空调、除湿器、测试及检测设备、消费品、汽车、自动控制、家电、湿度调节器、医疗、气象站及其他相关湿度检测控制中。

1. 引脚及功能

AM2302 引脚分配图如图 3.15 所示,引脚功能如表 3.1 所示。

图 3.15　AM2302 引脚分配图

表 3.1　AM2302 引脚

引脚	名称	描　述
①	V_{DD}	电源(3.5~5.5V)
②	SDA	串行数据,双向口
③	NC	空脚
④	GND	地

引脚说明如下:

(1) V_{DD} 是 AM2302 的供电电压,范围为 3.5~5.5V,建议供电电压为 5V。

(2) SDA 是数据线。SDA 引脚为三态结构,用于读/写传感器数据。

(3) GND 是电源地。

2. 单总线通信协议

(1) 单总线说明

AM2302 器件采用简化的单总线通信。单总线即只有一根数据线,系统中的数据交换、控制均由数据线完成。设备(微处理器)通过一个漏极开路或三态端口连至该数据线,以允许设备在不发送数据时能够释放总线,而让其他设备使用总线。单总线通常要求外接一个约 5.1kΩ 的上拉电阻,这样,当总线闲置时,其状态为高电平。由于它们是主从结构,只有主机呼叫传感器时,传感器才会应答,因此主机访问传感器都必须严格遵循单总线序列。如果出现序列混乱,传感器将不响应主机。

(2) 单总线传送数据定义

SDA 用于微处理器与 AM2302 之间的通信和同步。采用单总线数据格式,一次传送 40 位数据,高位先出。具体通信时序如图 3.16 所示,通信格式说明见表 3.2。

图 3.16　AM2302 单总线通信协议

表 3.2　AM2302 通信格式说明

名　称	单总线格式定义
起始信号	微处理器把数据总线(SDA)拉低一段时间(至少 800μs),通知传感器准备数据
响应信号	传感器把数据总线(SDA)拉低 80μs,再拉高 80μs,以响应主机的起始信号
数据格式	收到主机起始信号后,传感器一次性从数据总线(SDA)串出 40 位数据,高位先出
湿度	湿度分辨率是 16bit,高位在前;传感器串出的湿度值是实际湿度值的 10 倍

名　称	单总线格式定义
温度	温度分辨率是 16bit,高位在前;传感器串出的温度值是实际温度值的 10 倍 温度最高位(bit15)等于 1 表示负温度;温度最高位(bit15)等于 0,表示正温度 bit14~bit0 表示温度值
校验位	校验位=湿度高位＋湿度低位＋温度高位＋温度低位

（3）单总线数据计算示例

示例一：接收到的 40 位数据如下。

0000 0010　　　1001 0010　　　0000 0001　　　0000 1101　　　1010 0010

湿度高 8 位　　　湿度低 8 位　　　温度高 8 位　　　温度低 8 位　　　校验位

计算：

　　　0000 0010＋1001 0010＋0000 0001＋0000 1101＝1010 0010(校验位)

接收数据正确。

湿度：

　　　0000 0010 1001 0010 ＝0292H(十六进制)＝2×256＋9×16＋2

　　　　　　　　　　　　＝658⇒湿度＝65.8％RH

温度：

　　　0000 0001 0000 1101 ＝10DH(十六进制)＝1×256＋0×16＋13

　　　　　　　　　　　　＝269⇒温度＝26.9℃

需特别说明的是,当温度低于 0 ℃ 时,温度数据的最高位置 1。

示例：－10.1 ℃ 表示为 1 000 0000 0110 0101。

温度：

　　　0000 0000 0110 0101＝ 0065H(十六进制)＝ 6×16＋5

　　　　　　　　　　　　＝ 101⇒ 温度 ＝ －10.1℃

示例二：接收到的 40 位数据如下。

0000 0010　　　1001 0010　　　0000 0001　　　0000 1101　　　1011 0010

湿度高 8 位　　　湿度低 8 位　　　温度高 8 位　　　温度低 8 位　　　校验位

计算：

0000 0010＋1001 0010 ＋0000 0001＋0000 1101＝1010 0010≠1011 0010(校验错误)

本次接收的数据不正确,放弃,重新接收数据。

3. 单总线通信时序

用户主机(MCU)发送一次起始信号(把数据总线 SDA 拉低至少 800μs)后,AM2302 从休眠模式转换到高速模式。待主机开始信号结束后,AM2302 发送响应信号,从数据总线 SDA 串行送出 40bit 数据,先发送字节的高位;发送的数据依次为湿度高位、湿度低位、温度高位、温度低位、校验位,发送数据结束后触发一次信息采集。采集结束,传感器自动转入休眠模式,直到下一次通信来临。

详细时序信号特性如表 3.3 所示,单总线通信时序图如图 3.17 所示。

注意：主机从 AM2302 读取的温、湿度数据总是前一次的测量值,如两次测量间隔时间很长,请连续读两次,以第二次获得的值为实时温、湿度值,同时两次读取的间隔时间最小为 2s。

表 3.3　单总线信号特性

符号	参　　数	min	typ	max	单位
T_{be}	主机起始信号拉低时间	0.8	1	20	ms
T_{go}	主机释放总线时间	20	30	200	μs
T_{rel}	响应低电平时间	75	80	85	μs
T_{reh}	响应高电平时间	75	80	85	μs
T_{LOW}	信号"0"、"1"低电平时间	48	50	55	μs
T_{H0}	信号"0"高电平时间	22	26	30	μs
T_{H1}	信号"1"高电平时间	68	70	75	μs
T_{en}	传感器释放总线时间	45	50	55	μs

图 3.17　AM2302 单总线通信时序

4. 外设读取步骤示例

主机和传感器之间的通信可通过如下三个步骤完成读取数据。

步骤 1：AM2302 上电后(AM2302 上电后要等待 2s，以越过不稳定状态。在此期间，读取设备不能发送任何指令)，测试环境温、湿度数据，并记录数据。此后，传感器自动转入休眠状态。AM2302 的 SDA 数据线由上拉电阻拉高，并一直保持高电平。此时，AM2302 的 SDA 引脚处于输入状态，时刻检测外部信号。

步骤 2：微处理器的 I/O 设置为输出，同时输出低电平，且低电平保持时间不能小于 80μs。典型值是拉低 1ms。然后，微处理器的 I/O 设置为输入状态，释放总线。由于上拉电阻，微处理器的 I/O 即 AM2302 的 SDA 数据线随之变高，等主机释放总线后，AM2302 发送响应信号，即输出 80μs 的低电平作为应答信号。紧接着，输出 80μs 的高电平通知外设准备接收数据。信号传输如图 3.18 所示。

图 3.18　单总线分解时序图

步骤 3：AM2302 发送完响应后,由数据总线 SDA 连续串行输出 40 位数据。微处理器根据 I/O 电平的变化接收 40 位数据。

(1) 位数据 0 的格式为：$50\mu s$ 的低电平加 $26\sim28\mu s$ 的高电平。

(2) 位数据 1 的格式为：$50\mu s$ 的低电平加 $70\mu s$ 的高电平。

位数据 0、位数据 1 格式信号如图 3.19 所示。

图 3.19　单总线分解时序图

AM2302 的数据总线 SDA 输出 40 位数据后,继续输出低电平,$50\mu s$ 后转为输入状态。上拉电阻随之变为高电平,同时,AM2302 内部重测环境温、湿度数据,并记录数据。测试记录结束,单片机自动进入休眠状态。单片机只有收到主机的起始信号后,才重新唤醒传感器,进入工作状态。

5. 外设读取流程图

AM2302 传感器的接口原理图如图 3.20 所示,读单总线的流程图如图 3.21 所示。

图 3.20　AM2302 传感器的接口原理图　　图 3.21　AM2302 传感器读单总线的流程图

3.4　智能检测系统

　　传感器在原理与结构上千差万别,如何根据具体的测量目的、测量对象以及测量环境合理地选用传感器,组成一个智能检测系统,是在进行某个量测量时首先要解决的问题。当传感器确定之后,与之相配套的测量方法和测量设备也就可以确定了。检测结果的成败,在很大程度上取决于传感器的选项是否合理。为此,组成一个智能检测系统,要从系统总体考虑,明确使用的目的以及采用传感器的必要性。

3.4.1　智能检测系统的组成及类型

　　智能检测系统和所有的计算机系统一样,由硬件和软件两部分组成。智能检测系统的硬件基本结构如图 3.22 所示。

图 3.22　智能检测系统的硬件基本结构

　　智能检测系统的分机多以单片机为数据处理核心(特大型智能检测系统以工控机或 PC 作为分机的数据处理核心)。典型的智能检测系统包含一个主机和多个分机。

1. 分机之间的连接

　　分机由传感器、信号调理、A/D 转换、单片机等部分组成。将它们连接成智能检测系统的基本单元,是决定系统检测性能的重要环节。

2. 通信标准接口与总线系统

　　各接口之间的连接方式是组建智能检测系统的关键。目前,全世界广泛采用的标准接口系统有 IEC-625 系统、CAMAC 系统、I^2C 系统、CAN 总线系统等。

现有标准接口的仪器可单独使用,也可作为智能检测系统的分机使用。利用标准接口的分机,可以大大简化智能检测系统的设计与实现,使智能检测系统在结构上通用化、积木化,增强可扩展性和可缩性,方便用户更改系统的功能和要求。标准接口系统应包括的内容有:接口的连接线及其传送信号的各种规定;接口电路的工作原理与实现方法;机械结构方面的规定;数据格式和编码方式;控制器的组成及其命令系统。

3.4.2 智能检测系统的设计

智能检测系统的设计主要包括硬件电路设计、接口选型设计和软件设计。对于系统设计来说,硬件电路设计的涉及面广,设计调试周期长,疑难问题较多。一般情况下,在设计智能检测系统时,应坚持以下几项设计原则。

1. 硬件设计原则

智能检测系统的硬件包括主机硬件、分机硬件(包括传感器)和通信系统三大部分。硬件组成决定一个系统的主要技术与经济指标。智能检测系统的硬件系统设计应遵循下列原则:

(1) 简化电路设计;

(2) 低功耗设计;

(3) 通用化、标准化设计;

(4) 可扩展件设计;

(5) 采用通化接口。

2. 软件设计原则

智能检测系统的软件包括应用软件和系统软件。应用软件与被测对象直接有关,贯穿整个检测过程,由智能检测系统研究人员根据系统的功能和技术要求编写,它包括检测程序、控制程序、数据处理程序、系统界面生成程序等。智能检测系统的软件设计应遵循下列设计原则:

(1) 优化界面设计,方便用户使用。

(2) 使用编制、修改、调试、运行和方便的应用软件。软件是实现并完善、提高智能检测系统功能的重要手段。软件设计人员应充分考虑应用软件在编程、修改、调试、运行和升级方面的方便性,为智能检测系统的后续升级、换代设计做好准备。

(3) 丰富软件功能。无论智能仪器、自动测试系统,还是专家系统,设计时都应在程序运行速度和存储容量许可的情况下,尽量用软件实现设备的功能,简化硬件设计。事实上,利用软件设计,可方便地实现测量量程转换、数字滤波、FFT 变换、数据融合、故障诊断、逻辑推理、知识查询、通信、报警等多种功能,大大提高设备的智能化程度。

3.4.3 智能传感器技术

智能传感器(intelligent sensor)是具有信息处理功能的传感器。智能传感器带有微处理机,具有采集、处理、交换信息的能力,是传感器集成化与微处理机相结合的产物。一般智能机器人的感觉系统由多个传感器集合而成,采集的信息需要计算机处理,使用智能传感器可将信息分散处理,从而降低成本。与一般传感器相比,智能传感器具有以下三个优点。

（1）通过软件技术,可实现高精度的信息采集,而且成本低。

（2）具有一定的编程自动化能力。

（3）功能多样化。

1. 智能传感器的结构

智能传感器除了检测物理、化学量的变化之外,还具有测量信号调理（如滤波、放大、A/D 转换等）、数据处理以及数据显示等能力,它几乎包括了仪器仪表的全部功能。可见,智能传感器的功能已经延伸到仪器的领域。智能传感器原理框图如图 3.23 所示。

图 3.23　智能传感器原理框图

与传统传感器相比,智能传感器的特点如下:

（1）高精度;

（2）高可靠性与高稳定性;

（3）高信噪比与高分辨力;

（4）自适应性强;

（5）高性能价格比。

2. 智能传感器的功能

智能传感器应具有如下功能。

（1）自补偿功能:根据给定的传统传感器和环境条件的先验知识,处理器利用数字计算方法,自动补偿传统传感器硬件线性、非线性和漂移以及环境影响因素引起的信号失真,以最佳地恢复被测信号。其计算方法用软件实现,达到软件补偿硬件缺陷的目的。

（2）自校准功能:操作者输入零值或某一标准量值后,自校准软件可以自动地对传感器进行在线校准。

（3）自诊断功能:因内部和外部因素影响,传感器性能会下降或失效,分别称为软、硬故障。处理器利用补偿后的状态数据,通过电子故障字典或有关算法可预测、检测和定位故障。

（4）数值处理功能:可以根据智能传感器内部的程序,自动处理数据,如进行统计处理、剔除异常值等。

（5）双向通信功能:微处理器和基本传感器之间构成闭环,微处理机不但接收、处理传感器的数据,还可将信息反馈至传感器,对测量过程进行调节和控制。

（6）自计算和处理功能:根据给定的间接测量和组合测量数学模型,智能处理器利用补偿的数据计算出不能直接测量的物理量数值。利用给定的统计模型计算被测对象总体的统计特性和参数。利用已知的电子数据表,处理器可重新标定传感器特性。

(7) 数字量输出功能:包括数据交换通信接口功能、数字和模拟输出功能及使用备用电源的断电保护功能等。

(8) 自学习与自适应功能:传感器通过对被测量样本值学习,处理器利用近似公式和迭代算法可认知新的被测量值,即有再学习能力。同时,通过对被测量和影响量的学习,处理器利用判断准则自适应地重构结构和重置参数。例如,自选量程、自选通道、自动触发、自动滤波切换和自动温度补偿等。

3. 智能传感器的应用与方向

智能传感器广泛应用于航天、航空、国防、科技和工农业生产等各个领域。例如,它在机器人领域中有着广阔应用前景。智能传感器使机器人具有类人的五官和大脑功能,可感知各种现象,完成各种动作。在工业生产中,利用传统的传感器无法对某些产品质量指标(例如,黏度、硬度、表面光洁度、成分、颜色及味道等)进行快速直接测量并在线控制。利用智能传感器,可直接测量与产品质量指标有函数关系的生产过程中的某些量(如温度、压力、流量等),再利用神经网络或专家系统技术建立的数学模型进行计算,可推断出产品的质量。在医学领域中,糖尿病患者需要随时掌握血糖水平,以便调整饮食和注射胰岛素,防止其他并发症。通常测血糖时必须刺破手指采血,再将血样放到葡萄糖试纸上,最后把试纸放到电子血糖计上进行测量。这是一种既麻烦又痛苦的方法。美国 Cygnus 公司生产了一种"葡萄糖手表",其外观像普通手表一样,戴上它就能实现无疼、无血、连续的血糖测试。"葡萄糖手表"上有一块涂着试剂的垫子,当垫子与皮肤接触时,葡萄糖分子就被吸附到垫子上,并与试剂发生电化学反应,产生电流。传感器测量该电流,经处理器计算出与该电流对应的血糖浓度,并以数字量显示。

虚拟化、网络化和信息融合技术是智能传感器发展完善的 3 个主要方向。虚拟化是通过通用的硬件平台,充分利用软件实现智能传感器的特定硬件功能。虚拟化传感器可缩短产品开发周期,降低成本,提高可靠性。网络化智能传感器是将利用各种总线的多个传感器组成系统并配备带有网络接口(LAN 或 Internet)的微处理器。通过系统和网络处理器,实现传感器之间、传感器与执行器之间、传感器与系统之间数据交换和共享。多传感器信息融合是指智能处理的多传感器信息经元素级、特征级和决策级组合,形成更为精确的被测对象特性和参数。

练习题

一、单选题

1. (　　)不是传感器的组成元件。

    A. 敏感元件　　　　　B. 转换元件　　　　　C. 变换电路　　　　　D. 电阻电路

2. 力敏传感器接受(　　)信息,并转化为电信号。

    A. 力　　　　　　　　B. 声　　　　　　　　C. 光　　　　　　　　D. 位置

3. 声敏传感器接受(　　)信息,并转化为电信号。

  A. 力   B. 声   C. 光   D. 位置

4. 位移传感器接受(　　)信息,并转化为电信号。

  A. 力   B. 声   C. 光   D. 位置

5. 光敏传感器接受(　　)信息,并转化为电信号。

  A. 力   B. 声   C. 光   D. 位置

6. (　　)年哈里·斯托克曼发表的"利用反射功率的通讯"奠定了射频识别 RFID 的理论基础。

  A. 1948   B. 1949   C. 1960   D. 1970

7. 美军全资产可视化 5 级,机动车辆采用(　　)。

  A. 全球定位系统   B. 无源 RFID 标签

  C. 条形码   D. 有源 RFID 标签

8. (　　)不是物理传感器。

  A. 视觉传感器   B. 嗅觉传感器   C. 听觉传感器   D. 触觉传感器

9. 机器人中的皮肤采用的是(　　)。

  A. 气体传感器   B. 味觉传感器   C. 光电传感器   D. 温度传感器

10. 利用 RFID、传感器、二维码等随时随地获取物体的信息,指的是(　　)。

  A. 可靠传递   B. 全面感知   C. 智能处理   D. 互联网

11. (　　)标签工作频率是 30~300kHz。

  A. 低频电子标签   B. 高频电子标签

  C. 特高频电子标签   D. 微波标签

12. (　　)标签工作频率是 3~30MHz。

  A. 低频电子标签   B. 高频电子标签

  C. 特高频电子标签   D. 微波标签

13. (　　)标签工作频率是 300MHz~3GHz。

  A. 低频电子标签   B. 高频电子标签

  C. 特高频电子标签   D. 微波标签

14. (　　)标签工作频率是 2.45GHz。

  A. 低频电子标签   B. 高频电子标签

  C. 特高频电子标签   D. 微波标签

15. 二维码目前不能表示的数据类型是(　　)。

  A. 文字   B. 数字   C. 二进制   D. 视频

二、简答题

1. 简述传感器的作用及组成。

2. 简述传感器的选用原则。

3. 简述智能传感器的结构和功能。

4. 光纤传感器有哪些特点?

5. 生物传感器主要有哪几类?

6. 检测技术按测量过程的特点可分为哪几类?

第 4 章

射频识别技术

本章要点

- RFID 技术的分类和 RFID 技术标准
- RFID 的工作原理及系统组成,RFID 系统中的软件组件
- RFID 中间件的组成及功能特点,RFID 中间件体系结构
- RFID 典型模块应用

4.1 射频识别技术概述

4.1.1 射频识别

1. 概述

RFID 是 Radio Frequency IDentification 的缩写,即射频识别。无线射频识别技术是 20 世纪 90 年代开始兴起的一种自动识别技术,它是一项利用射频信号,通过空间耦合(交变磁场或电磁场),实现无接触信息传递并通过所传递的信息达到识别目的的技术。RFID 常称为感应式电子芯片或近接卡、感应卡、非接触卡、电子标签、电子条码等。一套完整的 RFID 系统由读写器和电子标签两部分组成,其工作原理为:由读写器发射一个特定频率的无限电波能量给电子标签,用以驱动电子标签的电路将内部的 ID Code 送出,此时读写器接收此 ID Code。电子标签的特殊在于免用电池、免接触、免刷卡,故不怕脏污,且芯片密码为世界唯一,无法复制,安全性高,寿命长。

RFID 的应用非常广泛,目前的典型应用有动物芯片、汽车芯片防盗器、门禁管制、停车场管制、生产线自动化、物料管理。RFID 标签有两种:有源标签和无源标签。

从信息传递的基本原理来说,射频识别技术在低频段基于变压器耦合模型(初级与次级之间的能量传递及信号传递),在高频段基于雷达探测目标的空间耦合模型(雷达发射的电磁波信号碰到目标后,携带目标信息返回雷达接收机)。

许多高科技公司正在加紧开发 RFID 专用的软件和硬件,无线射频识别技术(RFID)成为全球热门新科技。

2. 射频识别技术发展历史

射频识别技术的发展按十年期划分如下。

(1) 1940—1950 年:雷达的改进和应用催生了射频识别技术。1948 年奠定了射频识别技术的理论基础。

(2) 1950—1960 年:射频识别技术的早期探索阶段,主要是在实验室进行实验研究。

(3) 1960—1970 年:射频识别技术的理论得到了发展,开始了一些应用尝试。

(4) 1970—1980 年:射频识别技术与产品研发处于大发展时期,各种射频识别技术测试得到加速,出现了一些最早的射频识别应用。

(5) 1980—1990 年:射频识别技术及产品进入商业应用阶段,各种规模应用开始出现。

(6) 1990—2000 年:射频识别技术标准化问题日益得到重视,射频识别产品得到广泛采用,并逐渐成为人们生活中的一部分。

(7) 2000 年后:标准化问题为人们所重视。射频识别产品种类丰富,有源电子标签、无源电子标签及半无源电子标签均得到发展;电子标签成本不断降低,规模应用行业扩大。

至今,射频识别技术的理论得到丰富和完善。单芯片电子标签、多电子标签识读、无线可读可写、无源电子标签的远距离识别、适应高速移动物体的射频识别技术与产品正逐渐走向应用。

3. 射频识别技术特点

RFID 需要利用无线电频率资源,因此 RFID 必须遵守无线电频率管理的诸多规范。具体来说,与同期或早期的接触式识别技术相比较,RFID 具有如下特点。

(1) 数据的读写功能。只要通过 RFID 读写器,不需要接触即可直接将射频卡内的数据信息读取到数据库内,且一次可处理多个标签,也可将处理的数据状态写入电子标签。

(2) 电子标签的小型化和多样化。RFID 在读取上不受尺寸、大小与形状限制。RFID 电子标签正朝向小型化发展,便于嵌入不同物品内。

(3) 耐环境性。RFID 可以非接触读写(读写距离从十厘米至几十米)、可识别高速运动物体,抗恶劣环境,且对水、油和药品等物质具有强力的抗污性。RFID 可以在黑暗或脏污的环境之中读取数据。

(4) 可重复使用。由于 RFID 为电子数据,可以反复读写,因此可以回收标签重复使用,提高利用率,降低电子污染。

(5) 穿透性。RFID 即便是被纸张、木材和塑料等非金属、非透明材质包覆,也可以进行穿透性通信。但是它不能穿过铁质等金属物体进行通信。

(6) 数据的记忆容量大。数据容量随着记忆规格的发展而扩大,未来物品所需携带的数据量越来越大。

(7) 系统安全性。将产品数据从中央计算机转存到标签上,将为系统提供安全保障。射频标签中数据的存储可以通过校验或循环冗余校验的方法来得到保证。

4.1.2　RFID 技术分类

1. RFID 技术分类

RFID 技术可依据电子标签的供电方式、工作频率、可读性和工作方式进行分类。

（1）根据标签的供电方式分类

RFID 的电能消耗非常低（一般是 1/100mW 级别）。按照电子标签获取电能的方式不同，电子标签分成有源式电子标签、无源式电子标签及半有源式电子标签。

① 有源式电子标签

有源式电子标签通过标签自带的内部电池供电，其电能充足，工作可靠，信号传送距离远。有源式电子标签的缺点主要是价格高，体积大，使用寿命受到限制，而且随着电子标签内电池电力的消耗，数据传输的距离越来越小，影响系统的正常工作。

② 无源式电子标签

无源式电子标签的内部不带电池，需靠外界提供能量才能正常工作。无源式电子标签典型的产生电能的装置是天线与线圈。当电子标签进入系统的工作区域后，天线接收到特定的电磁波，线圈就会产生感应电流，经过整流并给电容充电，电容电压经过稳压后可作为工作电压。无源式电子标签具有永久的使用期，常用于需要每天读写或频繁读写信息的场合。无源式电子标签的缺点主要是数据传输的距离比有源式电子标签短，所以需要敏感性比较高的信号接收器才能可靠识读。

③ 半有源式电子标签

半有源式电子标签内的电池仅对标签内要求供电维持数据的电路供电，或者为标签芯片工作所需的电压提供辅助支持，为本身耗电很少的标签电路供电。标签未进入工作状态前，一直处于休眠状态，相当于无源式电子标签，标签内部电池能量消耗很少，因而电池可维持几年，甚至长达 10 年有效。当标签进入读写器的读取区域后，受到读写器发出的射频信号激励而进入工作状态时，电子标签与读写器之间信息交换的能量支持以读写器供应的射频能量为主（反射调制方式），标签内部电池的作用主要在于弥补标签所处位置的射频场强不足，标签内部电池的能量并不转换为射频能量。

（2）根据电子标签的工作频率分类

电子标签的工作频率也就是射频识别系统的工作频率，是其最重要的特点之一。电子标签的工作频率决定着射频识别系统的工作原理（电感耦合还是电磁耦合）、识别距离、电子标签及读写器实现的难易程度和设备的成本。工作在不同频段或频点上的电子标签具有不同的特点。射频识别应用占据的频段或频点在国际上有公认的划分，即位于 ISM 波段。典型的工作频率有 125kHz、133kHz、13.56MHz、27.12MHz、433MHz、902～928MHz、2.45GHz、5.8GHz 等。

① 低频段电子标签

低频段电子标签简称低频电子标签，其工作频率范围为 30～300kHz。典型工作频率有 125kHz、133kHz（也有接近的其他频率，如 TI 公司使用 134.2kHz）。低频标签一般为无源式电子标签，其工作能量通过电感耦合方式从读写器耦合线圈的辐射近场中获得。低频标签与读写器之间传送数据时，低频电子标签需位于读写器天线辐射的近场区内。

低频电子标签的阅读距离一般情况下小于 1m。

低频标签的典型应用有动物识别、容器识别、工具识别、电子闭锁防盗(带有内置应答器的汽车钥匙)等。与低频标签相关的国际标准有 ISO 11784/11785(用于动物识别)、ISO 18000-2(125～135kHz)。低频标签有多种外观形式,应用于动物识别的低频标签外观有项圈式、耳牌式、注射式、药丸式等。

低频标签的主要优势体现在电子标签芯片一般采用普通的 CMOS 工艺,具有省电、廉价的特点,工作频率不受无线电频率管制约束,可以穿透水、有机组织、木材等,非常适合近距离、低速度、数据量要求较少的识别应用等。低频标签的劣势主要体现在标签存储数据量较少,只适用于低速、近距离的识别应用。

② 中高频段电子标签

中高频段电子标签的工作频率一般为 3～30MHz。典型工作频率为 13.56MHz。高频电子标签一般也采用无源方式,其工作能量同低频标签一样,也是通过电感(磁)耦合方式从读写器耦合线圈的辐射近场中获得。电子标签与读写器进行数据交换时,电子标签必须位于读写器天线辐射的近场区内。

高频电子标签典型应用包括电子车票、电子身份证、电子闭锁防盗(电子遥控门锁控制器)等。相关的国际标准有 ISO 14443、ISO 15693、ISO 18000-3(13.56 MHz)等。

③ 超高频与微波标签

超高频与微波频段的电子标签简称为微波电子标签,其典型工作频率为 433.92MHz、902～928MHz、2.45GHz、5.8GHz。微波电子标签分为有源式电子标签与无源式电子标签两类。工作时,电子标签位于读写器天线辐射场的远区场内,电子标签与读写器之间的耦合方式为电磁耦合方式。读写器天线辐射场为无源式电子标签提供射频能量,将有源式电子标签唤醒。相应的射频识别系统阅读距离一般大于 1m,典型情况为 4～7m,最大可达 10m 以上。读写器天线一般均为定向天线,只有在读写器天线定向波束范围内的电子标签才可被读写。

微波电子标签的典型特点主要集中在是否无源,无线读写距离,是否支持多电子标签读写,是否适合高速识别应用,读写器的发射功率容限,电子标签及读写器的价格等方面。微波电子标签的数据存储容量一般限定在 2Kb 以内。从技术及应用的角度来说,微波电子标签并不适合作为大量数据的载体,其主要功能在于标识物品并完成无接触的识别过程。典型的数据容量指标有 1Kb、128b、64b 等。

微波电子标签的典型应用包括移动车辆识别、电子身份证、仓储物流应用、电子闭锁防盗(电子遥控门锁控制器)等。相关的国际标准有 ISO 10374、ISO 18000-4(2.45GHz)、ISO 18000-5(5.8GHz)、ISO 18000-6(860～930MHz)、ISO 18000-7(433.92MHz),ANSI NCITS 256-1999 等。

(3) 根据标签的可读性分类

根据使用的存储器类型,将标签分成只读(Read Only,RO)标签、可读可写(Read and Write,RW)标签和一次写入多次读出(Write Once Read Many,WORM)标签。

① 只读电子标签

只读标签内部有只读存储器(Read Only Memory,ROM),ROM 中存储有电子标签的标识信息。这些信息可以在电子标签制造过程中，由制造商写入 ROM。电子标签在出厂时，即已将完整的电子标签信息写入。在这种情况下，应用过程中，电子标签一般具有只读功能；也可以在电子标签开始使用时，由使用者根据特定的应用目的写入特殊的编码信息。

② 可读可写标签

可读可写电子标签内部的存储器除了 ROM、缓冲存储器之外，还有非活动可编程记忆存储器。这种存储器一般是 EEPROM（电可擦除可编程只读存储器），它除了存储数据功能外，还具有在适当的条件下允许多次擦除原有数据以及重新写入数据的功能。可读可写电子标签还可能有随机存取器（Random Access Memory，RAM），用于存储电子标签反应和数据传输过程中临时产生的数据。

③ 一次写入多次读出标签

一次写入多次读出（Write Once Read Many，WORM）的电子标签既有接触式改写的电子标签存在，也有无接触式改写的电子标签存在。这类 WORM 电子标签一般大量用在一次性使用的场合，如航空行李标签、特殊身份证件标签等。

（4）根据标签的工作方式分类

根据标签的工作方式，可将 RFID 分为被动式、主动式和半主动式。一般来讲，无源系统为被动式，有源系统为主动式。

① 主动式电子标签

一般来说，主动式 RFID 系统为有源系统，即主动式电子标签用自身的射频能量主动地发送数据给读写器。在有障碍物的情况下，只需穿透障碍物一次。由于主动式电子标签自带电池供电，它的电能充足，工作可靠性高，信号传输距离远；主要缺点是标签的使用寿命受到限制，而且随着标签内部电池能量的耗尽，数据传输距离越来越短，从而影响系统的正常工作。

② 被动式电子标签

被动式电子标签必须利用读写器的载波来调制自身的信号，标签产生电能的装置是天线和线圈。电子标签进入 RFID 系统工作区后，天线接收特定的电磁波，线圈产生感应电流供给电子标签工作。在有障碍物的情况下，读写器的能量必须来回穿过障碍物两次。这类系统一般用于门禁或交通系统中，因为读写器可以确保只激活一定范围内的电子标签。

③ 半主动式电子标签

在半主动式 RFID 系统里，电子标签本身带有电池，但是电子标签并不通过自身能量主动发送数据给读写器，电池只负责对电子标签内部电路供电。电子标签需要被读写器的能量激活，然后才通过反向散射调制方式传送自身数据。

2. RFID 系统的分类

根据 RFID 系统完成的功能不同，可以粗略地把 RFID 系统分成四种类型：EAS 系统、便携式数据采集系统、物流控制系统、定位系统。

（1）EAS 系统

Electronic Article Surveillance（EAS）是一种设置在需要控制物品出入的门口的

RFID 技术。这种技术的典型应用场合是商店、图书馆、数据中心等。当未被授权的人从这些地方非法取走物品时,EAS 系统会发出警告。在应用 EAS 技术时,首先在物品上黏附 EAS 标签,当物品被正常购买或者合法移出时,在结算处通过一定的装置使 EAS 标签失活,物品就可以取走。物品经过装有 EAS 系统的门口时,EAS 装置能自动检测标签的活动性,发现活动性标签 EAS 系统并发出警告。典型的 EAS 系统一般由三部分组成:附着在商品上的电子标签(即电子传感器)、电子标签灭活装置(以便授权商品能正常出入)、监视器(在出口造成一定区域的监视空间)。

　　EAS 系统的工作原理是:在监视区,发射器以一定的频率向接收器发射信号。发射器与接收器一般安装在零售店、图书馆的出入口,形成一定的监视空间。当具有特殊特征的标签进入该区域时,会对发射器发出的信号产生干扰,这种干扰信号也会被接收器接收,再经过微处理器的分析判断,控制警报器鸣响。根据发射器所发出的信号不同以及标签对信号干扰的原理不同,EAS 分成许多种类型。EAS 技术最新的研究方向是标签的制作,人们正在讨论 EAS 标签能不能像条码一样,在产品的制作或包装过程中加进产品,成为产品的一部分。

　　(2) 便携式数据采集系统

　　便携式数据采集系统是使用带有 RFID 阅读器的手持式数据采集器采集 RFID 标签上的数据。这种系统具有比较大的灵活性,适用于不宜安装固定式 RFID 系统的应用环境。手持式阅读器(数据输入终端)可以在读取数据的同时,通过无线电波数据传输方式(RFDC)实时地向主计算机系统传输数据,也可以暂时将数据存储在阅读器中,再一批一批地向主计算机系统传输数据。

　　(3) 物流控制系统

　　在物流控制系统中,固定布置的 RFID 阅读器分散布置在给定的区域,并且阅读器直接与数据管理信息系统相连。信号发射机是移动的,一般安装在移动的物体、人上面。当物体、人流经过阅读器时,阅读器会自动扫描标签上的信息,并把数据信息输入数据管理信息系统存储、分析、处理,达到控制物流的目的。

　　(4) 定位系统

　　定位系统用于自动化加工系统中的定位以及对车辆、轮船等进行运行定位支持。阅读器放置在移动的车辆、轮船上或者自动化流水线中移动的物料、半成品、成品上,信号发射机嵌入操作环境的地表下面。信号发射机上存储有位置识别信息,阅读器一般通过无线的方式或者有线的方式连接到主信息管理系统。

　　总之,一套完整的 RFID 系统解决方案包括标签设计及制作工艺、天线设计、系统中间件研发、系统可靠性研究、读卡器设计和示范应用演示六部分,可以广泛应用于工业自动化、商业自动化、交通运输控制管理和身份认证等多个领域,在仓储物流管理、生产过程制造管理、智能交通、网络家电控制等方面引起了众多厂商的关注。

4.1.3　RFID 技术标准

　　由于 RFID 的应用牵涉到众多行业,因此其相关的标准非常复杂。从类别看,RFID标准分为以下四类:技术标准(如 RFID 技术、IC 卡标准等);数据内容与编码标准(如编码格式、语法标准等）；性能与一致性标准（如测试规范等）；应用标准（如船运标签、产品包装标准等）。具体来讲，RFID 相关的标准涉及电气特性、通信频率、数据格式和元数据、通信协议、安全、测试、应用等方面。

　　与 RFID 技术和应用相关的国际标准化机构主要有国际标准化组织（ISO）、国际电工委员会（IEC）、国际电信联盟（ITU）、世界邮联（UPU）。此外，其他区域性标准化机构（如 EPC Global、UID Center、CEN）、国家标准化机构（如 BSI、ANSI、DIN）和产业联盟（如 ATA、AIAG、EIA）等也制定了与 RFID 相关的区域、国家、产业联盟标准，并通过不同的渠道提升为国际标准。表 4.1 列出了目前 RFID 系统的主要频段标准与特性。

表 4.1　RFID 系统主要频段标准与特性

频段	低频	高频	超高频	微波
工作频率	125～134kHz	13.56MHz	868～915MHz	2.45～5.8GHz
读取距离/m	1.2	1.2	4（美国）	15（美国）
速度	慢	中等	快	很快
潮湿环境	无影响	无影响	影响较大	影响较大
方向性	无	无	部分	有
全球适用频率	是	是	部分	部分
现有 ISO 标准	11784/85,14223	14443,18000-3,15693	18000-6	18000-4/555

　　总体来看，目前 RFID 存在三个主要的技术标准体系：总部设在美国麻省理工学院（MIT）的自动识别中心（Auto-ID Center）、日本的泛在中心（Ubiquitous ID Center，UIC）和 ISO 标准体系。

4.2　RFID 系统的组成

4.2.1　RFID 的工作原理及系统组成

1. 工作原理

　　RFID 的工作原理是：标签进入磁场后，如果接收到阅读器发出的特殊射频信号，就能凭借感应电流所获得的能量发送出存储在芯片中的产品信息（即 Passive Tag，无源标签或被动标签）；或者主动发送某一频率的信号（即 Active Tag，有源标签或主动标签），阅读器读取信息并解码后，送至中央信息系统进行有关的数据处理。

2. RFID 系统的组成

　　射频识别系统至少应包括以下两个部分，一是读写器，二是电子标签（或称射频卡、应答器等，本文统称为电子标签）。另外，还应包括天线，主机等。RFID 系统在具体的应用过程中，根据不同的应用目的和应用环境，系统的组成有所不同，但从 RFID 系统的工作原理来看，一般都由信号发射机、信号接收机、编程器、天线等几部分组成。RFID 系统的组成如图 4.1 所示，下面分别说明。

图 4.1　RFID 系统的组成

（1）信号发射机

在 RFID 系统中，信号发射机为了不同的应用目的，以不同的形式存在。典型的形式是标签（TAG）。标签相当于条码技术中的条码符号，用来存储需要识别传输的信息。另外，与条码不同的是，标签必须能够自动或在外力的作用下，把存储的信息主动发射出去。

（2）信号接收机

在 RFID 系统中，信号接收机一般叫做阅读器。阅读器基本的功能就是提供与标签进行数据传输的途径。另外，阅读器还提供相当复杂的信号状态控制、奇偶错误校验与更正功能等。标签中除了存储需要传输的信息外，还必须含有一定的附加信息，如错误校验信息等。识别数据信息和附加信息按照一定的结构编制在一起，并按照特定的顺序向外发送。阅读器通过接收到的附加信息来控制数据流的发送。一旦到达阅读器的信息被正确地接收和译解后，阅读器通过特定的算法决定是否需要发射机对发送的信号重发一次，或者知道发射器停止发信号，这就是"命令响应协议"。使用这种协议，即便在很短的时间、很小的空间阅读多个标签，也可以有效地防止"欺骗问题"的产生。

（3）编程器

只有可读可写标签系统才需要编程器。编程器是向标签写入数据的装置。编程器写入数据一般来说是离线（OFF-LINE）完成的，也就是预先在标签中写入数据，等到开始应用时直接把标签黏附在被标识项目上。也有一些 RFID 应用系统，写数据是在线（ON-LINE）完成的，尤其是在生产环境中作为交互式便携数据文件来处理时。

（4）天线

天线是标签与阅读器之间传输数据的发射、接收装置。在实际应用中，除了系统功率，天线的形状和相对位置也会影响数据的发射和接收，需要专业人员对系统的天线进行设计、安装。

RFID 主要有线圈型、微带贴片型、偶极子型 3 种基本形式的天线。其中，小于 1m 的近距离应用系统的 RFID 天线一般采用工艺简单、成本低的线圈型天线，它们主要工作在中低频段。而 1m 以上远距离的应用系统需要采用微带贴片型或偶极子型的 RFID 天线，它们工作在高频及微波频段。这几种类型天线的工作原理是不相同的。

若从功能实现考虑，可将 RFID 系统分成边沿系统和软件系统两大部分，如图 4.2 所示。这种观点同现代信息技术观点相吻合。边沿系统主要是完成信息感知，属于硬件组件部分；软件系统完成信息的处理和应用；通信设施负责整个 RFID 系统的信息传递。

图 4.2　射频识别系统基本组成

4.2.2　RFID 系统中的软件组件

RFID 系统中的软件组件主要完成数据信息的存储、管理以及对 RFID 标签的读写控制,是独立于 RFID 硬件之外的部分。RFID 系统归根结底是为应用服务的,读写器与应用系统之间的接口通常由软件组件来完成。一般情况下,RFID 软件组件包含有边沿接口系统;中间件,即为实现所采集信息的传递与分发而开发的中间件;企业应用接口,即企业前端软件,如设备供应商提供的系统演示软件、驱动软件、接口软件、集成商或者客户自行开发的 RFID 前端操作软件等;应用软件,主要指企业后端软件,如后台应用软件、管理信息系统(MIS)软件等。

1. 边沿接口系统

边沿接口系统主要完成 RFID 系统硬件与软件之间的连接,通过使用控制器实现同 RFID 硬、软件之间的通信。边沿接口系统的主要任务是从读写器中读取数据和控制读写器的行为,激励外部传感器、执行器工作。此外,边沿接口系统还具有以下功能。

(1) 从不同读写器中过滤重复数据;

(2) 设置基于事件方式触发的外部执行机构;

(3) 提供智能功能,选择发送到软件系统;

(4) 远程管理。

2. RFID 中间件

RFID 系统中间件是介于读写器和后端软件之间的一组独立软件,它能够与多个 RFID 读写器和多个后端软件应用系统连接。应用程序使用中间件所提供的通用应用程序接口(API),能够连接到读写器,读取 RFID 标签数据。中间件屏蔽了不同读写器和应用程序后端软件的差异,从而减轻了多对多连接的设计与维护的复杂性。

使用 RFID 中间件有 3 个主要目的。

(1) 隔离应用层和设备接口。

(2) 处理读写器和传感器捕获的原始数据,使应用层看到的都是有意义的高层事件,大大减少所需处理的信息。

(3) 提供应用层接口,用于管理读写器和查询 RFID 观测数据。目前,大多数可用的 RFID 中间件都有这些特性。

3. 企业应用接口

企业应用接口是 RFID 前端操作软件,主要提供给 RFID 设备操作人员使用,如手持读写设备上使用的 RFID 识别系统、超市收银台使用的结算系统和门禁系统使用的监控软件等。此外,还应当包括将 RFID 读写器采集到的信息向软件系统传送的接口软件。

前端软件最重要的功能是保障电子标签和读写器之间的正常通信。通过硬件设备的运行和接收高层的后端软件控制,处理和管理电子标签和读写器之间的数据通信。前端软件完成的基本功能如下。

(1) 读/写功能:读功能就是从电子标签中读取数据,写功能就是将数据写入电子标签。这中间涉及编码和调制技术的使用,例如采用 FSK 还是 ASK 方式发送数据。

(2) 防碰撞功能:很多时候,不可避免地会有多个电子标签同时进入读写器的读取区域,要求同时识别和传输数据。这时,需要前端软件具有防碰撞功能,即可以同时识别进入识别范围内的所有电子标签,其并行工作方式大大提高了系统的效率。

(3) 安全功能:确保电子标签和读写器双向数据交换通信的安全。在前端软件设计中,可以利用密码限制读取标签内信息、读写一定范围内的标签数据以及对传输数据进行加密等措施来实现安全功能;也可以使用硬件结合的方式来实现安全功能。标签不仅提供了密码保护,而且能对标签上的数据和将数据从标签传输到读取器的过程进行加密。

(4) 检/纠错功能:由于使用无线方式传输数据很容易被干扰,使得接收到的数据产生畸变,从而导致传输出错。前端软件可以采用校验和的方法,如循环冗余校验(Cyclic Redundance Check,CRC)、纵向冗余校验(Longitudinal Redundance Check,LRC)、奇偶校验等检测错误。可以结合自动重传请求(Automatic Repeat-reQuest,ARQ)技术重传有错误的数据来纠正错误。以上功能也可以通过硬件来实现。

4. 应用软件

应用软件也是系统的数据中心,它负责与读写器通信,将读写器经过中间件转换之后的数据插入后台企业仓储管理系统的数据库中,对电子标签管理信息、发行电子标签和采集的电子标签信息集中存储和处理。一般说来,后端应用软件系统需要完成以下功能。

(1) RFID 系统管理:管理系统设置,以及系统用户信息和权限。

(2) 电子标签管理:在数据库中管理电子标签序列号和每个物品对应的序号及产品名称、型号规格,芯片内记录的详细信息等,完成数据库内所有电子标签的信息更新。

(3) 数据分析和存储:对整个系统内的数据进行统计分析,生成相关报表,对采集到的数据进行存储和管理。

4.3 几种常见的 RFID 系统

从电子标签到读写器之间的通信和能量感应方式来看,RFID 系统一般分为电感耦合(磁耦合)系统和电磁反向散射耦合(电磁场耦合)系统。电感耦合系统是通过空间高频交变磁场实现耦合,依据的是电磁感应定律;电磁反向散射耦合,即雷达原理模型,是指发射出去的电磁波碰到目标后反射,同时携带回目标信息,依据的是电磁波的空间传播规律。

　　电感耦合方式一般适合于中、低频率工作的近距离 RFID 系统；电磁反向散射耦合方式一般适合于高频、微波工作频率的远距离 RFID 系统。电感耦合方式和电磁反向散射耦合方式如图 4.3 所示。

(a) 近距离电感耦合　　　　　　　(b) 远距离电感耦合

图 4.3　电感耦合和电磁耦合

4.3.1　电感耦合 RFID 系统

　　电感耦合方式电路结构如图 4.4 所示。电感耦合的射频载波频率为 13.56MHz 和小于 135kHz 的频段,应答器和读写器之间的工作距离小于 1m。

图 4.4　电感耦合方式的电路结构

1. 应答器的能量供给

　　电磁耦合方式的应答器几乎都是无源的,能量(电源)从读写器获得。由于读写器产生的磁场强度受到电磁兼容性能有关标准的严格限制,因此系统的工作距离较近。

　　在图 4.4 所示的读写器中,V_S 为射频信号源,L_1 和 C_1 构成谐振回路(谐振于 V_S 的频率),R_S 是射频源的内阻,R_1 是电感线圈 L_1 的损耗电阻。V_S 在 L_1 上产生高频电流 i,谐振时高频电流 i 最大。高频电流产生的磁场穿过线圈,并有部分磁力线穿过距离读写器电感线圈 L_1 一定距离的应答器线圈 L_2。由于所有工作频率范围内的波长(13.56MHz

的波长为 22.1m,135kHz 的波长为 2400m)比读写器和应答器线圈之间的距离大很多,所以两个线圈之间的电磁场可以视为简单的交变磁场。

穿过电感线圈 L_2 的磁力线通过感应,在 L_2 上产生电压,将其通过 VD 和 C_0 整流滤波后,产生应答器工作所需的直流电压。电容器 C_2 的选择应使 L_2 和 C_2 构成对工作频率谐振的回路,以使电压 V_2 达到最大值。

电感线圈 L_2 可以看作变压器初次级线圈,不过它们之间的耦合很弱。读写器和应答器之间的功率传输效率与工作频率 f、应答器线圈的匝数 n、应答器线圈包围的面积 A、两线圈的相对角度以及它们之间的距离是成比例的。

因为电感耦合系统的效率不高,所以只适合于低电流电路。只有功耗极低的只读电子标签(小于 135kHz)可用于 1m 以上的距离。具有写入功能和复杂安全算法的电子标签的功率消耗较大,因而其一般的作用距离为 15cm。

2. 数据传输

应答器向读写器传输数据采用负载调制方法。应答器二进制数据编码信号控制开关器件,使其电阻发生变化,从而使应答器线圈上的负载电阻按二进制编码信号的变化而改变。负载的变化通过 L_2 映射到 L_1,使 L_1 的电压也按二进制编码规律变化。该电压的变化通过滤波放大和调制解调电路,恢复应答器的二进制编码信号。这样,读写器就获得了应答器发出的二进制数据信息。

4.3.2　反向散射耦合 RFID 系统

1. 反向散射

雷达技术为 RFID 的反向散射耦合方式提供了理论和应用基础。当电磁波遇到空间目标时,其能量的一部分被目标吸收,另一部分以不同的强度散射到各个方向。在散射的能量中,一小部分反射回发射天线,并被天线接收(因此发射天线也是接收天线),对接收信号进行放大和处理,即可获得目标的有关信息。

2. RFID 反向散射耦合方式

一个目标反射电磁波的频率由反射横截面来确定。反射横截面的大小与一系列参数有关,如目标的大小、形状和材料,电磁波的波长和极化方向等。由于目标的反射性能通常随频率的升高而增强,所以 RFID 反向散射耦合方式采用特高频和超高频,应答器和读写器的距离大于 1m。

RFID 反向散射耦合方式的原理框图如图 4.5 所示,读写器、应答器和天线构成一个收发通信系统。

图 4.5　RFID 反向散射耦合方式原理图

（1）应答器的能量供给

无源应答器的能量由读写器提供。读写器天线发射的功率 P_1 经自由空间衰减后到达应答器，被吸收的功率经应答器中的整流电路后形成应答器的工作电压。

在 UHF 和 SHF 频率范围，有关电磁兼容的国际标准对读写器所能发射的最大功率有严格的限制，因此在有些应用中，应答器采用完全无源方式会有一定困难。为解决应答器的供电问题，可在应答器上安装附加电池。为防止电池不必要的消耗，应答器平时处于低功耗模式。当应答器进入读写器的作用范围时，应答器由获得的射频功率激活，进入工作状态。

（2）应答器至读写器的数据传输

由读写器传到应答器的功率的一部分被天线反射，反射功率 P_2 经自由空间后返回读写器，被读写器天线接收。接收信号经收发耦合器电路传输到读写器的接收通道，被放大后经处理电路获得有用信息。

应答器天线的反射性能受连接到天线的负载变化的影响，因此，可采用相同的负载调制方法实现反射的调制。其表现为反射功率 P_2 是振幅调制信号，它包含了存储在应答器中的识别数据信息。

（3）读写器至应答器的数据传输

读写器至应答器的命令及数据传输，应根据 RFID 的有关标准进行编码和调制，或者按所选用应答器的要求来设计。

3. 声表面波应答器

（1）声表面波器件

声表面波（Surface Acoustic Wave，SAW）器件以压电效应和与表面弹性相关的低速传播的声波为依据。SAW 器件体积小、重量轻、工作频率高、相对带宽较宽，并且可以采用与集成电路工艺相同的平面加工工艺，制造简单，重获得性和设计灵活性高。

声表面波器件具有广泛的应用，如通信设备中的滤波器。在 RFID 应用中，声表面波应答器的工作频率目前主要为 2.45GHz。

（2）声表面波应答器

声表面波应答器的基本结构如图 4.6 所示，长长的一条压电晶体基片的端部有指状电极结构。基片通常采用石英铌酸锂或钽酸锂等压电材料制作，并采用指状电极电声转换器（换能器）。在压电基片的导电板上附有偶极子天线，其工作频率和读写器的发送频率一致。在应答器的剩余长度安装了反射器，其反射带通常由铝制成。

图 4.6　声表面波应答器原理结构图

　　读写器送出的射频脉冲序列电信号从应答器的偶极子天线馈送至换能器,换能器将电信号转换为声波。转换的工作原理是利用压电衬底在电场作用时的膨胀和收缩效应。电场是由指状电极上的电位差形成的。一个时变输入电信号(即射频信号)引起压电衬底振动,并沿其表面产生声波。严格地说,传输的声波有表面波和体波,但主要是表面波,这种表面波纵向通过基片。一部分表面波被每个分布在基片上的反向带反射,剩余部分到达基片的终端后被吸收。

　　一部分反向波返回换能器,在那里被转换成射频脉冲序列电信号(即将声波变换为电信号),并被偶极子天线传送至读写器。读写器接收到的脉冲数量与基片上的反射带数量相符,单个脉冲之间的时间间隔与基片上反射带的空间间隔成比例,从而通过反射的空间布局可以表示一个二进制的数字序列。

　　由于基片上的表面波传播速度缓慢,在读写器的射频脉冲序列电信号发送后,经过约1.5ms 的滞后时间,从应答器返回的第一个应答脉冲才到达。这是表面波应答器时序方式的重要优点。因为在读写器周围所处环境中的金属表面上的反向信号以光速返回到读写器天线(例如,与读写器相距 100m 处的金属表面反射信号,在读写器天线发射之后0.6ms 就能返回读写器),所以当应答器信号返回时,读写器周围的所有金属表面反射都已消失,不会干扰返回的应答信号。

　　声表面波应答器的数据存储能力和数据传输取决于基片的尺寸和反射带之间所能实现的最短间隔,实际上,16～32b 的数据传输率大约为 500Kbps。

　　声表面波 RFID 系统的作用距离主要取决于读写器所能允许的发射功率,在2.45GHz 下,作用距离可达到 1～2m。

　　采用偶极子天线的好处是它的辐射能力强,制造工艺简单,成本低,而且能够实现全向性的方向图。微带贴片天线的方向图是定向的,适用于通信方向变化不大的 RFID 系统,但工艺较为复杂,成本相对较高。

4.4　RFID 中间件技术

　　RFID 中间件(Middleware)技术将企业级中间件技术延伸到 RFID 领域,是 RFID 产业链的关键共性技术。它是 RFID 读写器和应用系统之间的中介。RFID 中间件屏蔽了RFID 设备的多样性和复杂性,能够为后台业务系统提供强大的支撑,从而驱动更广泛、更丰富的 RFID 应用。

4.4.1　RFID 中间件的组成及功能特点

　　RFID 中间件是介于前端读写器硬件模块与后端数据库、应用软件之间的一类软件,是 RFID 应用部署运作的中枢。它使用系统软件所提供的基础服务(功能),衔接网络上应用系统的各个部分或不同的应用,能够达到资源共享、功能共享的目的。目前,对RFID 中间件还没有很严格的定义,普遍接受的描述是:中间件是一种独立的系统软件或服务程序,分布式应用软件借助这种软件在不同的技术之间共享资源,中间件位于客户机/服务器操作系统之上,管理计算资源和网络通信。使用中间件主要有 3 个目的:隔离应用层与设备接口；处理读写器与传感器捕获的原始数据；提供应用层接口用于管理读写器、查询 RFID 观测数据。

1. RFID 中间件的组成

RFID 中间件(即 RFID Edge Server)也是 EPC Global 推荐的 RFID 应用框架中相当重要的一环，它负责实现与 RFID 硬件以及配套设备的信息交互与管理，同时作为一个软/硬件集成的桥梁，完成与上层复杂应用的信息交换。鉴于使用中间件的 3 个主要原因，大多数中间件应由读写器适配器、事件管理器和应用程序接口 3 个组件组成。

(1) 读写器适配器

读写器适配器的作用是提供读写器接口。假若每个应用程序都编写适应于不同类型读写器的 API 程序，那将是非常麻烦的事情。读写器适配器程序提供一种抽象的应用接口，来消除不同读写器与 API 之间的差别。

(2) 事件管理器

事件管理器的作用是过滤事件。读写器不断从电子标签读取大量未经处理的数据，一般说来，应用系统内部存在大量重复数据，因此数据必须进行去重和过滤。而对于不同的数据子集，中间件应能够聚合汇总应用系统定制的数据集合。事件管理器就是按照规则取得指定的数据。过滤有两种类型，一是基于读写器的过滤；二是基于标签和数据的过滤。提供这种事件过滤的组件就是事件管理器。

(3) 应用程序接口

应用程序接口的作用是提供一个基于标准的服务接口。这是一个面向服务的接口，即应用程序层接口，它为 RFID 数据的收集提供应用程序层语义。

2. RFID 中间件的主要功能

RFID 中间件的任务主要是对读写器传来的与标签相关的数据进行过滤、汇总、计算、分组，减少从读写器传往应用系统的大量原始数据，生成加入了语义解释的事件数据。因此，中间件是 RFID 系统的"神经中枢"，也是 RFID 应用的核心设施。具体说来，RFID 中间件的功能主要集中在以下 4 个方面。

(1) 数据实时采集

RFID 中间件最基本的功能是从多种不同读写器中实时采集数据。目前，RFID 应用处于起始阶段，特别是在物流等行业，条码等还是主要的识别方式，而且现在不同生产商提供的 RFID 读写器接口未能标准化，功能也不尽相同，这就要求中间件能兼容多种读写器。

(2) 数据处理

RFID 的特性决定了它在短时间内能产生海量的数据，而这些数据的有效利用率非常低，必须经过过滤聚合处理，缩减数据的规模。此外，RFID 本身具有错读、漏读和多读等在硬件上无法避免的问题，通过软件的方法弥补以及事件的平滑过滤，可确保 RFID 事件的一致性、准确性。这就需要进行数据底层处理，也需要进行高级处理，即事件处理。

(3) 数据共享

RFID 产生的数据最终的目的是数据共享，随着部署 RFID 应用的企业增多，大量应用出现推动数据共享的需求。高效、快速地将物品信息共享给应用系统,提高了数据利用的价值,是 RFID 中间件的一个重要功能。这主要涉及数据的存储、订阅和分发,以及浏览器控制。

（4）安全服务

RFID 中间件采集了大量的数据,并把这些数据共享。这些可能是很敏感的数据,比如个人隐私,这就需要中间件实现网络通信安全机制,根据授权提供给应用系统相应的数据。

3. 中间件的工作机制及特点

中间件的工作机制为在客户端上的应用程序需要从网络中的某个地方获取一定的数据或服务,这些数据或服务可能处于一个运行着不同操作系统的特定查询语言数据库的服务器中。客户/服务器应用程序中负责寻找数据的部分只需访问一个中间件系统,由中间件完成到网络中寻址数据源或服务,进而传输客户请求、重组答复信息,最后将结果送回应用程序的任务。

中间件作为一个用 API 定义的软件层,在具体实现上应具有强大的通信能力和良好的可扩展性。作为一个中间件,应具备如下几点。

（1）标准的协议和接口,具备通用性、易用性;

（2）分布式计算,提供网络、硬件、操作系统透明性;

（3）满足大量应用需要;

（4）能运行于多种硬件和操作系统平台。

其中,具有标准的协议和接口更为重要,因为由此可实现不同硬件、不同操作系统平台上的数据共享及应用互操作。

4.4.2　RFID 中间件体系结构

RFID 中间件技术涉及的内容比较多,包括并发访问技术、目录服务及定位技术、数据及设备监控技术、远程数据访问、安全和集成技术、进程及会话管理技术等。但任何 RFID 中间件应能够提供数据读出和写入、数据过滤和聚合、数据的分发、数据的安全等服务。根据 RFID 应用需求,中间件必须具备通用性、易用性、模块化等特点。对于通用性要求,系统采用面向服务架构（Service Oriented Architecture,SOA）的实现技术,Web 服务以服务的形式接受上层应用系统的定制要求并提供相应服务,通过读写器适配器提供通用的适配接口以"即插即用"的方式接收读写器进入系统;对于易用性要求,系统采用 B/S 结构,以 Web 服务器作为系统的控制枢纽,以 Web 浏览器作为系统的控制终端,可以远程控制中间件系统以及下属的读写器。

例如,根据 SOA 的分布式架构思想,RFID 中间件可按照 SOA 类型来划分层次,每一层都有一组独立的功能以及定义明确的接口,而且都可以利用定义明确的规范接口与相邻层进行交互。把功能组件合理划分为相对独立的模块,使系统具备更好的可维护性和可扩展性,如图 4.7 所示,将中间件系统按照数据流程划分为设备管理系统（包括数据采集及预处理）、事件处理以及数据服务接口模块。

图 4.7 分布式 RFID 中间件分层结构示意图

1. 设备管理系统

设备管理系统实现的主要功能:一是为网络上的读写器进行适配,按照上层的配置建立实时的 UDP 连接,并做好接收标签数据的准备;二是对接收到的数据进行预处理。读写器传递上来的数据存在着大量的冗余信息以及一些误读的标签信息,所以要对数据进行过滤,消除冗余数据。预处理内容包括集中处理所属读写器采集到的标签数据,并统一进行冗余过滤、平滑处理、标签解读等工作。经过处理后,每条标签内容包含的信息有标准 EPC 格式数据、采集的读写器编号、首次读取时间、末次读取时间等,并以一个读周期为时间间隔,分时向事件处理子系统发送,为进一步的数据高级处理做好必要准备。

2. 事件处理

设备管理系统产生事件,并将事件传递到事件处理系统中,由事件处理系统进行处理,然后通过数据服务接口把数据传递到相关的应用系统。在这种模式下,读写器不必关心哪个应用系统需要什么数据。同时,应用程序也不需要维护与各个读写器之间的网络通道,仅需要将需求发送到事件处理系统中即可。由此,设计出的事件处理系统应具有数据缓存、基于内容的路由和数据分类存储功能。

来自事件处理系统的数据一般以临时 XML 文件的形式和磁盘文件方式保存,供数据服务接口使用。这样,一方面可通过操作临时 XML 文件,实现数据入库前的数据过滤功能;另一方面,实现了 RFID 数据的批量入库,而不是对于每条来自设备管理系统的 RFID 数据都进行一次数据库的连接和断开操作,减少了因数据库连接和断开而浪费的宝贵资源。

3. 数据服务接口

来自事件处理系统的数据最终是分类的 XML 文件。同一类型的数据以 XML 文件的形式保存,并提供给相应的一个或多个应用程序使用。数据服务接口主要是对这些数据进行过滤、入库操作,并提供访问相应数据库的服务接口。具体操作如下:

(1) 将存放在磁盘上的 XML 文件进行批量入库操作。当 XML 数据量达到一定数量时,启动数据入库功能模块,将 XML 数据移植到各种数据库中。

(2) 在数据移植前,将重复的数据过滤。数据过滤过程一般在处理临时存放的 XML 文件的过程中完成。

（3）为企业内部和企业外部访问数据库提供 Web Services 接口。

4.5　RFID 典型模块应用及实训

4.5.1　RFID 的 TX125 系列射频读卡模块

1. TX125 的概述

TX125 系列非接触 IC 卡射频读卡模块采用 125kHz 射频基站。当有卡靠近模块时，模块会以韦根或 UART 方式输出 ID 卡卡号，用户仅需简单地读取即可。在串口方式下，可工作在主动与被动的模式。该读卡模块完全支持 EM、TEMIC、TK 及其兼容卡片的操作，非常适合于门禁、考勤等系统的应用。

TX125 系列读卡模块的特点如下。

（1）体积小巧、简单、易用、性价比高。

（2）支持 EM、TEMIC、TK 及其兼容卡。

（3）可选低功耗模式。功耗低至 $15\mu A$，仍保持自动寻卡功能，特别适合于电池供电场合。

（4）读写卡距离远（根据应用可达 $60\sim150mm$）。

（5）根据需要，可选择 UAR 或 Wiegand 接口与任何 MCU 连接。

（6）使用 UART 接口时，可以选择波特率 9600Kbps 或 19200Kbps。

（7）模块内部具有"看门狗"，永不死机。

（8）自动寻卡，检测到卡片，就可主动发送。

（9）在串口模式下，模块可设置成为主动或被动工作方式。在主动方式下，当卡片进入天线区后，TXD 口直接输出卡片序列号；在被动模式下，当只有 CLK 出现下降沿时，TXD 口才会输出卡号。

（10）工作温度范围宽，低温可到 $-40^{\circ}C$。

2. TX125 硬件描述

读卡模块使用了标准的 DIP24 封装（当然有些引脚空出了），模块可以直接安装在线路板上，也可以安装在 DIP24 的 IC 座上进行测试，如图 4.8 所示。

图 4.8　TX125 引脚

TX125 的引脚功能如表 4.2 所示。

表 4.2　TX125 的引脚功能

引脚	符　号	功　能	
		串 口 模 式	韦 根 模 式
1	V_{CC}_IN	DC 5V 电源输入,内部已经与 20 脚连通,请外接 100μF 以上电解电容	
2	GND	电源地	
3	TXD/WG0	TXD 用于数据发送	WG0 用于发送 bit0
4	MODE4/WG1	悬空:主动模式;0:被动模式	WG1 用于发送 bit1
8	TX1	天线接口 1,连接到线圈的一端	
9	TX2	天线接口 2,连接到线圈的另一端	
10	MODE5/CLK	如果天线区有卡,则 CLK 出现下降沿后,模块发送卡号(被动模式)	韦根极性选择: 悬空:正向输出 接地:反向输出
11	STATUS_OUT	有无卡状态指示(1:无卡;0:有卡)	
12	V_{DD}_OUT	DC 3.3V 输出	
13	MODE1	波特率选择。 悬空:9600bps; 接地:19200bps	韦根位数选择。 悬空:韦根 34; 接地:韦根 26
14	MODE2	保留,请悬空	
15	NC	保留,请悬空	
16	GND	电源地	
17	V_{DD}_OUT	DC 3.3V 输出	
19	MODE3	通信协议选择。 悬空:串口(UART)输出; 0:韦根(Wiegand)输出	
20	V_{CC}_IN	DC 5V 电源输入	

应特别注意以下几点。

(1) 如果 MODE1～MODE4 全部悬空,则默认的模式为:串口输出、主动模式、波特率 9600。

(2) 如果把 MODE3 接地,而 MODE1～MODE2、MODE4～MODE5 悬空,则模式为:韦根输出、韦根 34、正向输出。

(3) 所有的模式设置脚在上电时检测,此后不再检测。

(4) 所有的模式设置脚内部已经上拉,所以要么悬空(不连接任何东西),要么接地,不能接电源。

3. TX125 的数据通信协议

所谓通信协议,就是读卡模块以何种格式把读取到的卡号发送出来。TX125 支持韦根接口和串口两种协议。

(1) 韦根接口协议

韦根接口在门禁行业广泛使用,是一个事实上的行业标准,它通过两条数据线 DATA0(D0)和 DATA1(D1)发送。目前用得最多的是韦根 34 和韦根 26 接口,二者数据格式相同,只是发送的位数不同。

标准韦根 26 格式如图 4.9 所示,由 24 位卡号和 1 位偶校验位、1 位奇校验位组成。卡号中的高 12 位进行偶校验,低 12 位进行奇校验。发送顺序从高位(每字节的 bit7)开始,如箭头所示。发送规则为:DATA0 和 DATA1 在无信号时同时保持高电平,若下一位数据为 0,则 DATA0 数据线上出现一个 $100\mu s$(可定义)的低电平,DATA1 数据线上信号保持不变。若下一位数据为 1,则 DATA1 数据线上出现一个 $100\mu s$(可定义)的低电平,DATA0 数据线上信号保持不变。在 $100\mu s$ 低电平之外,DATA0 和 DATA1 始终保持高电平。每一位数据的发送周期为 1ms(可定义)。

韦根 26 的帧结构如图 4.9 所示。

1	2	3	4	5	6	7	8	9	10	11	12	13	14	15	16	17	18	19	20	21	22	23	24	25	26
P	E	E	E	E	E	E	E	E	E	E	E	E	O	O	O	O	O	O	O	O	O	O	O	O	P
Even parity(E)偶同位校验													Odd parity(O)奇同位校验												

图 4.9　韦根 26 的帧结构

(2) 串口(UART)协议

① UART 接口帧的数据格式为"1 个起始位＋8 个数据位＋无奇偶校验位＋1 个停止位"。

② 波特率可选择 9600bps 或者 19200bps。

③ 数据共 6 字节,高位在前,格式为"5 字节数据＋1 字节校验和(异或和)"。例如,卡号数据为 0B00D5F0C7,则输出为 0X0B 0X00 0XD5 0XF0 0XC7 0XE9(校验和计算:0X0B ^ 0X00 ^ 0XD5 ^ 0XF0 ^ 0XC7＝0XE9)。第一个字节 0X0B 一般是厂家码。中间 4 个字节 0X00 0XD5 0XF0 0XC7 是卡片的序列号。

一般卡片上印刷的都是十进制码,如 001402807213、61639。上面的数据可以通过转换得到。转换方式如下:将中间 4 个字节卡号 0X00D5F0C7 转换为十进制数,得 001402807;将卡号的第二字节 0XD5 转换为十进制数,得 2^{13},将卡号的最后两个字节 0XF0C7 转换为十进制数,即得 61639。

④ 主动模式:当有卡进入该射频区域时,主动发出以上格式的卡号数据。

⑤ 被动模式:CLK 的下降沿触发卡号的输出,格式为以上数据格式。操作方法为:在准备读取卡号之前,打开串口中断并启动超时定时器(80ms);将一直保持高电平的 CLK 置低电平,产生下降沿并一直保持低电平,等待卡号数据接收。若接收到卡号后,存储待用。若在等待过程中无数据接收,且超时定时器已经溢出,表示本次读取卡号失败。无论成功与失败,最后都将 CLK 重新置高电平,进入待机,以便下一次读取卡号。

4. 接口方式

(1) 串行接口

TX125 可以与任何具有串口的 MCU 连接,或者通过 RS-232 电平转换与 PC 连接。

本模块支持主动串口和被动串口两种模式。

① 主动串口模式

图 4.10 所示的是主动串口模式的接线图,其模式为串口(9600,N,1)、主动模式。图中未连接的引脚悬空即可。

图 4.10　主动串口模式

② 被动串口模式

图 4.11 所示的是被动串口模式接线图,其连接的模式为串口(9600,N,1)、被动模式。当有卡时,主控单片机在 CLK 发起下降沿,则读卡模块输出卡号。

图 4.11　被动串口模式

(2) 韦根接口

当主控 MCU 没有串口或者串口不够时,可以选择韦根接口。韦根接口也是门禁控制器最常用的读头连接方式。韦根接口可以输出韦根 26 或者韦根 34,并可选输出反相脉冲。

① 正向韦根 34 接口

图 4.12 所示的是正向韦根 34 接口的接线图,其模式为:韦根 34、正相输出。

图 4.12　正相韦根 34 接口

② 反相韦根 26 接口

图 4.13 所示的是反相韦根 26 接口的接线图,其模式为:韦根 26、反相输出。

本书使用的物联网综合实训平台的 RFID 的 TX125 连接成被动串口模式。

图 4.13　反相韦根 26 接口

4.5.2　RFID 读卡的应用

本小节介绍 RFID 的 TX125 系列非接触式射频读卡模块在 VMware Workstation＋Fedora Core 8＋MiniCom/Xshell＋ARM-LINUX 交叉编译开发环境的使用。在网关系统中通过对串口编程来实现读取卡片 ID 内容。

TX125 射频读卡模块使用串口与嵌入式网关系统通信,默认平台上连接 6410 网关设备的/dev/ttySAC3 串口设备,波特率 9600bps。

因此,可以建立一个监听串口的线程来处理串口发送过来的电子标签 ID 信息。

```
int ComPthreadMonitorStart(void)
{
    gRFDatas = 0x0;
    tty_init(&rf_fd, "/dev/ttySAC3",RF_BAUDRATE);          //初始化 RFID 模块串口设备
    sa.sa_handler = SigChild_Handler;
    sa.sa_flags = 0;
    sigaction(SIGCHLD,&sa,NULL);                            /* handle dying child */
    pthread_mutex_init(&mutex, NULL);
    pthread_create(&th_kb, NULL, KeyBoardPthread, 0);
    pthread_create(&rf_rev, NULL, RFIDRevPthread, 0);       //创建读取 ID 线程
    return 0;
}
```

监听串口线程处理函数如下：

```
void * RFIDRevPthread(void * data)
{
    printf("rfid rev pthread.\n");
    struct timeval tv;
    fd_set rfds;
    tv.tv_sec = 15;
    tv.tv_usec = 0;
    int nread;
    int i,j,ret,datalen;
    unsigned char buff[BUFSIZE] = {0,};
    unsigned char databuf[BUFSIZE] = {0,};
    ret = 0;
    //pthread_detach(pthread_self());
        while (STOP == FALSE)
        {
            //printf("rf phread wait...\n");
            tv.tv_sec = 10;
            tv.tv_usec = 0;
            FD_ZERO(&rfds);
            FD_SET(rf_fd, &rfds);
            ret = select(1 + rf_fd, &rfds, NULL, NULL, &tv);
            if(ret > 0)
            {
                //printf("rf select wait...\n");
                if (FD_ISSET(rf_fd, &rfds))
                {
                    nread = tty_read(rf_fd,buff, 6);        // 读取 ID 信息
                    //printf("readlen = %d\n", nread);
                    buff[nread] = '\0';
                    printf("\nRFID ID NUMBER:");            // 打印 ID 信息
                    for(i = 0;i < nread;i++){
                        printf("0x%x\t",buff[i]);
                    }
                    printf("\n");
                    databuf[0] = Data_CalcFCS(buff, 5);     //校验信息
```

```
            if(databuf[0] == buff[5]){
                //printf("CalcFcs OK\n");
                HandleRFIDData(buff + 1, 4);        // 打印处理 ID 信息
            }
            else{
                continue;
            }
        }
         else{
                //printf("not tty rf_fd.\n");
            }
        }
        else if(ret == 0){
            printf("rf read wait timeout!!!\n");
            //gBTStatusFlag = 0x00;
        }
        else{// ret < 0
            printf("rf select error.\n");
            //perror(ret);
        }
    }
    printf("exit from reading rf com\n");
    return NULL; /* wait for child to die or it will become a zombie */
}
```

更详细的处理流程参见本书资源中的实验源代码。

可将本应用程序源码复制至宿主机下的相应目录进行编译、挂载或下载,并运行测试。

练习题

一、单选题

1. 物联网有四个关键性的技术,其中(　　)技术被认为是能够让物品"开口说话"的技术。

    A. 传感器　　　　　　　　　　　　B. 电子标签

    C. 智能　　　　　　　　　　　　　　D. 纳米

2. (　　)是物联网中最为关键的技术。

    A. RFID 标签　　　B. 阅读器　　　　C. 天线　　　　　　D. 加速器

3. RFID 卡(　　)可分为主动式标签(TTF)和被动式标签(RTF)。

    A. 按供电方式分　　　　　　　　　B. 按工作频率分

    C. 按通信方式分　　　　　　　　　D. 按标签芯片分

4. 射频识别卡同其他几类识别卡最大的区别在于(　　)。

    A. 功耗　　　　　　B. 非接触　　　　C. 抗干扰　　　　D. 保密性

5. 物联网技术是基于射频识别技术而发展起来的新兴产业,射频识别技术主要是基

于( )方式进行信息传输。

  A. 电场和磁场 B. 同轴电缆 C. 双绞线 D. 声波

6. 作为射频识别系统最主要的两个部件——阅读器和应答器,二者之间的通信方式不包括( )。

  A. 串行数据通信 B. 半双工系统 C. 全双工系统 D. 时序系统

7. RFID 卡的读取方式为( )。

  A. CCD 或光束扫描   B. 电磁转换

  C. 无线通信   D. 电擦除、写入

8. RFID 卡( )可分为有源(Active)标签和无源(Passive)标签。

  A. 按供电方式分   B. 按工作频率分

  C. 按通信方式分   D. 按标签芯片分

9. 利用 RFID、传感器、二维码等随时随地获取物体的信息,指的是( )。

  A. 可靠传递 B. 全面感知 C. 智能处理 D. 互联网

10. ( )标签工作频率是 30～300kHz。

  A. 低频电子标签   B. 高频电子标签

  C. 特高频电子标签   D. 微波标签

11. ( )标签工作频率是 3～30MHz。

  A. 低频电子标签   B. 高频电子标签

  C. 特高频电子标签   D. 微波标签

12. ( )标签工作频率是 300MHz～3GHz。

  A. 低频电子标签   B. 高频电子标签

  C. 特高频电子标签   D. 微波标签

13. ( )标签工作频率是 2.45GHz。

  A. 低频电子标签   B. 高频电子标签

  C. 特高频电子标签   D. 微波标签

14. 二维码目前不能表示的数据类型是( )。

  A. 文字 B. 数字 C. 二进制 D. 视频

15. ( )抗损性强、可折叠、可局部穿孔、可局部切割。

  A. 二维条码 B. 磁卡 C. IC 卡 D. 光卡

16. 行排式二维条码有( )。

  A. PDF417 B. QR Code C. Data Matrix D. Maxi Code

17. QR Code 是由( )于 1994 年 9 月研制的一种矩阵式二维条码。

  A. 日本、 B. 中国 C. 美国 D. 欧洲

18. ( )不是 QR Code 条码的特点。

  A. 超高速识读

  B. 全方位识读

  C. 行排式

  D. 能够有效地表示中国汉字、日本汉字

19. (   )对接收的信号进行解调和译码,然后送到后台软件系统处理。

    A. 射频卡   B. 读写器   C. 天线   D. 中间件

20. 低频 RFID 卡的作用距离是(   )。

    A. 小于 10cm   B. 1~20cm   C. 3~8m   D. 大于 10m

21. 高频 RFID 卡的作用距离是(   )。

    A. 小于 10cm   B. 1~20cm   C. 3~8m   D. 大于 10m

22. 超高频 RFID 卡的作用距离是(   )。

    A. 小于 10cm   B. 1~20cm   C. 3~8m   D. 大于 10m

23. 微波 RFID 卡的作用距离是(   )。

    A. 小于 10cm   B. 1~20cm   C. 3~8m   D. 大于 10m

二、判断题

1. 物联网中,RFD 标签是最关键的技术和产品。   (   )

2. 中国在 RFD 集成的专利上并没有主导权。   (   )

3. RFD 系统包括标签、阅读器、天线。   (   )

4. 射频识别系统一般由阅读器和应答器两部分构成。   (   )

5. RFID 是一种接触式的识别技术。   (   )

6. 物联网的实质是利用射频自动识别(RFID)技术,通过计算机互联网实现物品(商品)的自动识别和信息的互联与共享。   (   )

7. 物联网目前的传感技术主要是 RFID。植入这个芯片的产品,是可以被任何人感知的。   (   )

8. 射频识别技术(Radio Frequency Identification,RFID)实际上是自动识别技术(Automatic Equipment Identification,AEI)在无线电技术方面的具体应用与发展。   (   )

9. 射频识别系统与条形码技术相比,数据密度较低。   (   )

10. 射频识别系统与 IC 卡相比,在数据读取中几乎不受方向和位置的影响。(   )

三、简答题

1. 在 RFID 系统中如何确定所选频率是否适合实际应用?

2. 简述 RFID 的基本工作原理以及 RFID 技术的工作频率。

3. 简述 RFID 的分类。

4. 射频标签的能量获取方法有哪些?

5. 射频标签的天线有哪几种?各自的作用是什么?

6. 简述 RFID 中间件的功能和作用。

第5章

无线传感器网络通信技术

本章要点

- 蓝牙标准协议栈、关键技术及蓝牙在通信系统中的应用
- 无线局域网的标准、Wi-Fi 和无线局域网的结构
- 超宽频技术体系、高速 UWB 技术的应用和发展情况
- ZigBee 技术
- Ad Hoc 网络的特点和分类、体系结构及 Ad Hoc 网络的应用

5.1 蓝牙技术

5.1.1 蓝牙技术的概述

蓝牙(Bluetooth)技术是由爱立信、诺基亚、Intel、IBM 和东芝 5 家公司于 1998 年 5 月共同提出开发的。蓝牙技术的本质是设备间的无线连接,主要用于通信与信息设备。近年来,在电声行业中也开始使用蓝牙技术。一般情况下,其工作范围在 10m 半径之内。在此范围内,可实现多台设备间的互联。对于某些产品,设备间的连接距离远隔 100m,也能建立蓝牙通信与信息传递。

有了蓝牙技术,存储于手机中的信息可以在电视机上显示出来,也可以将其中的声音信息数据进行转换,以便在 PC 上聆听。东芝公司开发了一种蓝牙无线 Modem 和 PC 卡,将两张卡中的一张插入 Modem 的主机,另一张插入 PC(个人电脑),就可成功实现与因特网的无线联网。

蓝牙技术的特点如下。

(1) 采用跳频技术,数据包短,抗信号衰减能力强。

(2) 采用快速跳频和前向纠错方案,以保证链路稳定,减少同频干扰和远程传输噪声。

(3) 使用 2.4GHz ISM 频段,无须申请许可证。

(4) 可同时支持数据、音频、视频信号。

(5) 采用 FM 调制方式,降低了设备的复杂性。

5.1.2　蓝牙协议栈体系结构

在蓝牙系统中,为了支持不同应用,需要使用多个协议,这些协议按层次组合在一起,构成了蓝牙协议栈。蓝牙协议栈能使设备之间互相定位并建立连接。通过这个连接,设备间能通过各种各样的应用程序进行交互和交换数据。完整的蓝牙协议体系结构如图 5.1 所示。蓝牙技术规范包括 Core 和 Profiles 两部分。Core 是蓝牙的核心,主要定义蓝牙的技术细节;Profiles 部分定义了在蓝牙的各种应用中的协议栈组成,并定义了相应的实现协议栈。

图 5.1　蓝牙协议栈体系结构

按照各层协议在整个蓝牙协议体系中所处的位置,蓝牙协议分为底层协议、中间层协议和高层协议三大类。

1. 蓝牙底层协议

蓝牙底层协议实现蓝牙信息数据流的传输链路,是蓝牙协议体系的基础,它包括射频协议、基带协议和链路管理协议。

(1)射频协议(Radio Frequency Protocol)

蓝牙射频协议处于蓝牙协议栈的最底层,主要包括频段与信道安排、发射机特性和接收机特性等,用于规范物理层无线传输技术,实现空中数据的收发。蓝牙工作在 2.4GHz ISM 频段,此频段在多数国家无须申请运营许可。

在信道安排上,系统采用跳频扩频技术,抗干扰能力强,保密性好。蓝牙 SIG 制定了两套跳频方案,其一是分配 79 个跳频信道,每个频道的带宽为 1MHz;其二是 23 信道的分配方案,1.2 版本以后的蓝牙规范不再推荐使用第二套方案。

（2）基带协议（Base Band Protocol）

基带层在蓝牙协议栈中位于蓝牙射频层之上,同射频层一起构成了蓝牙的物理层。

基带层的主要功能包括：①链路控制,比如承载链路连接和功率控制这类链路级路由；②管理物理链路,即 SCO 链路和 ACL 链路；③定义基带分组格式和分组类型,其中 SCO 分组有 HV1、HV2、HV3 和 DV 等类型,ACL 分组有 DM1、DH1、DM3、DH3、DM5、DH5、AUX1 等类型；④流量控制,通过 STOP 和 GO 指令实现；⑤采用 1/3 比例前向纠错码、2/3 比例前向纠错码以及数据的自动重复请求（Automatic Repeat Request,ARQ）方案实现纠错功能；⑥处理数据包、寻呼、查询接入和查询蓝牙设备等。

（3）链路管理协议（Link Manager Protocol,LMP）

链路管理协议（LMP）是在蓝牙协议栈中的一个数据链路层协议。LMP 执行链路设置、认证、链路配置和其他协议。链路管理器发现其他远程链路管理器（LM）,并与它们通过链路管理协议（LMP）进行通信。

链路管理协议负责蓝牙各设备间连接的建立。首先,它通过连接的发起、交换、核实,进行身份认证和加密；其次,它通过设备间协商,确定基带数据分组的大小；另外,它还可以控制无线部分的电源模式和工作周期,以及微微网内各设备的连接状态。

2. 蓝牙中间层协议

蓝牙中间层协议完成数据帧的分解与重组、服务质量控制、组提取等功能,为上层应用提供服务,并提供与底层协议的接口,此部分包括主机控制器接口协议、逻辑链路控制与适配协议、串口仿真协议、电话控制协议和服务发现协议。

（1）主机控制器接口协议（Host Controller Interface Protocol,HCI）

蓝牙 HCI 是位于蓝牙系统的逻辑链路控制与适配协议层和链路管理协议层之间的一层协议。HCI 为上层协议提供了进入链路管理器的统一接口和进入基带的统一方式。在 HCI 的主机和 HCI 主机控制器之间存在若干传输层,这些传输层是透明的,只需完成传输数据的任务,不必清楚数据的具体格式。蓝牙的 SIG 规定了四种与硬件连接的物理总线方式,即四种 HCI 传输层：USB、RS-232、UART 和 PC 卡。

（2）逻辑链路控制与适配协议（Logical Link Control and Adaptation Protocol,L2CAP）

逻辑链路控制与适配层协议（L2CAP）是蓝牙系统中的核心协议,它是基带的高层协议,可以认为它与链路管理协议（LMP）并行工作。L2CAP 为高层提供数据服务,允许高层和应用层协议收发大小为 64KB 的 L2CAP 数据包。L2CAP 只支持基带面向无连接的异步传输（ACE）,不支持面向连接的同步传输（SCO）。L2CAP 采用了多路技术、分割和重组技术、组提取技术,主要提供协议复用、分段和重组、认证服务质量、组管理等功能。

（3）串口仿真协议（RFCOMM）

串口仿真协议在蓝牙协议栈中位于 L2CAP 协议层和应用层协议层之间,基于 ETSI 标准 TS 07.10,在 L2CAP 协议层之上实现了仿真 9 针 RS-232 串口的功能,可实现设备间的串行通信,从而对现有使用串行接口的应用提供了支持。

（4）电话控制协议（Telephony Control protocol Spectocol，TCS）

电话控制协议位于蓝牙协议栈的 L2CAP 层之上，包括电话控制规范二进制（TCS BIN）协议和一套电话控制命令（AT Command）。其中，TCS BIN 定义了在蓝牙设备间建立话音和数据呼叫所需的呼叫控制信令；AT Commands 则是一套可在多使用模式下用于控制移动电话和调制解调器的命令，它是在 ITU.TQ.931 的基础上开发而成。

TCS 层不仅支持电话功能（包括呼叫控制和分组管理），同样可以用来建立数据呼叫，呼叫的内容在 L2CAP 上以标准数据包形式运载。

电话控制协议主要有以下几种。

① 二元电话控制协议（TCS Binary）

二元电话控制协议是面向比特的协议，它定义了蓝牙设备间建立语音和数据呼叫的控制信令，定义了处理蓝牙 TCS 设备群的移动管理进程。

② AT 命令集电话控制协议（AT Command）

在 ITU-T V.250 和 ETS300 916（GSM 07.07）的基础之上，SIG 定义了控制多用户模式下，移动电话、调制解调器和可用于传真业务的 AT 命令集。

（5）电缆替代协议（RFCOMM）

RFCOMM 是基于 ETSI 07.10 规范的串行线仿真协议，它在蓝牙基带协议上仿真 RS-232 控制和数据信号，为使用串行线传送机制的上层协议（如 OBEX）提供服务。

（6）服务发现协议（Service Discovery Protocol，SDP）

服务发现协议（SDP）是蓝牙技术框架中至关重要的一层，它是所有应用模型的基础。任何一个蓝牙应用模型的实现都是利用某些服务的结果。在蓝牙无线通信系统中，建立在蓝牙链路上的任何两个或多个设备随时都有可能开始通信，仅仅是静态设置是不够的。蓝牙服务发现协议就确定了这些业务位置的动态方式，可以动态地查询到设备信息和服务类型，从而建立起一条对应所需要服务的通信信道。

3. 蓝牙高层协议

蓝牙高层协议包括对象交换协议、无线应用协议、音频协议和选用协议。

（1）对象交换协议（Object Exchange Protocol，OBEX）

OBEX 是由红外数据协会（IrDA）制定用于红外数据链路上数据对象交换的会话层协议。蓝牙 SIG 采纳了该协议，使得原来基于红外链路的 OBEX 应用有可能方便地移植到蓝牙上，或在两者之间切换。OBEX 是一种高效的二进制协议，采用简单和自发的方式来交换对象。

（2）无线应用协议（Wireless Application Protocol，WAP）

无线应用协议（WAP）由无线应用协议论坛制定，是由移动电话类的设备使用的无线网络定义的协议。WAP 融合了各种广域无线网络技术，其目的是将互联网内容和先进的业务传送到数字蜂窝电话和其他无线终端上。选用 WAP 可以充分利用为无线应用环境开发的高层应用软件。

（3）音频协议（Audio）

蓝牙音频（Audio）是通过在基带上直接传输 SCO 分组实现的，目前蓝牙 SIG 并没有以规范的形式给出此部分。虽然严格意义上来讲,它并不是蓝牙协议规范的一部分,但也可以视为蓝牙协议体系中一个直接面向应用的层次。

(4) 选用协议

① 点对点协议(PPP)

PPP 是 IETF(Internet Engineering Task Force)制定的,在蓝牙技术中,它运行于 RFCOMM 之上,完成点对点的连接。

② UDP/TCP/IP

UDP/TCP/IP 也是由 IETF 制定的,是互联网通信的基本协议。在蓝牙设备中使用这些协议,是为了与互联网连接的设备进行通信。

5.1.3　蓝牙网关

1. 蓝牙网关的功能

蓝牙网关用于办公网络或物联网内部的蓝牙移动终端,通过无线方式访问局域网以及 Internet;跟踪、定位办公网络内的所有蓝牙设备,在两个属于不同匹配网的蓝牙设备之间建立路由连接,并在设备之间交换路由信息。

蓝牙网关的主要功能如下。

(1) 实现蓝牙协议与 TCP/IP 协议的转换,完成办公网络内部蓝牙移动终端的无线上网功能。

(2) 在安全的基础上实现蓝牙地址与 IP 地址之间的地址解析。它利用自身的 IP 地址和 TCP 端口来唯一地标识办公网络内部没有 IP 地址的蓝牙移动终端,比如蓝牙打印机等。

(3) 通过路由表来对网络内部的蓝牙移动终端进行跟踪、定位,使得办公网络内部的蓝牙移动终端可以通过正确的路由,访问局域网或者另一个匹配网中的蓝牙移动终端。

(4) 在两个属于不同匹配网的蓝牙移动终端之间交换路由信息,从而完成蓝牙移动终端通信的漫游与切换。在这种通信方式中,蓝牙网关在数据包路由过程中充当中继作用,相当于蓝牙网桥。

2. 蓝牙移动终端(MT)

蓝牙移动终端是普通的蓝牙设备,能够与蓝牙网关以及其他蓝牙设备进行通信,从而实现办公网络内部移动终端的无线上网以及网络内部文件、资源的共享。各个功能模块的关系如图 5.2 所示。

图 5.2　功能模块关系

如果目的端位于单位内部的局域网或者 Internet,需要通过蓝牙网关进行蓝牙协议与 TCP/IP 协议的转换。如果该 MT 没有 IP 地址,则由蓝牙网关提供,其通信方式为 MT→BG→MT。如果目的端位于办公网络内部的另一个匹配网,则通过蓝牙网关来建立路由连接,完成整个通信过程的漫游,其通信方式为 MT→BG→M_MT(为主移动终端)→MT。采用蓝牙技术,可使办公室的每个数据终端互相连通。例如多台终端共用 1 台打印机,可按照一定的算法登录打印机的等待队列,依次执行。

5.1.4　蓝牙系统的结构及组成

1. 蓝牙网络的结构

微微网(Piconet)是实现蓝牙无线通信的最基本方式。每个微微网只有一个主设备,一个主设备最多可以同时与 7 个从设备通信。多个蓝牙设备组成的微微网如图 5.3 所示。

散射网(Scatternet)是多个微微网相互连接所形成的比微微网覆盖范围更大的蓝牙网络,其特点是不同的微微网之间有互联的蓝牙设备,如图 5.4 所示。

| 图 5.3　多个蓝牙设备组成微微网(**Piconet**) | 图 5.4　多个微微网组成散射网(**Scatternet**) |

虽然每个微微网只有一个主设备,但从设备可以基于时分复用机制加入不同的微微网,而且一个微微网的主设备可以成为另外一个微微网的从设备。每个微微网都有其独立的跳频序列,它们之间并不跳频同步,由此避免了同频干扰。

2. 蓝牙系统的组成

蓝牙系统由无线单元、链路控制单元、链路管理器三部分组成。

(1) 无线单元

蓝牙是以无线 LAN 的 IEEE 802.11 标准技术为基础的,使用 2.45GHz ISM 全球通自由波段。蓝牙天线属于微带天线,空中接口是建立在天线电平为 0dBm 基础上的,遵从 FCC(美国联邦通信委员会)有关 0dBm 电平的 ISM 频段的标准。当采用扩频技术时,其发射功率可增加到 100mW。频谱扩展功能是通过起始频率为 2.402GHz、终止频率为 2.480GHz、间隔为 1MHz 的 79 个跳频频点来实现的。其最大的跳频速率为 1660 跳/s。系统设计通信距离为 10cm～10m,如增大发射功率,其距离可长达 100m。

(2) 链路控制单元

链路控制单元(即基带)描述了硬件——基带链路控制器的数字信号处理规范。基带链路控制器负责处理基带协议和其他一些低层常规协议。

① 建立物理链路

微微网内的蓝牙设备之间的连接被建立之前,所有的蓝牙设备都处于待命(Standby)

状态。此时,未连接的蓝牙设备每隔 1.28s 周期性地"监听"信息。每当一个蓝牙设备被激活,它就将监听划给该单元的 32 个跳频频点。跳频频点的数目因地理区域的不同而异(32 这个数字只适用于使用 2.400～2.4835GHz 波段的国家)。作为主蓝牙设备,首先初始化连接程序,如果地址已知,则通过寻呼(Page)消息建立连接;如果地址未知,则通过一个后接寻呼消息的查询(Inquiry)消息建立连接。在最初的寻呼状态,主单元将在分配给被寻呼单元的 16 个跳频频点上发送一串 16 个相同的寻呼消息。如果没有应答,主单元按照激活次序在剩余 16 个频点上继续寻呼。从单元收到从主单元发来的消息的最大延迟时间为激活周期的 2 倍(2.56s),平均延迟时间是激活周期的一半(0.6s)。查询消息主要用来寻找蓝牙设备。查询消息和寻呼消息很相像,但是查询消息需要一个额外的数据串周期来收集所有的响应。

② 差错控制

基带控制器有 3 种纠错方式。1/3 比例前向纠错(1/3FEC)码,用于分组头;2/3 比例前向纠错(2/3FEC)码,用于部分分组;数据的自动请求重发方式(ARQ),用于带有 CRC(循环冗余校验)的数据分组。差错控制用于提高分组传送的安全性和可靠性。

③ 验证和加密

蓝牙基带部分在物理层为用户提供保护和信息加密机制。验证基于请求—响应运算法则,采用口令/应答方式,在连接进程中执行,它是蓝牙系统中的重要组成部分。它允许用户为个人的蓝牙设备建立一个信任域,比如只允许主人自己的笔记本电脑通过主人自己的移动电话通信。

加密采用流密码技术,适用于硬件实现。它被用来保护连接中的个人信息。密钥由程序的高层来管理。网络传送协议和应用程序可以为用户提供一个较强的安全机制。

(3) 链路管理器

链路管理器(LM)软件模块设计了链路的数据设置、鉴权、链路硬件配置和其他一些协议。链路管理器能够发现其他蓝牙设备的链路管理器,并通过链路管理协议(LMP)建立通信联系。链路管理器提供的服务项目包括发送和接收数据、设备号请求(LM 能够有效地查询和报告名称或者长度最大可达 16 位的设备 ID)、链路地址查询、建立连接、验证、协商并建立连接方式、确定分组类型、设置保持方式及休眠方式。

5.2　GPRS 技术

1. GPRS 简介

GPRS(General Packet Radio Service,通用分组无线业务)是欧洲电信协会对于 GSM 系统中有关分组数据所规定的标准。GPRS 具有充分利用现有网络、资源利用率高、始终在线、传输速率高、资费合理等特点。

与 GSM CSD 业务不同,GPRS 业务将以数据流量计费,而 GSM CSD 业务以时间计费,GPRS 这一计费方式更适应数据通信的特点。此外,GPRS 业务的速度较 GSM CSD 业务有很大提高,GPRS 可提供高达 115Kbps 的传输速率(最高值为 171.2Kbps),下一代 GPRS 业务的速度可以达到 384Kbps。

GPRS 一个较大的优势是能够充分利用现有的 GSM 网,使运营商在全国范围内推出此项业务。相信在数年内,通过便携式电脑,GPRS 用户能以与 ISDN 用户一样快的速度上网浏览,同时使一些对传输速率敏感的移动多媒体应用成为可能。

GPRS 用户只有在发送或接收数据期间才占用资源,这意味着多个用户可高效率地共享同一条无线信道,提高了资源的利用率。同时,用户只需按数据通信量付费,无须对整个链路占用期间付费。实际上,GPRS 用户可能连接的时间长达数小时,却只需支付相对低廉的连接费用,使用费用大大降低。

GPRS 通信模块就是为使用 GPRS 服务而开发的无线通信终端设备。可应用到下列系统集成中:远程数据监测系统、远程控制系统、自动售货系统、无线定位系统、门禁保安系统、物质管理系统等。

2. GPRS 特点

GPRS 是一种基于 GSM 系统的无线分组交换技术,提供端到端的、广域的无线 IP 连接。GPRS 充分利用共享无线信道,采用 IP Over PPP 实现数据终端的高速、远程接入。作为现有 GSM 网络向第三代移动通信演变的过渡技术(2.5G),GPRS 在许多方面都具有显著的优势。

GPRS 有下列特点。

(1) 可充分利用现有资源——中国移动全国范围的电信网络 GSM,方便、快速、低建设成本地为用户数据终端提供远程接入网络的部署。

(2) 传输速率高。GPRS 数据传输速度可达到 57.6Kbps,最高可达到 115~170Kbps,完全可以满足用户应用的需求,下一代 GPRS 业务的速度可以达到 384Kbps。

(3) 接入时间短。GPRS 接入等待时间短,可快速建立连接,平均为 2s。

(4) 提供实时在线功能,用户将始终处于连线和在线状态,这将使访问服务变得非常简单、快速。

(5) 按流量计费。GPRS 用户只有在发送或接收数据期间才占用资源。用户可以一直在线,按照用户接收和发送数据包的数量来收取费用,没有数据流量传递时,用户即使挂在网上也是不收费的。

3. GPRS 系统结构

GSM 已发展到了 Phase 2+阶段,这一阶段的核心问题就是高速移动数据通信。现在,越来越多的 GSM 网络运营商引入移动数据业务,不仅使 GSM 网络实现了无线互联网功能,而且积累了无线多媒体业务运营经验,为向第三代移动通信网络的过渡做好准备。

GSM 移动数据业务主要分为电路型数据业务和分组型数据业务。GSM 第一阶段提供的 9.6Kbps 以下数据业务及 Phase 2+阶段提出的 HSCSD 都属于电路型数据业务。Phase 2+阶段提出的 GPRS 属于分组型数据业务。

GPRS 网是在 GSM 电话网的基础上增加以下功能实体构成的:SGSN(服务 GPRS 支持节点)、GGSN(网关 GPRS 支持节点)、PTMSC(点对多点服务中心);共用 GSM 基站但基站要更新软件;采用新的 GPRS 移动台;GPRS 要增加新的移动性管理程序;通过路由器实现 GPRS 骨干网互联；GSM 网络系统要进行软件更新并增加新的 MAP 信令和 GPRS 信令等。GPRS 系统结构如图 5.5 所示。

图 5.5　GPRS 系统结构

GPRS 网上增加了如下接口。

(1) Gb 口：SGSN 通过 Gb 口与基站 BSS 相连，为移动台 MS 服务。通过逻辑控制协议 LLC，建立 SGSN 与 MS 之间的连接，提供移动性管理（位置跟踪）和安全管理功能。SGSN 完成 MS 和 SGSN 之间的协议转换，即骨干网使用的 IP 协议转换成 SNDCP 和 LLC 协议，并提供 MS 鉴权和登记功能。

(2) Gn 口：SGSN 通过 Gn 口和 GGSN 相连，通过 GPRS 隧道协议（GTP）建立 SGSN 和外部数据网（X.25 或 IP）之间的通道，实现 MS 和外部数据网的互联。

(3) Gs 口：用于 SGSN 向 MSC/VLR 发送地址信息，并从 MSC/VLR 接收寻呼请求，实现分组型业务和非分组型业务的关联。

(4) Gr 口：HLR 保存 GPRS 用户数据和路由信息（IMSI、SGSN 地址）。每个 IMSI 还包含分组数据协议 PDP 信息，包括 PDP 类型（X.25 或 IP）、PDP 地址、QoS 等级以及路由信息。

(5) Gi 口：GGSN 通过 Gi 口实现 GPRS 网和外部数据网（PDP）的互联。GGSN 实际上是两个互联网网关，GPRS 本身属于 IP 领域网络，Gi 口支持 X.25 和 IP 协议。从 PDN 网看 GGSN，GGSN 可看作是一个路由器连到 PDN 网。GGSN 包含用于连接 GPRS 用户的路由信息，为外部数据网的 PDU 送到 MS 提供通道。通过 GGSN 与 GPRS

网互联的分组数据网 PDN,可以是 PSPDN 网。这时,GPRS 支持 ITU-T X.121 和 ITU-T E.164 编号方案,提供 X.25 虚电路及对 X.25 快速选择,还支持网间的 X.75 协议连接;也可以是 Internet 网,基于 IP 协议,在 IP 数据报传输方式中,GPRS 支持 TCP/IP 头的压缩功能。

5.3　ZigBee 技术

ZigBee 协议规范详见本书第 2 章。本节简要介绍 ZigBee 网络的配置、拓扑结构及组网技术等。

1. ZigBee 网络配置

低数据速率的 WPAN 中包括两种无线设备:全功能设备(FFD)和精简功能设备(RFD)。其中,FFD 可以和 FFD、RFD 通信,而 RFD 只能和 FFD 通信,RFD 之间是无法通信的。RFD 的应用相对简单,例如在传感器网络中,它们只负责将采集的数据信息发送给它的协调点,并不具备数据转发、路由发现和路由维护等功能。RFD 占用资源少,需要的存储容量也小,成本比较低。

在一个 ZigBee 网络中,至少存在一个 FFD 充当整个网络的协调点,即 PAN 协调点,ZigBee 中也称作 ZigBee 协调点。一个 ZigBee 网络只有一个 PAN 协调点。通常,PAN 协调点是一个特殊的 FFD,它具有较强大的功能,是整个网络的主要控制者,它负责建立新的网络、发送网络信标、管理网络中的节点以及存储网络信息等。FFD 和 RFD 都可以作为终端节点加入 ZigBee 网络。此外,普通 FFD 可以在它的个人操作空间(POS)中充当协调点,但它仍然受 PAN 协调点的控制。ZigBee 中每个协调点最多可连接 255 个节点,一个 ZigBee 网络最多可容纳 65535 个节点。

2. ZigBee 网络的拓扑结构

ZigBee 网络的拓扑结构主要有三种:星状、网状(Mesh)网和混合网。

星状网如图 5.6(a)所示,由一个 PAN 协调点和一个或多个终端节点组成。PAN 协调点必须是 FFD,它负责发起建立和管理整个网络,其他节点(终端节点)一般为 RFD,分布在 PAN 协调点的覆盖范围内,直接与 PAN 协调点通信。星型网通常用于节点数量较少的场合。

Mesh 网如图 5.6(b)所示,一般是由若干个 FFD 连接在一起形成,它们之间是完全的对等通信,每个节点都可以与其无线通信范围内的其他节点通信。Mesh 网中,一般将发起建立网络的 FFD 节点作为 PAN 协调点。Mesh 网是一种高可靠性网络,具有自恢复能力,它可为传输的数据包提供多条路径。一旦一条路径出现故障,存在另一条或多条路径可供选择。

Mesh 网可以通过 FFD 扩展网络,组成 Mesh 网与星状网构成的混合网,如图 5.6(c)所示。在混合网中,终端节点采集的信息首先传到同一子网内的协调点,再通过网关节点上传到上一层网络的 PAN 协调点。混合网适用于覆盖范围较大的网络。

(a) 星状网　　　　　　(b) Mesh网　　　　　　(c) 星状和Mesh结构
组成的混合网

● FFD　　○ RFD　　←—→ Mesh链路　　←-→ 星状链路

图 5.6　ZigBee 拓扑结构

3. ZigBee 组网技术

在 ZigBee 中,只有 PAN 协调点可以建立一个新的 ZigBee 网络。当 ZigBeePAN 协调点希望建立一个新网络时,首先扫描信道,寻找网络中的一个空闲信道来建立新的网络。如果找到了合适的信道,ZigBee 协调点为新网络选择一个 PAN 标识符(PAN 标识符是用来标识整个网络的,所选的 PAN 标识符必须在信道中是唯一的)。一旦选定了PAN 标识符,就说明已经建立了网络。此后,如果另一个 ZigBee 协调点扫描该信道,这个网络的协调点会响应并声明它的存在。另外,这个 ZigBee 协调点还为自己选择一个16 位网络地址。ZigBee 网络中的所有节点都有一个 64 位 IEEE 扩展地址和一个 16 位网络地址。其中,16 位网络地址在整个网络中是唯一的,也就是 802.15.4 中的 MAC 短地址。

ZigBee 协调点选定了网络地址后,就开始接受新的节点加入其网络。当一个节点希望加入该网络时,首先通过信道扫描搜索周围存在的网络。如果找到了一个网络,它就执行关联过程加入网络。只有具备路由功能的节点可以允许别的节点通过它关联网络。如果网络中的一个节点与网络失去联系后想要重新加入网络,执行孤立通知过程重新加入。网络中每个具备路由器功能的节点都维护一个路由表和一个路由发现表,它可以参与数据包的转发、路由发现和路由维护,以及关联其他节点来扩展网络。

ZigBee 网络中传输的数据可分为三类:①周期性数据,例如传感器网中传输的数据,这一类数据的传输速率根据不同的应用而确定;②间歇性数据,例如电灯开关传输的数据,这一类数据的传输速率根据应用或者外部激励而确定;③反复性的、反应时间低的数据,例如无线鼠标传输的数据,这一类数据的传输速率是根据时隙分配而确定的。为了降低 ZigBee 节点的平均功耗,ZigBee 节点有激活和睡眠两种状态。只有当两个节点都处于激活状态时,才能完成数据的传输。在有信标的网络中,ZigBee 协调点通过定期地广播信标,为网络中的节点提供同步;在无信标的网络中,终端节点定期睡眠,定期醒来,除终端节点以外的节点要保证始终处于激活状态。终端节点醒来后,会主动询问它的协调点是否有数据要发送它。在 ZigBee 网络中,协调点负责缓存要发送给正在睡眠的节点的数据包。

5.4　Wi-Fi 技术

5.4.1　Wi-Fi 技术的概述

Wi-Fi 是一种可以将个人电脑、手持设备(如 PDA、手机)等终端以无线方式互相连接的技术，是 IEEE 802.11b 的别称，是由无线以太网相容联盟(Wireless Ethernet Compatibility Alliance，WECA)所发布的业界术语。现在 IEEE 802.11 标准统称为 Wi-Fi，用于访问电子邮件、Web 和流式媒体。也可提供无线的宽带互联网访问。Wi-Fi 无线网络是由 AP(Access Point)和无线网卡组成的无线网络。在开放性区域，通信距离可达 305m；在封闭性区域，通信距离为 76～122m，方便与现有有线以太网络整合，组网成本更低。

Wi-Fi 优点如下。

1. 无线电波的覆盖范围广

Wi-Fi 的半径可达 100m，适合办公室及单位楼层内部使用。

2. 速度快，可靠性高

IEEE 802.11b 无线网络规范是 IEEE 802.11 网络规范的变种，最高带宽为 11 Mbps。在信号较弱或有干扰的情况下，带宽可调整为 6.5Mbps、2Mbps 和 1Mbps。带宽的自动调整，有效地保障了网络的稳定性和可靠性。

3. 无须布线

WiFi 最主要的优势在于不需要布线，不受布线条件的限制，因此非常适合移动办公用户的需要，具有广阔的市场前景。

4. 健康安全

IEEE 802.11 规定的发射功率不可超过 100mW，实际发射功率 60～70mW，手机的发射功率为 200mW～1W，手持式对讲机高达 5W，而且无线网络使用方式并非像手机那样直接接触人体，是绝对安全的。

随着 3G 时代的来临，越来越多的电信运营商将目光投向 Wi-Fi 技术。Wi-Fi 覆盖小，带宽高；3G 覆盖大，带宽低，两种技术有着相互对立的优缺点，取长补短，相得益彰。Wi-Fi 技术低成本、无线、高速的特征非常符合 3G 时代的应用要求。

5.4.2　Wi-Fi 网络结构和原理

Wi-Fi 网络是基于 IEEE 802.11 定义的一个无线网络通信的工业标准。利用这些标准来组成网络并进行数据传输的局域网，由于支持无线上网，只要移动终端具有这种功能就可无线上网。

1. Wi-Fi 网络架构

Wi-Fi 网络架构如图 5.7 所示，主要包括如下六个部分。

(1) 站点(Station)：网络最基本的组成部分。

图 5.7　Wi-Fi 网络架构

（2）基本服务单元（Basic Service Set，BSS）：网络最基本的服务单元。最简单的服务单元可以只由两个站点组成。站点可以动态地连接到基本服务单元中。

（3）分配系统（Distribution System，DS）：用于连接不同的基本服务单元。分配系统使用的媒介（Medium）逻辑上和基本服务单元使用的媒介是截然分开的，尽管它们在物理上可能是同一个媒介，例如同一个无线频段。

（4）接入点（Access Point，AP）：既有普通站点的身份，又有接入分配系统的功能。

（5）扩展服务单元（Extended Service Set，ESS）：由分配系统和基本服务单元组合而成。这种组合是逻辑上的，并非物理上的——不同的基本服务单元有可能在地理位置上相去甚远。分配系统也可以使用各种各样的技术。

（6）关口（Portal）：也是一个逻辑成分，用于将无线局域网和有线局域网或其他网络联系起来。

网络中有三种媒介：站点使用的无线媒介、分配系统使用的媒介以及和无线局域网集成在一起的其他局域网使用的媒介。物理上，它们可能互相重叠。IEEE 802.11 只负责在站点使用的无线媒介上的寻址（Addressing）。分配系统和其他局域网的寻址不属无线局域网的范围。

IEEE 802.11 没有具体定义分配系统，只是定义了分配系统应该提供的服务（Service）。整个无线局域网定义了 9 种服务，其中有 5 种服务属于分配系统的任务，分别是连接（Association）、结束连接（Dissociation）、分配（Distribution）、集成（Integration）、再连接（Reassociation）；4 种服务属于站点的任务，分别为鉴权（Authentication）、结束鉴权（Deauthentication）、隐私（Privacy）、MAC 数据传输（MSDU delivery）。

2. Wi-Fi 网络工作原理

Wi-Fi 的设置至少需要一个 Access Point（AP）和一个或一个以上的客户。AP 每 100ms 将 SSID（Service Set Identifier）经由 Beacons（信号台）封包广播一次，Beacons 封包的传输速率是 1Mbps，并且长度相当短，所以这个广播动作对网络效能的影响不大。因为 Wi-Fi 规定的最低传输速率是 1Mbps，所以确保所有的 Wi-Fi 客户端都能收到这个 SSID 广播封包，客户可以借此决定是否要和该 SSID 的 AP 连线。使用者可以设定要连线到哪一个 SSID。Wi-Fi 总是对客户端开放其连接标准，并支持漫游。但也意味着，一个无线适配器有可能在性能上优于其他适配器。由于它是通过空气传送信号,所以和非交换以太网有相同的特点。

3. Wi-Fi 网络的使用

架设无线网络的基本配备就是无线网卡及一台 AP,如此便能以无线的模式,配合既有的有线架构来分享网络资源。其架设费用和复杂程度远远低于传统的有线网络。如果只是几台电脑的对等网,也可不要 AP,只需要每台电脑配备无线网卡。AP 为 Access Point 简称,一般翻译为"无线访问节点"或"桥接器"。它主要在介质访问控制层 MAC 中扮演无线工作站及有线局域网络的桥梁。有了 AP,就像一般有线网络的 Hub 一般,无线工作站可以快速且轻易地与网络相连。特别是对于宽带的使用,Wi-Fi 更显优势,有线宽带网络(ADSL、小区 LAN 等)到户后,连接到一个 AP,然后在计算机中安装一块无线网卡即可。普通的家庭有一个 AP 已经足够,甚至用户的邻里得到授权后,无需增加端口,也能以共享的方式上网。

5.5　无线局域网

5.5.1　IEEE 802.11 协议简述

无线局域网(Wireless Local Area Networks,WLAN)是计算机网络技术与无线通信技术结合的产物,是在有线局域网的基础上发展起来的。与有线局域网相比,无线局域网采用的是无线链路(Cable-free link)构成网络,广泛应用于办公自动化、工业自动化和银行等金融系统,具有很大的发展潜力。

1. 无线局域网的主要特征

无线局域网的出现弥补了有线网络的不足,较之有线网络,它具有安装的灵活性、网络的伸缩性、网络的移动性等优势。

(1) 网络拓扑结构

WLAN 拓扑结构分为有中心(Hub-Based)和无中心(Peer to Peer)局域网两类。在有中心结构的网络拓扑中,设有一个无线节点充当基站,所有节点访问均由其控制。每个节点只要在中心站覆盖范围之内,就可与其他节点通信,并且中心节点为访问有线主干网提供了一个逻辑节点,这与蜂窝式移动通信的方式非常相似。这种结构的缺点是抗毁性差,中心节点的故障容易导致整个网络瘫痪。对于无中心结构的网络,要求其中任意节点均可与其他节点通信,所以又称自组织网络(Ad Hoc)。由于无中心节点控制网络的接入,各节点都具有路由器功能,又都可以竞争共用信道,为此,大多数无中心结构的WLAN 都要采用 CSMA 类型的 MAC 协议。

(2) 传输介质及传输方式

WLAN 的传输介质有两种,即无线电波和红外线,前者使用居多。红外线局域网有较强的方向性,适于近距离通信。采用无线电波作为媒体的局域网,覆盖范围大,而且这种局域网多采用扩频技术,发射功率比自然背景的噪声低,有效地避免了信号的偷听和窃取,使通信非常安全,具有很高的实用性。无线局域网采用微波传输,使用的频段有三个:

L 频段、S 频段、C 频段。目前大多数产品使用 S 频段(2.4~2.4835GHz),在这些波段内的 WLAN 产品大多数采用扩频调制方式,主要有 DS 和 FH 两种。

2. 无线局域网标准

WLAN 近年来的迅速发展受到了一系列标准协议制定的促进,这些协议中影响最大的是 IEEE 802.11 系列标准。在此主要介绍无线局域网的这种标准。

(1) IEEE 802.11 标准

IEEE 802.11 在物理层定义了数据传输的信号特征和调制方法,定义了两个无线电射频(RF)传输方法和一个红外线传输方法。RF 传输标准包括直接序列扩频技术和跳频扩频技术。直接序列扩频技术采用二进制相移键控(BPSK)技术,以 1Mbps 的速率发射。如果使用正交相移键控(QPSK)技术,发射速率可以达到 2Mbps。跳频扩频技术利用 GFSK 二级或四级调制方式,可以达到 2Mbps 的工作速率。

(2) IEEE 802.11b 标准

为了支持更高的数据传输速率和更健全的连接性,IEEE 于 1999 年 9 月批准了 IEEE 802.11b 标准。IEEE 802.11b 标准对 IEEE 802.11 标准进行了修改和补充,其中最重要的改进就是在 IEEE 802.11 的基础上增加了两种更高的通信速率 5.5Mbps 和 11Mbps。

由于现行的以太网技术可以实现不同速率以太网络之间的兼容,因此有了 IEEE 802.11b 标准之后,移动用户将得到以太网级的网络性能、速率和可用性,管理者也可以无缝地将多种 LAN 技术集成起来,形成一种能够最大限度地满足用户需求的网络。

5.5.2　几种无线通信标准比较

目前,无线局域网仍处于众多标准共存时期。在美国和欧洲,形成了几个互不相让的高速无线标准:美国 IEEE 创建的高速无线标准 802.11(包括 802.11a 和 802.11b),HomeRF 标准和 Bluetooth。802.11b 标准的最高数据传输速率能达到 11Mbps,规定采用 2.4GHz 频带,这个标准目前在北美非常流行。另外一种高速无线标准是 802.11a,其数据传输速率为 54Mbps,规定采用 2.4GHz 频带,比当前的 802.11b 技术快近 5 倍。

表 5.1 所示为这几种标准的比较。

表 5.1　几种无线通信标准的比较

标准	802.11b	HomeRF	Bluetooth
传输速度	11Mbps	1Mbps、2Mbps、10Mbps	30~400Kbps
应用范围	办公区和校园局域网	家庭办公室,私人住宅和庭院的网络	
终端类型	笔记本电脑、桌面 PC、掌上电脑和因特网网关	笔记本电脑、桌面 PC、Modem、电话、移动设备和因特网网关	笔记本电脑、蜂窝式电话、掌上电脑、寻呼机和轿车
接入方式	接入方式多样化	点对点或每节点多种设备的接入	
覆盖范围/m	15.240~91.440	45.720	9.144
传输协议	直接顺次发射频谱	跳频发射频谱	窄带发射频谱

5.5.3　无线局域网的组成及工作原理

无线局域网类似有线局域网,设备相应的有无线网卡、无线接入点(AP)、无线网桥

(Bridge)、无线网关(Gateway)和无线路由器等。下面仅介绍无线网卡和无线接入点的组成原理。

1. 无线网卡

无线网卡是在无线局域网的覆盖下,通过无线连接网络上网所使用的无线终端设备。无线网卡一般由网络接口控制器(NIC)、扩频调制及解扩解调单元,以及微波收发信机单元等三部分组成,如图 5.8 所示。其中,NIC 为网络接口控制单元;BBP 是基带处理单元;IF 是中频调制解调器;RF 是射频单元。

图 5.8　无线局域网网卡的组成

NIC 可以实现 IEEE 802.11 协议规范的 MAC 层功能,主要负责接入控制,在移动主机有数据要发送时,NIC 负责接收主机发送的数据,并按照一定的格式封装成帧,然后根据多址接入协议(在 WLAN 中为 IEEE 802.11 协议)把数据帧发送到信道中去。当接收数据时,NIC 根据接收帧中的目的地址,判别是否是发往本机的数据。如果是,则接收该帧信息,并进行 CRC 校验。为了实现上述功能,NIC 还需要完成发送和接收缓存的管理,通过计算机总线进行 DMA 操作和 I/O 操作,与计算机交换数据。

后面三个单元组成一个通信机,用来实现物理层功能,并与 NIC 进行必要的信息交换。由于宽带无线 IP 网络中的通信业务具有宽带、突发的特点,因此对通信机提出了更高的要求。BBP 在发送数据时对数据进行调制,IF 处理器把基带数据调制到中频载波,再由 RF 单元进行上变频,把中频信号变换到射频上发射。在接收数据时,先由 RF 单元把射频信号变换到中频,然后由 IF 进行中频处理,得到基带接收信号。BBP 对基带信号进行解调处理,恢复位定时信息,把最后获得的数据交给 NIC 处理。

无线网卡的软件主要包括基于 MAC 控制芯片的固件和主机操作系统下的驱动程序。固件是网卡上最基本的控制系统,主要基于 MAC 芯片来实现对整个网卡的控制和管理。在固件中完成了最底层、最复杂的传输/发送模块功能,并向下提供与物理层的接口,向上提供一个程序开发接口,为程序开发人员开发附加的移动主机应用功能提供支持。

2. 无线接入点(AP)

无线接入点作为移动终端与有线网络通信的接入点,其主要任务是协调多个移动终端对无线信道的访问,所以其功能主要对应于 OSI 模型中的 MAC 层。和有线以太网中的 Hub 类似,AP 实现无线网络的帧格式(IEEE 802.11 帧)与有线网络的帧格式(IEEE 802.3 帧)之间的转换;负责本 CELL 内的管理,包括终端的登录、认证、散步和漫游的管理;具有简单网管功能,做到操作透明和性能透明。

图 5.9　AP 组成图

从逻辑上讲,AP 由无线收发部分、有线收发部分、管理与软件部分及天线组成,如图 5.9 所示。

AP 上有两个端口,一个是无线端口,所连接的是无线小区中的移动终端;另一个是有线端口,连接的是有线网络。在 AP 的无线端口,接收无线信道上的帧,经过格式转换后成为有线网格式的帧结构,再转发到有线网络上;同样,AP 把从有线端口上接收到的帧,转换成无线信道上的帧格式转发到无线端口上。AP 在对帧处理过程中,可以相应地完成对帧的过滤及加密工作,从而保证无线信道上数据的安全性。

3. 无线网络的组建

无线局域网可以简单,也可以复杂。最简单的网络可以只要两个装有无线适配卡(Wireless Adapter Card)的 PC,放在有效距离内,这就是所谓的对等网络。这类简单网络无需经过特殊组合或专人管理,任何两个移动式 PC 之间不需中央服务器(Central Server)就可以相互对通,如图 5.10 所示。

无线网络访问点 AP 可增大 Ad Hoc 网络移动式 PC 之间的有效距离到原来的两倍。因为访问点连接在有线网络上,每一个移动式 PC 都可经服务器与其他移动式 PC 实现网络的互联互通,每个访问点可容纳许多 PC,视其数据的传输实际要求而定,一个访问点容量可达 15～63 个 PC。通过无线网络接入点连接如图 5.11 所示。

图 5.10　对等方式无线网络

图 5.11　通过无线网络接入点连接

无线网络交换机和 PC 之间有一定的有效距离,在室内约为 150m,户外约为 300m。在大的场所,例如仓库中或在学校中,可能需要多个访问点,网桥的位置需要事先考察决定,使有效范围覆盖全场并互相重叠,使每个用户都不会和网络失去联络。用户可以在一群访问点覆盖的范围内漫游(Roam)。访问点把用户在不知不觉中从一个访问点的覆盖范围转移到另一个访问点的覆盖范围,确保通信不会中断。

为了解决覆盖问题,在设计网络时,可用接力器(Extension Point,EP)来增大网络的转接范围。接力器看起来和功能上都像是访问点,但接力器不接在有线网络上。接力器,望文生义,其作用就是把信号从一个 AP 传递到另一个 AP 或 EP,来延伸无线网络的覆盖范围。EP 可串在一起,将信号从一个 AP 传递到遥远的地方。

若要将在第一栋楼内无线网络的范围扩展到一千米甚至数千米以外的第二栋楼,其中的一个方法是在每栋楼上安装一个定向天线,天线的方向互相对准,第一栋楼的天线经过网桥连到有线网络上,第二栋楼的天线接在第二栋楼的网桥上。如此,无线网络就可接通相距较远的两个或多个建筑物。通过定向天线构建无线网桥如图 5.12 所示。

图 5.12　通过定向天线构建无线网桥

5.6　无线自组织网络技术

5.6.1　Ad Hoc 网络的基本概念

Ad Hoc 网络是一种没有有线基础设施支持的移动网络,网络中的节点均由移动主机构成。Ad Hoc 网络最初应用于军事领域,它的研究起源于战场环境下分组无线网数据通信项目,该项目由 DARPA 资助,其后在 1983 年和 1994 年进行了抗毁可适应网络 SURAN(Survivable Adaptive Network)和全球移动信息系统 GloMo(Global Information System)项目的研究。由于无线通信和终端技术的不断发展,Ad Hoc 网络在民用环境下也得到了发展,如需要在没有有线基础设施的地区进行临时通信时,可以很方便地通过搭建 Ad Hoc 网络实现。

在 Ad Hoc 网络中,当两个移动主机在彼此的通信覆盖范围内时,它们可以直接通信。但是由于移动主机的通信覆盖范围有限,如果两个相距较远的主机要通信,需要通过它们之间的移动主机的转发才能实现。因此在 Ad Hoc 网络中,主机同时还是路由器,担负着寻找路由和转发报文的工作。在 Ad Hoc 网络中,每个主机的通信范围有限,因此路由一般都由多跳组成,数据通过多个主机的转发才能到达目的地。因此,Ad Hoc 网络也称为多跳无线网络,其结构如图 5.13 所示。

图 5.13　Ad Hoc 网络结构

　　Ad Hoc 网络可以看作是移动通信和计算机网络的交叉。在 Ad Hoc 网络中,使用计算机网络的分组交换机制,而不是电路交换机制。通信的主机一般是便携式计算机、个人数字助理(PDA)等移动终端设备。Ad Hoc 网络不同于目前因特网环境中的移动 IP 网络;在移动 IP 网络中,移动主机可以通过固定有线网络、无线链路和拨号线路等方式接入网络;而在 Ad Hoc 网络中,只存在无线链路一种连接方式。移动 IP 网络中,移动主机通过相邻的基站等有线设施的支持才能通信,在基站和基站(代理和代理)之间均为有线网络,仍然使用因特网的传统路由协议;而 Ad Hoc 网络没有这些设施的支持。此外,在移动 IP 网络中,移动主机不具备路由功能,只是一个普通的通信终端。当移动主机从一个区移动到另一个区时,并不改变网络拓扑结构;而 Ad Hoc 网络中,移动主机的移动将导致拓扑结构改变。

　　Ad Hoc 网络作为一种新的组网方式,具有以下特点。

　　(1) 网络的独立性。Ad Hoc 网络相对常规通信网络而言,最大的区别就是可以在任何时刻、任何地点不需要硬件基础网络设施的支持,快速构建起一个移动通信网络。它的建立不依赖于现有的网络通信设施,具有一定的独立性。Ad Hoc 网络的这种特点很适合灾难救助、偏远地区通信等应用。

　　(2) 动态变化的网络拓扑结构。在 Ad Hoc 网络中,移动主机可以在网中随意移动。主机的移动会导致主机之间的链路增加或消失,主机之间的关系不断发生变化。在自组网中,主机可能同时还是路由器,因此,移动会使网络拓扑结构不断发生变化,而且变化的方式和速度都是不可预测的。对于常规网络而言,网络拓扑结构相对较稳定。

　　(3) 有限的无线通信带宽。在 Ad Hoc 网络中没有有线基础设施的支持,因此,主机之间的通信均通过无线传输来完成。由于无线信道本身的物理特性,它提供的网络带宽相对有线信道要低得多。除此以外,考虑到竞争共享无线信道产生的碰撞、信号衰减、噪声干扰等多种因素,移动终端可得到的实际带宽远远小于理论中的最大带宽值。

　　(4) 有限的主机能源。在 Ad Hoc 网络中,主机均是一些移动设备,如 PDA、便携计算机或掌上电脑。由于主机可能处在不停的移动状态下,主机的能源主要由电池提供,因此 Ad Hoc 网络有能源有限的特点。

　　(5) 网络的分布式特性。在 Ad Hoc 网络中没有中心控制节点,主机通过分布式协议互联。一旦网络的某个或某些节点发生故障,其余节点仍然能够正常工作。

　　(6) 生存周期短。Ad Hoc 网络主要用于临时的通信需求,相对于有线网络,它的生存时间一般比较短。

　　(7) 有限的物理安全。移动网络通常比固定网络更容易受到物理安全攻击,易于遭受窃听、欺骗和拒绝服务等攻击。现有的链路安全技术有些已应用于无线网络中,以减少安全攻击。不过,Ad Hoc 网络的分布式特性相对于集中式的网络具有一定的抗毁性。

5.6.2　Ad Hoc 网络的体系结构

　　Ad Hoc 网络中的节点不仅要具备普通移动终端的功能,还要具有报文转发能力,即要具备路由器的功能。因此,就完成的功能而言,可以将节点分为主机、路由器和电台三部分。其中,主机部分完成普通移动终端的功能,包括人机接口、数据处理等应用软件;

路由器部分主要负责维护网络的拓扑结构和路由信息，完成报文的转发功能；电台部分为信息传输提供无线信道支持。从物理结构上，可以分为以下几类：单主机单电台、单主机多电台、多主机单电台和多主机多电台。手持机一般采用单主机单电台的简单结构。作为复杂的车载台，一个节点可能包括通信车内的多个主机。多电台不仅用来构建叠加的网络，还可用作网关节点来互联多个 Ad Hoc 网络。

1. Ad Hoc 网络结构

Ad Hoc 网络一般有两种结构：完全分布式结构和分层分布式结构。

（1）完全分布式结构：也称为平面结构、对等式结构。其结构简单，所有节点在网络控制、路由选择和流量管理上都是平等的，健壮性高；但存在用以管理和控制的开销太大，难以扩充等缺陷。它通常用于中、小型 Ad Hoc 网络。

（2）分层分布式结构：也称为分级结构。在分级结构中，网络被划分为簇。即将整个 Ad Hoc 网络分为若干个簇（cluster），每个簇由一个簇头和多个簇成员组成。这些簇头形成了高一级的网络。在高一级网络中，又可以分簇，再次形成更高一级的网络，直至最高级。在分级结构中，簇头节点负责簇间数据的转发。簇头可以预先指定，也可以由节点使用算法自动选举产生。分级结构的网络又可以被分为单频率分级和多频率分级两种。在单频率分级网络中，所有节点使用同一个频率通信。为了实现簇头之间的通信，要有网关节点（同时属于两个簇的节点）的支持。而在多频率分组网络中，不同级采用不同的通信频率。低级节点的通信范围较小，高级节点要覆盖较大的范围。高级的节点同时处于多个级中，有多个频率，用不同的频率实现不同级的通信。在两级网络中，簇头节点有两个频率。频率 1 用于簇头与簇成员的通信，频率 2 用于簇头之间的通信。分级网络的每个节点都可以成为簇头，所以需要适当的簇头选举算法，算法要能根据网络拓扑的变化重新分簇。平面结构的网络比较简单，网络中的所有节点是完全对等的，原则上不存在瓶颈，所以比较健壮。它的缺点是可扩充性差：每一个节点都需要知道到达其他所有节点的路由。维护这些动态变化的路由信息需要大量的控制消息。在分级结构的网络中，簇成员的功能比较简单，不需要维护复杂的路由信息。这大大减少了网络中路由控制信息的数量，因此具有很好的可扩充性。由于簇头节点可以随时选举产生，分级结构具有很强的抗毁性。分级结构的缺点是：维护分级结构需要节点执行簇头选举算法，簇头节点可能会成为网络的瓶颈。因此，当网络规模较小时，可以采用简单的平面式结构；而当网络的规模增大时，应用分级结构。美军在其战术互联网中使用近期数字电台（NTDR，Near Term Digital Radio）组网时，采用的就是双频分级结构。

2. Ad Hoc 网络体系

和普通网络不同的是，Ad Hoc 网络中链路的带宽和主机的能源都比较紧缺，而主机的处理能力和存储空间相对比较充足。因此，应该尽量通过增加协议栈各层间的垂直交互来减少协议栈对等实体间的水平方向通信。

（1）分层体系结构

① 物理层：负责频率的选择，无线信号检测，调制解调，信道加/解密，信号发送和接收，以及确定采用何种无线扩频技术（包括直接序列扩频、跳频扩频等）等工作。

② 数据链路层：可以细分为媒体访问控制层（MAC，控制节点对共享无线信道的访问机制，如 CDMA、轮询机制等）和逻辑链路控制层（LLC，负责数据流的复用、数据帧检测、分组确认、优先级排队、差错控制和流量控制等）两个子层。

③ 网络层：主要功能是完成网络路由表的生成、维护，以及数据报文的转发等。

④ 传输层：用于向应用层提供可靠的端到端服务，使上层与通信子网（最底三层）的细节相隔离，并根据网络层的特性来高效地利用网络资源。

⑤ 应用层：用于提供面向用户的各种应用服务。

（2）跨层设计方法

除了以上仿照 ISO/OSI 七层协议栈模型和 TCP/IP 五层体系结构对 Ad Hoc 网络进行分层体系设计外，为了高效地利用网络带宽和降低能耗，通常要求通信协议能适应不同的信道条件，充分利用动态变化的信道条件来提高各种应用的服务质量。考虑到网络灵活性、性能等之间的矛盾，要求 Ad Hoc 协议栈尽量利用各层之间的相关性（主要包括各层的自适应性、通用系统约束和应用要求等），使其尽量集中到一个综合的分级框架中。跨层设计要求每层根据自身所需要提供的服务，以及其他层反馈的信息等做出合理的反应，以达到自适应的要求。在目前的研究中，跨层设计成为最主要的设计方案。

3. 分簇机制

对 Ad Hoc 网络进行分簇处理，主要的参照因素包括节点度数、移动性、发射功率、能耗、地理位置、簇头负载，以及簇的稳定度和尺寸等。对分簇算法的评价主要有簇头数、网关数、节点重新加入簇的频率、簇头重新选举的频率、节点充当簇头的公平性指数（HFI）和网络负载平衡因子（LBF，定义为簇内成员节点数方差的倒数，越小，平衡性越好）等指标。

（1）自适应按需加权分簇算法（AOW）综合考虑节点的度数、移动性、发射功率和能耗四个因素，并根据实际应用确定各因子的权重，基本算法如下（假设在分簇算法执行的过程中，网络拓扑不会发生变化）：

① 初始时，各节点通过交换探测信息，获取自身的度数 d_n，并计算度数与理想度数（预先给定）之差 $D_n = |d_n - \text{Dideal}|$。

② 各节点计算其到邻居的距离之和 P_n。

③ 各节点用自身的平均移动速度来表示移动性 M_n。

④ 各节点用自身已经作为簇头出现的时间 T_n 来表示已消耗的能量（假设初始时，各节点能量相等，且簇头的能耗大于普通节点）。

⑤ 各节点计算自身组合权重 $I_n = a \times D_n + b \times P_n + c \times M_n + d \times T_n$。其中，$a$、$b$、$c$、$d$ 为各因子的权重。

⑥ 节点在邻居间交换各自的权重，并且选举权重最小的节点成为簇头（如果权重相等，则选举 ID 最小的为簇头）。其余节点成为该簇的普通节点，并根据分簇策略决定是否继续参与分簇过程（实现交叠簇与非交叠簇）。

（2）簇的维护：对于普通节点的移动，只需简单地改变其所属的簇，或形成一个新簇即可；对于簇头的移动，可能会导致整个网络重新进行一次分簇算法。

5.6.3 Ad Hoc 网络的应用

Ad Hoc 网络的应用范围很广,总体上来说,它用于以下场合。

(1) 没有有线通信设施的地方,如没有建立硬件通信设施或有线通信设施遭受破坏。

(2) 需要分布式特性的网络通信环境。

(3) 现有有线通信设施不足,需要临时快速建立一个通信网络的环境。

(4) 作为生存性较强的后备网络。

Ad Hoc 网络技术的研究最初是为了满足军事应用的需要,军队通信系统需要具有抗毁性、自组性和机动性。在战争中,通信系统很容易受到敌方的攻击,因此,需要通信系统能够抵御一定程度的攻击。若采用集中式的通信系统,一旦通信中心受到破坏,将导致整个系统瘫痪。分布式的系统可以保证部分通信节点或链路断开时,其余部分还能继续工作。在战争中,战场很难保证有可靠的有线通信设施,因此,通过通信节点自己组合,组成一个通信系统是非常有必要的。此外,机动性是部队战斗力的重要部分,这要求通信系统能够根据战事需求快速组建和拆除。

练习题

一、单选题

1. 下列物联网相关标准中(　　)是由中国提出的。

    A. IEEE 802.15.4a   B. IEEE 802.15.4b

    C. IEEE 802.15.4c   D. IEEE 802.15.4n

2. ZigBee(　　):无需人工干预,网络节点能够感知其他节点的存在,并确定连接关系,组成结构化的网络。

    A. 自愈功能   B. 自组织功能

    C. 碰撞避免机制   D. 数据传输机制

3. 下列(　　)不属于无线通信技术。

    A. 数字化技术   B. 点对点的通信技术

    C. 多媒体技术   D. 频率复用技术

4. 蓝牙的技术标准为(　　)。

    A. IEEE 802.15   B. IEEE 802.2

    C. IEEE 802.3   D. IEEE 802.16

5. 下列(　　)不属于 3G 网络的技术体制。

    A. WCDMA   B. CDMA2000

    C. TD-SCDMA   D. IP

6. ZigBee(　　):增加或者删除一个节点,节点位置发生变动,节点发生故障等,网络都能够自我修复,并对网络拓扑结构进行相应的调整,无需人工干预,保证整个系统仍然能正常工作。

    A. 自愈功能   B. 自组织功能

C. 碰撞避免机制　　　　　　　　　　　　　D. 数据传输机制

7. ZigBee 采用了 CSMA-CA（　　），同时为需要固定带宽的通信业务预留了专用时隙,避免了发送数据时的竞争和冲突;明晰信道检测。

A. 自愈功能　　　　　　　　　　　　　　　　B. 自组织功能

C. 碰撞避免机制　　　　　　　　　　　　　D. 数据传输机制

8. 通过无线网络与互联网的融合,将物体的信息实时、准确地传递给用户,指的是（　　）。

A. 可靠传递　　　　　B. 全面感知　　　　　C. 智能处理　　　　　D. 互联网

9. ZigBee 网络设备（　　）,只能传送信息给 FFD,或从 FFD 接收信息。

A. 网络协调器　　　　　　　　　　　　　　B. 全功能设备(FFD)

C. 精简功能设备(RFD)　　　　　　　　　　D. 交换机

10. ZigBee 堆栈是在（　　）标准基础上建立的。

A. IEEE 802.15.4　　　　　　　　　　　　B. IEEE 802.11.4

C. IEEE 802.12.4　　　　　　　　　　　　D. IEEE 802.13.4

11. ZigBee（　　）是协议的最底层,承付着和外界直接作用的任务。

A. 物理层　　　　　　　　　　　　　　　　B. MAC 层

C. 网络/安全层　　　　　　　　　　　　　D. 支持/应用层

12. ZigBee（　　）负责设备间无线数据链路的建立、维护和结束。

A. 物理层　　　　　　　　　　　　　　　　B. MAC 层

C. 网络/安全层　　　　　　　　　　　　　D. 支持/应用层

13. ZigBee（　　）建立新网络,保证数据的传输。

A. 物理层　　　　　　　　　　　　　　　　B. MAC 层

C. 网络/安全层　　　　　　　　　　　　　D. 支持/应用层

14. ZigBee（　　）根据服务和需求,使多个器件之间通信。

A. 物理层　　　　　　　　　　　　　　　　B. MAC 层

C. 网络/安全层　　　　　　　　　　　　　D. 支持/应用层

15. ZigBee 的频带为（　　）,传输速率为 20Kbps 适用于欧洲。

A. 868MHz　　　　B. 915MHz　　　　C. 2.4GHz　　　　D. 2.5GHz

16. ZigBee 的频带为（　　）,传输速率为 40Kbps,适用于美国。

A. 868MHz　　　　B. 915MHz　　　　C. 2.4GHz　　　　D. 2.5GHz

17. ZigBee 的频带为（　　）,传输速率为 250Kbps,全球通用。

A. 868MHz　　　　B. 915MHz　　　　C. 2.4GHz　　　　D. 2.5GHz

18. ZigBee 网络设备（　　）发送网络信标,建立一个网络,管理网络节点,存储网络节点信息,寻找一对节点间的路由消息并不断地接收信息。

A. 网络协调器　　　　　　　　　　　　　　B. 全功能设备(FFD)

C. 精简功能设备(RFD)　　　　　　　　　　D. 路由器

19. ZigBee Alliance 成立的时间是（　　）。

A. 2002 年　　　　　B. 2003 年　　　　　C. 2004 年　　　　　D. 2005 年

20. MAC 层采用了完全确认的(　　　),每个发送的数据包都必须等待接收方的确认信息。

    A. 自愈功能　　　　　　　　　　B. 自组织功能
    C. 碰撞避免机制　　　　　　　　D. 数据传输机制

二、判断题

1. ZigBee 是 IEEE 802.15.4 协议的代名词。ZigBee 就是一种便宜的、低功耗的近距离无线组网通信技术。　　　　　　　　　　　　　　　　　　　　　　　(　　　)

2. 物联网、泛在网、传感网等概念基本没有交集。　　　　　　　　　　(　　　)

3. RFID 技术、传感器技术和嵌入式智能技术、纳米技术是物联网的基础性技术。
　　　　　　　　　　　　　　　　　　　　　　　　　　　　　　　　　(　　　)

4. 2009 年 8 月 7 日,温家宝考察中科院无锡高新微纳传感网工程技术研发中心,强调"在传感网发展中,要早一点谋划未来,早一点攻破核心技术,把传感系统和 3G 中的 TD 技术结合起来"。　　　　　　　　　　　　　　　　　　　　　　　(　　　)

5. 2010 年 1 月,传感(物联)网技术产业联盟在无锡成立。　　　　　　　(　　　)

6. 感知延伸层技术是保证物联网络感知和获取物理世界信息的首要环节,并将现有网络接入能力向物进行延伸。　　　　　　　　　　　　　　　　　　　　　(　　　)

7. 传感器不是感知延伸层获取数据的一种设备。　　　　　　　　　　　(　　　)

8. RFID 是一种接触式的自动识别技术,它通过射频信号自动识别目标对象并获取相关数据。　　　　　　　　　　　　　　　　　　　　　　　　　　　　　　(　　　)

9. 无线传输用于补充和延伸接入网络,使得网络能够把各种物体接入网络,主要包括各种短距离无线通信技术。　　　　　　　　　　　　　　　　　　　　　(　　　)

10. IEEE 802.15.4 是一种经济、高效、低数据速率(<250Kbps)、工作在 2.4GHz 和 868/928MHz 的无线技术,用于个人区域网和对等网络。　　　　　　　　　(　　　)

11. 蓝牙是一种支持设备短距离通信(一般 10m 内)的无线电技术,能在包括移动电话、PDA、无线耳机、笔记本电脑、相关外设等众多设备之间进行无线信息交换。(　　　)

12. 传感器网络是由各种传感器和传感器节点组成的网络。　　　　　　(　　　)

13. RFID 是物联网的灵魂。　　　　　　　　　　　　　　　　　　　　(　　　)

14. WSN、OSN、BSN 等技术是物联网的末端神经系统,主要解决"最后 100 米"连接问题,传感网末端一般是指比 M2M 末端更小的微型传感系统。　　　　　　(　　　)

15. 无线传感网(物联网)由传感器、感知对象和观察者三个要素构成。　(　　　)

16. 传感器网络通常包括传感器节点、汇聚节点和管理节点。　　　　　(　　　)

17. 中科院早在 1999 年就启动了传感网的研发和标准制定,与其他国家相比,我国的技术研发水平处于世界前列,具有同等优势和重大影响力。　　　　　　　(　　　)

18. 低成本是传感器节点的基本要求。只有低成本,才能大量地布置在目标区域中,表现出传感网的各种优点。　　　　　　　　　　　　　　　　　　　　　(　　　)

19. 物联网和传感网是一样的。　　　　　　　　　　　　　　　　　　(　　　)

20. 传感器网络规模控制起来非常容易。　　　　　　　　　　　　　　(　　　)

21. 物联网的单个节点可以做得很大,这样就可以感知更多的信息。　　(　　　)

22. 传感器不是感知延伸层获取数据的一种设备。   （   ）

三、简答题

1. 无线网与物联网有何区别？

2. 蓝牙核心协议有哪些？蓝牙网关的主要功能是什么？

3. WLAN 无线网技术的安全性定义了哪几级？

第 **6** 章

无线传感器网络开发环境的构建及应用实践

本章要点

- TinyOS 操作系统开发环境的安装、配置与使用
- nesC 语言和 TinyOS 的组件
- 无线传感器网络实验平台及 TinyOS 操作系统在无线传感器网络的应用实践

6.1 无线传感器网络操作系统概述

在某种程度上,可以将传感器网络看作一种由大量微型、廉价、能量有限的多功能传感器节点组成的、可协同工作的,面向分布式自组织网络的计算机系统。因此,针对传感器网络应用的多样性、硬件功能有限、资源有限、节点微型化和分布式多协作等特点,研究和设计新的基于传感器网络的操作系统成为提高无线传感器网络性能的一个重要课题。当前,有些研究人员认为传感器网络的硬件很简单,没有必要设计一个专门的操作系统,可以直接在硬件上设计应用程序。这种观点在实际应用中会碰到很多问题。首先就是面向传感器网络的应用开发难度加大,应用开发人员不得不直接面对硬件进行编程,无法得到像传统操作系统那样提供的丰富服务;其次是软件的重用性差,程序员无法继承已有的软件成果,降低了开发效率,增加了开发成本。

另外,一些设计人员认为,可以直接使用现有的嵌入式操作系统,如 VxWorks、WinCE、Linux、QNX 等。这些系统中有基于微内核架构的嵌入式操作系统,如 VxWorks、QNX 等;也有基于单体内核架构的嵌入式操作系统,如 Linux 等。由于这些操作系统主要面向嵌入式领域相对复杂的应用,其功能也比较复杂。如它们可提供内存动态分配、虚拟内存实时性支持、文件系统支持等,但是系统代码尺寸相对较大。而传感器网络的硬件等资源极为有限,上述操作系统很难在无线传感器网络这样的硬件资源上高效运行。

随着无线传感器网络的深入发展,目前出现了多种适合于无线传感器网络应用的操作系统,如 TinyOS、MantisOS 和 SOS。本书只简单介绍 TinyOS 操作系统。

6.2　TinyOS 操作系统

TinyOS 是一个典型的无线传感器网络操作系统,能够很好地满足无线传感器网络操作的要求。TinyOS 是由加州大学伯克利分校开发出来的一个开源的嵌入式操作系统。它采用一种基于组件(component-Based)的开发方式,能够快速实现各种应用。TinyOS 的程序核心往往都很小(一般来说,核心代码和数据大概在 400B),这样能够突破传感器存储资源少的限制,让 TinyOS 有效运行在无线传感器网络上。它还提供一系列可重用的组件,可以简单、方便地编制程序,用来获取和处理传感器的数据,并通过无线电来传输信息。一个应用程序可以使用这些组件,方法是通过连接配置文件(Configuration)将各种组件连接(Wiring)起来,以完成它所需要的功能。系统采用事件驱动的工作模式——采用事件触发去唤醒传感器工作。

TinyOS 操作系统、库程序和应用服务程序均是用 nesC 语言编写的。TinyOS 的很多特性,如并发模型、组件结构等都是由 nesC 语言体现的。nesC 是一种开发组件式结构程序的语言,采用 C 语法风格的语言,其语法是对标准 C 语法的扩展。nesC 支持 TinyOS 的并发模型,也使得组织、命名和连接组件成为健壮的嵌入式网络系统的机制。

TinyOS 2.x 支持以下平台:eyesIFX、intelmote2、mica2、mica2dot、mlcaz、shimmer、telosb、tinynode。

TinyOS 集成开发 IDE 环境种类有:eclipse(集成开发环境)、TOSSIM(TinyOS simultor)、IAR Embedded Workbench、TI 公司提供的开发工具(支持 MCU 有 CC2420、MSP430、TMS470、C2000 等处理器)、ATMEL AVR Studio 集成开发环境和 AVR 单片机 C 语言编译器等。

6.2.1　TinyOS 2.x 在 Windows_Cygwin 平台下的安装

下面介绍 TinyOS 2.x 在 Windows_Cygwin 平台下的安装方法,具体步骤如下。

1. 安装 Java 1.6 JDK

从官方网站 http://java.sum.com 下载 JDK 1.6,也可从其他网址下载,网址为 http://www.java.net/download/jdk6/6u10/promoted/b32/binaries/jdk-6u10-rc2-bin-b32-windows-i586-p-12_sep_2008.exe。

下载完毕后,只须双击 jdk-6u10-rc2-bin-b32-windows-i586-p-12_sep_2008.exe 文件,便进入安装过程。安装过程相当简单,只须在安装对话框出现后单击"下一步"按钮,直至安装完毕。默认安装路径是 C:\Program Files\Java。

设置计算机的环境变量,右击"我的电脑",再依次选择"属性"→"高级"→"环境变量"→"系统变量"→"新建"。在出现的新建系统变量对话框中输入以下变量名和变量值。

变量名:CLASSPATH

变量值:.;C:\Program Files\Java\jdk1.6.0_10\bin;

　　　　C:\Program Files\Java\jdk1.6.0_10\lib\tools.jar

变量名:JAVA_HOME

变量值：C:\Program Files\Java\jdk1.6.0_10

编辑变量名：Path

变量值：%SystemRoot%\system32;%SystemRoot%;%SystemRoot%\System32\
　　　　Wbem;

　　　　C:\Program Files\ATI Technologies\ATI Control Panel;

　　　　C:\Program Files\Java\jdk1.6.0_10\bin;

　　　　C:\Program Files\Java\jdk1.6.0_10\jre\bin

可直接用上述 Path 的值替换覆盖原来的值。

设置完毕，可以编个 Java 小程序简单测试一下：打开"记事本"，输入小程序，并另存为 HelloWorld.java。程序代码如下：

```
public class HelloWorld {
    public static void main(String[] args) {
        System.out.println("Hello, World!");
    }
}
```

执行 cmd 命令，再执行以下命令：

```
javac HelloWorld.java
java HelloWorld
```

如果能正确输出"Hello，World!"，说明环境变量设置成功。

2. 安装 Cygwin

从 http://www.tinyos.net/tinyos-2.x/doc/html/install-tinyos.html 下载 Cygwin 及其他安装所需组件的压缩包 cygwin-1.2a.tgz。在 Windows 环境下直接用 winRAR 解压即可。然后，双击解压后产生的文件夹中的 setup.exe 文件，并选择想安装 Cygwin 所在的目录（这里假定 Cygwin 安装在 C:\Program Files\cygwin 文件夹下。如果不是，要将 C:\Program Files\cygwin 替换为 Cygwin 的安装目录）。下一步所选的即为解压后产生的文件夹，一般为默认的。

也可以到 Cygwin 的官方网站下载 Cygwin 的安装程序，网站地址是 http://www.cygwin.com/；或者直接使用下载链接来下载安装程序，下载链接是 http://www.cygwin.com/setup.exe。

下载完成后，运行 setup.exe 程序进入安装过程。

3. 安装本机编译器

运行桌面上的 Cygwin，在 Cygwin 下面生成 home/Administrator 文件夹。到官网上下载所有需要安装的 rpm 包，放在这个文件夹下面，可直接安装，不用考虑路径。

```
Atmel AVR Tools:
avr-binutils-2.17tinyos-3.cygwin.i386.rpm
avr-gcc-4.1.2-1.cygwin.i386.rpm
avr-libc-1.4.7-1.cygwin.i386.rpm
avarice-2.4-1.cygwin.i386.rpm
```

avr － insight － 6.3 － 1. cygwin. i386. rpm
avrdude － tinyos － 5.6cvs － 1. cygwin. i386. rpm
TI MSP430 Tools:
msp430tools － base － 0.1 － 20050607. cygwin. i386. rpm
msp430tools － python － tools － 1.0 － 1. cygwin. noarch. rpm
msp430tools － binutils － 2.16 － 20050607. cygwin. i386. rpm
msp430tools － gcc － 3.2.3 － 20050607. cygwin. i386. rpm
msp430tools － libc － 20080808 － 1. cygwin. i386. rpm
TinyOS － specific Tools:
nesc － 1.3.0 － 1. cygwin. i386. rpm
tinyos － deputy － 1.1 － 1. cygwin. i386. rpm
tinyos － tools － 1.3.0 － 1. cygwin. i386. rpm
TinyOS 2. x:
tinyos － 2.1.0 － 2. cygwin. noarch. rpm

全都下载完成后,在 Cygwin 下面运行以下命令进行安装。在输入命令时,文件名只要输入前几个字母,然后按 Tab 键,系统可以自动载入名字,如下面的第一个命令,只须输入"rpm -Uvh --force avr-b",然后按 Tab 键,该文件名就自动载入完毕。最后,按 Enter 键。

(1) 安装 Atmel AVR Tools。

rpm － Uvh －－ force avr － binutils － 2.17tinyos － 3. cygwin. i386. rpm
rpm － Uvh － force －－ nodeps avrdude － tinyos － 5.6cvs － 1. cygwin. i386. rpm
rpm － ivh －－ ignoreos avr － gcc － 4.1.2 － 1. cygwin. i386. rpm
rpm － ivh －－ ignoreos avr － libc － 1.4.7 － 1. cygwin. i386. rpm
rpm － ivh －－ ignoreos avarice － 2.4 － 1. cygwin. i386. rpm
rpm － ivh －－ ignoreos avr － insight － 6.3 － 1. cygwin. i386. rpm

(2) 安装 TinyOS-specific Tools。

注:官网上是先安装 TI MSP430 Tools,但一般比较难成功安装,所以先装 TinyOS-specific Tools。

rpm － Uvh －－ ignoreos nesc － 1.3.0 － 1. cygwin. i386. rpm
rpm － i －－ ignoreos tinyos － deputy － 1.1 － 1. cygwin. i386. rpm
rpm － Uvh tinyos － tools － 1.3.0 － 1. cygwin. i386. rpm

(3) 安装 TI MSP430 Tools。

rpm － ivh －－ ignoreos msp430tools － base － 0.1 － 20050607. cygwin. i386. rpm
rpm － ivh －－ ignoreos msp430tools － python － tools － 1.0 － 1. cygwin. noarch. rpm
rpm － ivh －－ ignoreos msp430tools － binutils － 2.16 － 20050607. cygwin. i386. rpm
rpm － ivh －－ ignoreos msp430tools － gcc － 3.2.3 － 20050607. cygwin. i386. rpm
rpm － ivh －－ ignoreos msp430tools － libc － 20080808 － 1. cygwin. i386. rpm

4. 安装 TinyOS 2. x

下载 tinyos-2.1.0-2. cygwin. noarch. rpm 包,可用下列命令安装:

rpm － ivh －－ ignoreos tinyos － 2.1.0 － 2. cygwin. noarch. rpm

　　在所有安装结束后,还需要进行环境变量的配置：找到/etc/profile.d,进入该文件夹后,需要新建一个名为 tinyos.sh 的文件。因为.sh 的文件并非普通文件,不能用记事本直接重命名,建议复制其目录下的某个.sh 文件,再修改名字,并将其中的内容用以下内容替代：

```
# script for profile.d for bash shells,adjusted for each users
# installation by substituting /opt for the actual tinyos tree
# installation point
export TOSROOT = "/opt/tinyos - 2.x"
export TOSDIR = " $ TOSROOT/tos"
export CLASSPATH = "cygpath - w $ TOSROOT/support/sdk/java/tinyos.jar"
export CLAS S PATH = " $ CLASS PATH; * "
export MAKERULES = " $ TOSROOT/support/make/Makerules"
export PATH = " /opt /msp4 3 0/bin: $ PATH "
```

5. 设置环境变量

用 UltraEdit 创建 C:\cygwin\etc\profile.d\tinyos.sh,输入以下内容：

```
# script for profile.d for bash shells, adjusted for each users
# installation by substituting /opt for the actual tinyos tree
# installation point.
export TOSROOT = "/opt/tinyos - 2.x"
export TOSDIR = " $ TOSROOT/tos"
export CLASSPATH = "C:\cygwin\opt\tinyos - 2.x\support\sdk\java\tinyos.jar"
export CLASSPATH = " $ CLASSPATH;."
export MAKERULES = " $ TOSROOT/support/make/Makerules"
export PYTHONPATH = " $ TOSROOT/support/sdk/python"
# Extend path for java
type java >/dev/null 2 >/dev/null || PATH = ~/usr/local/bin/locate - jre -- java: $ PATH
type javac >/dev/null 2 >/dev/null || PATH = ~/usr/local/bin/locate - jre -- javac: $ PATH
echo $ PATH | grep - q /usr/local/bin || PATH = /usr/local/bin: $ PATH
```

可直接运行 tinyos.sh 脚本程序来设置环境变量。

6. 安装 Graphviz

下载 graphviz-1.10.exe 文件,退出 Cygwin 重新运行后,双击下载的文件运行安装程序。下载地址为 http://webs.cs.berkeley.edu/tos/dist-1.1.0/tools/windows/graphviz-1.10.exe。

可修改桌面上的快捷方式所指向的 cygwin.bat 文件中的默认安装目录至所需的安装目录。修改之后双击即可运行。

7. 检查安装

运行 cygwin,输入命令：

```
$ tos - check - env
```

因为 JDK 是 1.6 版本,所以会有一个警告,可以忽略。

执行 tos-check-env 命令后,将出现如下信息：

```
tos - check - env
Path:
/opt/msp430/bin
/usr/local/bin
/us r/bin
/bin
/usr/X11R6/bin
/cygdrive/c/WINDOWS/system32
/cygdrive/c/WINDOWS
/cygdrive/c/WIN DOWS/Sys tem32 /Wbem
/cygdrive/c/PROGRA~1/ULTRAE~1
/cygdrive /c/NEWCYG~1/lib/ATT/Graphviz /bin
/cygdrive/c/NEWCYG~1/lib /ATT/Graphviz /bin/t ools
```

8. CVS 更新 tinyos-2. x 文件

（1）把原来的 tinyos-2. x 文件夹手动更名为 tinyos-2. x-old。

（2）在 Cygwin 下输入 cd /opt。

（3）更新 tinyos-2. x。

可用如下命令完成 tinyos-2. x 更新：

```
cvs - z3 - d:pserver:anonymous@ tinyos.cvs. sourceforge.net:/cvsroot/tinyos co - P tinyos
- 2. x
```

（4）下载 tinyos-2. x-contrib 代码。tinyos-2. x-contrib 代码中包含了很多最新的有用代码。

```
cvs - z3 - d:pserver:anonymous@ tinyos.cvs. sourceforge.net:/cvsroot/tinyos co - P tinyos
- 2. x - contrib
```

到目前为止，TinyOS 2. x 安装完毕。

下面运行 Blink 例子和 RadioCountToLeds 例子来验证 TinyOS 2. x 安装成功。

Blink 应用程序的配置源文件 Blink. nc 如下：

```
configuration Blink{
}
implementation t
componentsMain, BlinkM, SingleTimer, LedsC;
Main. StdControl -> SingleTimer. StdControl;
Main. StdControl -> BlinkM. StdControl;
BlinkM. Timer -> SingleTimer. Timer;
BlinkM. Leds -> LedsC;
```

关键字 configuration 表明这是一个配置文件，开头两行声明了该配置名为 Blink。配置的实际内容由关键字 implementation 后面的花括号部分来实现。其中，components 所在的一行指定了该配置要引用的组件集合，其余部分将组件使用的接口与提供这些接口的其他组件连接起来。

Blink. nc 中提供了对于上层组件的连接（Wiring）信息。其中，Main. StdControl 被

连接到 BlinkM. StdControl；同时，又被连接到 SingleTimer. StdControl。也就是说，以后对于 Main. StdControl 的操作将会被重定向到 BlinkM. StdControl 及 SingleTimer. StdControl。这里涉及另一个概念，即扇出（Fan-out），编译器内部会进行一对多的重定向操作。由于宏替换是一对一的，编译器内部已经处理。

对于 StdControl 接口的重定向：Main. StdControl→BlinkM. StdControl 和 Main. StdControl→SingleTimer. StdControl，最终在 BlinkM. nc 中得到了解决，SingleTimer. StdControl＝ TimerC. StdControl＝ TimerM. StdControl 最终在 TimerM. nc 中得到了解决。

连接信息里面的 BlinkM. Timer 的重定向：BlinkM. Timer→SingleTimer. Timer，SingleTimer. Timer＝ TimerC. Timer[unique("Timer")]。这里，SingleTimer 组件里面的 Timer 接口被重定向到了 TimerC 组件里面的 Timer 接口。最终，TimerC 里面的 Timer 接口重定向到 TimerM 里面的 Timer 接口。所以，对于 BlinkM. Timer 的重定向为 BlinkM. Timer→SingleTimer. Timer，TimerC. Timer＝ TimerM. Timer，最终在 TimerM. nc 里面得到了实现。

6.2.2　TinyOS 集成开发环境 IDE

1. 安装 Eclipse

安装完 TinyOS 后，可以装 Eclipse 了。

Eclipse 的安装步骤相当简单，只要进入 http://www. eclipse. org/downloads/的网址打开主页，并下载 Eclipse Classic ＊. ＊. ＊（ ＊＊＊ MB），然后解压即可。

2. Yeti 2 的安装

推荐使用 Eclipse SDK 3.50 ＋ Yeti 2 形式。Yeti 2 是一个 Eclipse 上的 TinyOS 2. x 插件，支持代码的语法高亮、补全，TinyOS 程序的编译、调试，以及绘制组件之间的关联图等。

Yeti 2 的安装步骤如下。

（1）在 Eclipse 中，选择 Help→Install new software，添加上面的网址，然后选择适合自己的更新。注意，TinyOS Debugger 目前需要单独安装，所以暂时不选，如图 6.1 所示。

（2）设置 Yeti 2。安装完成后会提示重启 Eclipse。重启后的第一件事就是对 Eclipse 进行设置。在 Eclipse 中，选择 Window→Preferences，对 TinyOS 的一些相关路径进行设置，如图 6.2 所示。

注意 Architecture Paths 栏中的 path 里是有内容的，如果没有内容，等待 Eclipse 运行初始化环境。等 Eclipse 里的任务都停下来，再看一下 Architecture Paths，正常即可。如果还是空的，说明 Cygwin 的路径不对，或是 TinyOS Root Directory 等路径不对。

（3）打开 TinyOS 视图，在 Eclipse 中选择 Window→Open Perspective→Others→TinyOS，如图 6.3 所示。

（4）打开 TinyOS Example。

TinyOS apps 目录中包含了像 Blink 这样很多的例子，可以在 Eclipse 中以 Project 的形式导入。

图 6.1   安装 Yeti 2

图 6.2   设置 Yeti

图 6.3　打开 TinyOS 视图

选择 File→New→Project→Example→TinyOS Example→MyBlink，如图 6.4 所示。

图 6.4　打开 TinyOS Example

3. 在 Eclipse 下编译 Blink 程序

注意,将窗口显示风格调到 TinyOS 风格,选择"窗口"→"打开透视图"→"其他"选项,再选择 TinyOS 即可(假定 Eclipse 已安装汉化包,所以显示中文。如果是英文,找到相应的位置),如图 6.5 所示。

图 6.5　编译 Blink 程序

然后依次单击"文件"→"新建"→"示例(example)"→tinyos example,出现如图 6.6 所示的示例窗口。

图 6.6　示例窗口

在"Target:"项目里选择节点类型、平台类型。在 Example 项选择 Blink,在 Project name 里输入项目名称 blink,然后单击"下一步",在窗口左侧将列出目录结构。在 Eclipse 进度里会对该项目初始化。初始化完成后,双击左侧的源文件 BlinkAppC. nc,在文件编辑窗口下方单击 component graph,出现如图 6.7 所示的窗口。

至此,整个 Blink 工程的文件层次关系全显示出来了。右侧是大纲连接图,显示各个函数和组件、模块、配件等信息,方便定位查看源码。

右击 Target telosb,然后单击 execute make,程序开始编译。在当前源码目录下将产生 build 目录,然后将编译了的 ihex 文件下载到节点里,即可以运行。

到此,整个 TinyOS 2.1 操作系统＋Eclipse 平台构建完毕。

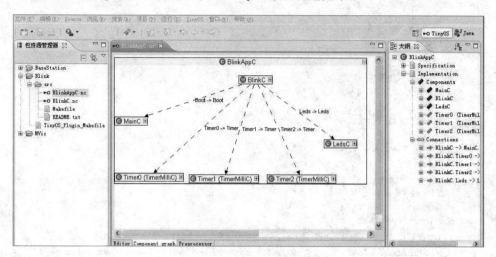

图 6.7　文件层次关系

6.2.3　Ubuntu 下 TinyOS 2. x 环境的搭建

1. 在 Ubuntu 10.04 下添加 TinyOS 资源

Ubuntu 10.04 下 TinyOS 2. x 环境的搭建所需的软件如下。

(1) Ubuntu 版本：10.04。

(2) Eclipse 版本：3.6。

(3) TinyOS 版本：2.1.1。

在 Ubuntu 10.04 下添加 TinyOS 的源的步骤如下。

(1) 执行 sudo gedit/ect/apt/sources. list 命令。

(2) 添加源,执行如下命令。

debhttp://tinyos. stanford. edu/tinyos/dist/ubuntu lucid main

其中,lucid 是系统版本的代号。因为版本是 10.04,所以就是 lucid。

(3) 保存退出。

sudo apt - get update
sudo apt - get install tinyos - 2.1.1

(4) 编辑. bashrc。

sudo gedit　～/. bashrc

增加下面两行：

source /opt/tinyos - 2.1.1/tinyos. sh
export CLASSPATH = $ TOSROOT/support/sdk/java/tinyos. jar:

（5）执行如下更新命令。

```
source ~./bashrc
sudo tos - install - jni
```

（6）安装 g++。

```
sudo apt - get install g++
sudo apt - get install python2.6 - dev
```

（7）测试是否配置成功。

```
cd   /opt/tinyos - 2.1.1/apps/Blink
make telosb
```

若显示内容如下，则安装成功。

```
mkdir - p build/telosb
compiling BlinkAppC to a telosb binary
ncc - o build/telosb/main.exe   - Os - O - mdisable - hwmul - fnesc - separator = _____ -
Wall - Wshadow - Wnesc - all - target = telosb - fnesc - cfile = build/telosb/app.c - board =
- DDEFINED_TOS_AM_GROUP = 0x22 - DIDENT_APPNAME = \"BlinkAppC\" - DIDENT_USERNAME = \"root
\" - DIDENT_HOSTNAME = \"ubuntu\" - DIDENT_USERHASH = 0xa3473ba6L - DIDENT_TIMESTAMP =
0x4c566efbL - DIDENT_UIDHASH = 0xd972ea96L BlinkAppC.nc - lm
compiled BlinkAppC to build/telosb/main.exe
2648 bytes in ROM
54 bytes in RAM
msp430 - objcopy -- output - target = ihex build/telosb/main.exe build/telosb/main.ihex
writing TOS image
```

如果要用到仿真，需要修改 sim.extra，方法如下。

```
gedit /opt/tinyos - 2.1.1/support/make/sim.extra
```

修改 Python 的版本。

```
PYTHON_VERSION = 2.6
```

重新执行 make micaz sim 命令。
若提示"** * Successfully built micaz TOSSIM library."，则可运行 tossim。

2. 安装 Eclipse 和 Yeti 插件

（1）安装 Eclipse 3.6
可在终端里直接输入以下命令。

```
sudo apt - get install eclipse
```

具体安装步骤如下。
① 从以下地址下载 eclipse 3.6 for Linux。

```
http://download.springsource.com/release/ECLIPSE/helios/R/eclipse - SDK - 3.6 - linux -
gtk.tar.gz
```

② 解压缩安装包,放置相应的安装目录。执行如下命令。

```
cd /home/frankwoo/Downloads
tar - zxvf eclipse - SDK - 3.6 - linux - gtk.tar.gz
mv eclipse /usr/share
```

③ 创建 ubuntu 的 Eclipse 菜单,执行如下命令。

```
gedit /usr/share/applications/Eclipse36.desktop
```

添加以下内容。

```
[Desktop Entry]
Name = Eclipse
Comment = Eclipse IDE
Exec = /usr/share/eclipse/eclipse
Icon = /usr/share/eclipse/icon.xpm
Terminal = false
Type = Application
Categories = Application;Development;
```

然后保存,关闭。

到此,Ubuntu 上 Eclipse 3.6 安装完成。

(2) 安装插件

应安装必要的插件,以免安装 Yeti 的时候提示缺少组件。具体步骤如下。

① 安装 GEF 插件。打开 Ecllipse,然后执行 help→install new software→add 命令。添加以下内容。

```
name:GEF location:http://download.eclipse.org/tools/gef/updates/releases/
```

在界面中直接选中最后一个,然后依次单击 next→accept all finish 重启。

② 安装 CDT 插件。

```
name: CDT location: http://download.eclipse.org/tools/cdt/releases/helios
```

③ 安装 Yeti 插件。

```
Name:Yeti2 ,location : http://tos - ide.ethz.ch/update/site.xml
```

安装完毕,设置环境变量,操作如下:

执行 Window→Preferences→TinyOS→Environments 命令,然后检查各个目录,然后单击 Apply 按钮和 OK 按钮,设置完毕。

3. 检查 TinyOS 的安装

在 TinyOS 下执行 Check Installation 命令。

至此,TinyOS 环境搭建完毕。

6.2.4　nesC 语言和 TinyOS 的组件

1. nesC 语言使用环境

nesC 是一种扩展 C 的编程语言,主要用于传感器网络的编程开发,加州大学伯克利分校的研发人员为这个平台开发出微型操作系统 TinyOS 和编程语言 nesC,同时国内外很多大学和机构利用这一平台进行相关问题的研究。nesC 主要用在 TinyOS 中,TinyOS 也是由 nesC 编写完成的。TinyOS 操作系统为用户提供了一个良好的用户接口。基于以上分析,研发人员在无线传感器节点处理能力和存储能力有限的情况下设计了一种新型的嵌入式系统 TinyOS,它具有更强的网络处理和资源收集能力,以满足无线传感器网络的要求。为此,研究人员在 TinyOS 中引入了 4 种技术:轻线程、主动消息、事件驱动和组件化编程。轻线程主要是针对节点并发操作可能比较频繁,且线程比较短,传统的进程/线程调度无法满足(使用传统调度算法会产生大量能量,用在无效的进程互换过程中)的问题提出的。

2. TinyOS 的组件模型

(1) 接口(Interface)

nesC 的接口有双向性,是提供者组件和使用者组件之间的多功能交互通道。接口提供者实现了接口的一组功能函数,称为命令;接口使用者需要实现的一组功能函数,称为事件。对于一个组件而言,如果它要使用某个接口中的命令,必须实现这个接口的事件。接口由 interface 类型定义。interface 语法定义如下。

```
nesC – file:
includes – listopt interface
…
interface:
interface identifier { declaration – list }
storage – class – specifier: also one of
command event async
```

声明列表中,每个接口类型都有一个分开的声明范围。声明列表必须由有 command 或 event 存储类(storage class)的功能描述组成,否则会发生编译时错误。可选的 async 关键字指出命令或事件能在一个中断处理程序(interface handler)中执行。

通过包含列表,一个接口能可选择地包括 C 文件。简单的接口定义例子如下。

```
interface SendMsg
command result_t send(uint16_t address, uint8_t length, TOS_MsgPtr msg);
event result_t sendDone (TOS_MsgPtr msg, result_t success)j}
```

从上面的定义可以看出,接口 SendMsg 包括了一个命令 send 和一个事件 sendDone。提供接口 SendMsg 的组件必须实现 send 命令,而使用该接口的组件必须实现 sendDone 事件。

(2) 组件(component)

任何一个 nesC 应用程序都是由一个或多个组件连接起来的,从而形成一个完整的可执行程序。在 nesC 中有两种类型的组件,分别称为模块和配置。模块提供应用程序代码,实现一个或多个接口;配置是用来将其他组件装配起来的组件。将各个组件所使用的接口与其他组件提供的接口连接在一起,这种行为称为连接(Wiring)。每个 nesC 应用程序都由一个顶级配置描述,其内容就是将该应用程序所用到的所有组件连接起来,形成一个有机整体。组件的语法定义如下。

```
nesC - file:
includes - listopt module
includes - listopt configuration
…
module:
module identifier specification module - implementation
configuration:
configuration identifier specification configuration - implementation
```

组件名由标识符(Identifier)定义。该标识符是全局性的,且属于组件和接口类型命名空间。一个组件可以有两种作用域:一个规范(Specification)作用域,属于 C 的全局作用域;一个实现(Implementation)作用域,属于规范作用域。

通过包含列表(Includes-list),一个组件能可选择地包括 C 文件。

规范(Specification)列出了该组件所提供或使用的规范元素(接口实例、命令或事件)。如前所述,一个组件必须实现它提供接口的命令和它使用的接口事件。

一般情况下,命令向下调用硬件组件,而事件向上调用应用组件。组件间的交互只能通过组件的规范元素来沟通。每种规范元素有一个名字(接口实例名、命令名或事件名),这些名字属于每个组件特有的规范作用域的变量命名空间。规范的语法定义如下。

```
specification:
{ uses - provides - list }
uses - provides - list:
uses - provides
uses - provides - list uses - provides
uses - provides:
uses specification - element - list
provides specification - element - list
specification - element - list:
specification - element
{ specification - elements }
specification - elements:
specification - element
specification - elements specification - element
```

一个组件规范可以有多个 uses 和 provides 指令,其规范元素可以通过使用"{"和")"符号在一个 uses 或 provides 命令中指定。例如,下面两个定义是等价的。

```
module A1 { module A1 {
    uses interface X; uses {
        uses interface Y; interface X;
    } … interface Y;
}} …
```

一个接口实例描述如下:

```
specification - element:
interface renamed - identifier parametersopt
…
```

```
renamed - identifier:
identifier
identifier as identifier
interface - parameters:
[ parameter - type - list ]
```

接口实例声明的完整语法是 interface X as Y,这里可以明确地定义 Y 作为接口的名字。interface X 是 interface X as X 的简写形式。如果接口参数(interface-parameters)被省略,那么 interface X as Y 声明了对应该组件的单一接口一个简单的接口实例。如果给出了接口参数(如 interface SendMsg[uint8_t id]),那么这就是一个参数化的接口实例声明,对应该组件的多个接口中的一个(每个接口对应不同参数值,因为 8 位整数可以表示 256 个值,所以 interface SendMsg[uint8_t id]中可以声明 256 个 SendMsg 类型的接口)。参数化接口的参数类型必须是整型(枚举类型是不允许的)。

指令或事件能通过包括一个声明了指令或事件及存储类型的标准 C 函数而作为规格元素直接地被包含。

```
specification - element:
declaration
...
storage - class - specifier: also one of
command event async
```

如果该声明不是带有指令或事件存储类型的函数声明,会产生一个编译时间错误。

作为接口实例,如果没有指定接口参数,指令(事件)就是简单的指令(简单的事件);如果接口参数是指定的,就是参数化指令(参数事件)。接口参数被放置在一般的函数参数列表之前,例如:

```
command void send[uint8 t id](int x):
direct - declarator: also
direct - declarator interface - parameters ( parameter - type - list )
...
```

注意,接口参数只允许在组件说明中的指令或事件上使用,不允许在接口类型中使用。

下面是一个完整的例子。

```
configuration GenericComm {
    provides {
        interface StdControl as Control;
        //该接口以当前消息序号作为参数
        interface SendMsg[uint8_t id];
        interface ReceiveMsg[uint8_t id];
    }
    uses {
        //发送完成之后为组件作标记
        //重试失败的发送
```

```
        event result_t sendDone();
    }
}
```

在这个例子中,提供简单的接口实例类型 StdControl 的控制;提供接口类型 SendMsg 和 ReceiveMsg 的参数实例,参数实例分别为 SendMsg 和 ReceiveMsg;使用了事件 sendDone。

(3) 模块(module)

模块(module)使用 C 语言实现组件规范,模块定义如下。

```
module - implementation:
implementation  {  translation - unit  }
```

其中,translation-unit 是一连串的 C 语言声明和定义。模块中的 translation-unit 的顶层声明属于模块的组件实现作用域。这些声明的范围可以是任意的标准 C 语言的声明或定义、任务声明或定义、命令或事件的实现。

下面的 C 语言语法定义了这些命令和事件的实现。

```
storage - class - specifier: also one of
command event async
declaration - specifiers: also
default declaration - specifiers
direct - declarator: also
identifier  .  identifier
direct - declarator interface - parameters  (parameter - type - list)
```

简单命令或事件的实现需要满足具有 command 或 event 存储类的 C 语言函数定义的语法。另外,如果在命令或事件的声明中包含了 async 关键字,那么在实现中必须包含 async。

(4) 调用命令(Calling Commands)和触发事件(Signaling Events)

下面的 C 语言扩展语法定义了如调用命令和触发事件。

```
postfix - expression:
postfix - expression [ argument - expression - list ]
call - kindopt primary ( argument - expression - listopt )
...
call - kind: one of
call signal post
```

使用 can a()调用一个简单的命令 a,使用 signal a()来触发一件简单的事件 a。

例如,在模块中使用接口 Send 的 SendMsg 类型。

```
call Send.send(1,sizeof(Message),&msg1)
```

对于类型为 t1,…,tn 的接口参数的参数化命令 a(或事件 a),可以使用 call a[e1](…)来调用,也可以使用 signal a[e1,…,en]()来触发事件。

接口参数表达式 ei 必须匹配类型 ti;实际的接口参数值是映射到 ti。

（5）原子(atomic)的陈述

nesC 使用"原子(atomic)"指出该段代码"不可被打断"。原子的语法如下：

```
atomic - stmt:
    atomic statement
```

下面是一个简单的例子：

```
bool busy;                    //全局变量
void f()  {
    bool available;
    atomic f
        available = ! busy;
        busy = TRUE;
    if (available) do_something;
    atomic busy = FALSE;
}
```

原子的区段应该很短，而且常常不是必需的。控制只能"正常地"流入或流出原子的陈述；任何的 goto、return、break 或 continue，跳转入或转出一个原子陈述，都是错误的。返回陈述绝不允许进入原子陈述。

（6）配置(configuration)

配置通过连接一些其他组件来实现一个组件的规范。配置的语法如下：

```
configuration - implementation:
    implementation   {component - list connection - list}
```

connection-list 中列出用来构成配置的组件，connection-list 指出这些组件是如何相连接以及如何与配置规范连接在一起。这里把配置规范中的规范元素称为外部(External)规范元素，把在配置的组件中的规范元素称为内部(Internal)规范元素。

（7）包含组件

组件列表列出用来建立这一个结构的组件。在结构里，这些组件可随意重命名，使用共同外形规格元素，或简单地改变组件结构，从而避免名称冲突。为避免改变配置项，为组件选择的名字属于成分的实现域。

包含组件列表的语法如下。

```
component - list:
components
component - list components
components:
components component - line  ;
component - line:
renamed - identifier
component - line, renamed - identifier
renamed - identifier:
identifier
identifier as identifier
```

如果两个组件使用 as 而导致重名，会产生编译时错误（如 components X, Y as X）。

一个组件始终只能有一个实例：如果在两个不同的配置都使用了组件 K,或者在同一配置中使用两次组件 K,在程序中仍然只有 K(及其变量)的一个实例。

（8）连接

连接用来把规范元素(接口、命令和事件)联系在一起。由于连接的内容比较复杂,读者可以参考 nesC 给出的应用示例中的源代码进行对照阅读。wiring 的语法定义如下：

```
connection - list:
connection
connection - list connection
connection:
endpoint = endpoint
endpoint < - endpoint
endpoint:
identifier - path
identifier - path
identifier - path:identifier
```

wiring 语句中连接了两个端点(endpoint)。每个端点的 identifier-path 指明一个规范元素。可选项 argument-expression-list 指出了接口参数值。如果端点的规范要素是参数化的,且这个端点没有参数值,那么该端点是参数化的。如果一个端点有参数值,而下面的任一事件成立,就会产生一个编译时错误：

① 参数值不全是常量表达式。

② 端点的规范元素不是参数化的。

③ 参数个数比规范要素中规定的参数个数多(或少)。

④ 参数值不在规范元素限定的参数类型范围中。

如果端点的 identifier-path 不是以下 3 种形式之一,就会产生一个编译时错误：

① X：X 是一个外部的规范元素。

② K. X：K 是 connection-list 中的一个组件,X 是 K 个规范元素。

③ K：K 是 connection-list 中的一个组件。这种形式用于隐式连接。值得注意的是,当指定了参数值时,这种形式不能使用。

nesC 有 3 种连接语句。

① endpoint1＝endpoint2：是赋值连接。这是一种包含外部规范元素的连接。

② endpoint1. ＞endpoint2：这是一种包含两个内部规范元素的连接,经常是把endpoint1 定义的被使用的规范元素连接到 endpoint2 定义的被提供的规范元素上。

③ endpoint1＜. endpoint2：这种连接等价于 endpoint2 -＞endpoint1。

在这 3 种连接中,指定的两个规范元素必须是相容的,即它们必须都是命令,或都是事件,或都是接口实例。同时,如果它们都是命令(或事件),它们必须有相同的函数特征。如果它们都是接口实例,它们必须有相同的接口类型。如果这些条件不能满足,就会发生编译时错误。

如果一个端点是参数化的,另一个必须也是参数化的,并且必须有相同的参数类型,否则就会发生编译时错误。

同一规范元素可能会被多次连接,例如:

```
configuration C   {
    rovides interface Xj
}implementation  {
    components Cl, C2;
    X =  Cl.X;
    X =  C2.X;
}
```

在这个例子中,多次的连接将导致接口 X 的事件多次被触发。当接口 X 中的命令被调用时,会导致多个函数被执行。注意,当两个配置独立地连接同一接口时,也会发生多重连接。

6.3　无线传感器网络实验平台

6.3.1　无线传感器网络实验平台简介

本节主要介绍 GreenOrbs 无线传感器网络实验平台。该实验平台将节点固定在有机玻璃面板上的滑动槽中,每个节点通过面板上的 USB 接口和 USB Hub 相连。多级 USB Hub 和计算机相连,实验人员能够直接访问所有节点完成程序烧录、参数配置和数据获取。有机玻璃面板可以悬挂在墙壁上,或者安放在实验平台附带的金属支架上。多个面板可以自由组合,方便运输和网络规模的扩充。实验平台的节点柜如图 6.8 所示。其设计目标是为大规模自组织网络的协议及应用开发提供便利的测试环境,同时作为物联网相关课程的教学实验系统。

图 6.8　节点柜

1. 功能特点

(1) 网络规模可动态调整,实验人员可根据实验要求灵活、快捷地增加和减少节点数量。目前可支持多达 150 个节点的传感器节点矩阵。

(2) 实验平台支持程序的自动批量烧录,为实验提供很大便利。

(3) 实验平台具备节点位置自动识别功能,实验人员可对指定位置的节点进行操作。

(4) 实验平台为节点提供了电池以及 USB 接口两种供电方式。

(5) 实验平台可对网络拓扑进行在线控制。

(6) 除无线通信之外,实验平台能方便地通过 USB 接口获取节点数据,为程序调试和其他科研教学活动提供强有力的支持。

(7) GreenOrbs 物联网实验室解决方案提供了丰富的软件工具和高效的开发测试环境,显著加快传感器网络通信协议开发、系统设计和应用研究进程。

(8) GreenOrbs 物联网实验室解决方案附带一系列无线传感网络的实例、演示程序和开发教程,为物联网相关课程的教学工作提供帮助。

（9）GreenOrbs 物联网实验室解决方案从物联网四层结构对高校物联网实验室建设给出合理性建议,采用"层阶式"教学方式,强调学生的设计、创新及实践能力,培养物联网工程专业的高级人才。

2. 平台方案

GreenOrbs 无线传感器网络实验平台支持多达 150 个节点的 15×10 矩阵。所有节点固定在一块 3m×4.5m 有机玻璃上,通过 USB 线连接到一台 PC。节点间水平和垂直距离均为 20cm。节点数量和网络拓扑可以根据实验需求动态调整。

GreenOrbs 实验平台服务器端采用开源的 Linux 操作系统,用户能够根据自己的需求选用大量的开源软件,或者根据自己的需求自由开发新的工具。节点采用 TinyOS 2.x 和 nesC 编译工具。TinyOS 是为传感器网络节点而设计的一个事件驱动的操作系统。nesC 是对 C 的扩展,它基于体现 TinyOS 的结构化概念和执行模型而设计。GreenOrbs 实验平台支持现有的大量 TinyOS 和 nesC 开发工具。

GreenOrbs 实验平台提供自动的、灵活的节点软件批量并行烧录工具。该工具能自动识别各个节点在平台上的物理位置,并自动实现和管理节点 ID 以及物理位置之间的映射关系。在代码烧录过程中,可以根据需求对任意指定的多个节点并行烧入不同的代码,极大地缩短软件烧录时间。GreenOrbs 实验平台支持实时的大批量实验数据收集。在实验过程中,传感器节点产生的各种实验和监控数据能够通过 USB 端口实时地发送到 PC 端。在 PC 端,GreenOrbs 实验平台能够自动地将节点产生的数据按照实验要求存储在 PC。在实验过程中,实验人员能够随时分析实验数据和了解实验进展。

（1）硬件方案

GreenOrbs 实验平台主要选用如下硬件模块。

① GF-100 传感器节点(基本模块);

② GF-103 传感器节点(基本模块、温湿度传感器、光照传感器、GPS);

③ GF-103E 传感器节点(基本模块、温湿度传感器、光照传感器、GPS,封装套件);

④ GC-203E 传感器节点(基本模块、增强处理模块、温湿度传感器、光照传感器、CO_2 传感器);

⑤ 实验床及平台支持移动装置;

⑥ 基站。

（2）软件方案

Green Orbs 实验平台主要选配如下软件模块。

① Linux 下 TinyOS 开发环境;

② 实验平台驱动配置软件工具包;

③ 实验平台工具软件套装(包括传感器自动定位和程序烧录工具,支持定点烧录和批量烧录);

④ 物联网示范系统演示软件套装;

⑤ 传感网实验数据分析和演示工具;

⑥ 物联网和传感器网络实验课程教学管理软件。

（3）传感器节点

传感器节点 GF-103/GF-103E/ GC-203E 的主要技术性能指标如表 6.1 所示。

表 6.1　传感器节点的主要技术性能指标

名　　称	GF-103/GF-103E	GC-203E
MCU	F1611	F5438
通信模块	CC2420	CC2420
通信频段	2.4/2.4835GHz	2.4/2.4835GHz
最大数据传输率	250Kbps	250Kbps
最大通信半径	75～100m	75～100m
程序内存	64KB	256KB
RAM	10KB	10KB
尺寸	117mm×69mm×32mm	118mm×112mm×68mm
用户接口	USB	USB
传感器	SHT11(温湿度),SI087(光照)	SHT11(温湿度),SI087(光照),CO_2 sensor
软件平台	TinyOS 2.x	TinyOS 2.x

6.3.2　TinyOS 操作系统在无线传感器网络的应用实践

1. 简单的 TinyOS 程序

通过设计实现单个传感器节点程序的 LED 亮灯的程序,初步了解如何编译及烧录简单嵌入式 nesC 程序,了解典型 nesC 的程序结构及语法。

（1）编译及运行示例程序

首先,将 telosb 节点连接到 PC 的 USB 接口后,运行以下命令,查看连接情况:

```
$ motelist
Reference     Device              Description
---------     ----------------    ---------------
M4AP1122      /dev/ttyUSB0        Sentilla tmote sky
```

这表示 telosb 节点成功连接到 PC,并且设备端口号为/dev/ttyUSB0。

运行以下编译烧录命令,如果没有提示错误,并且节点上的 LED 开始有规律地闪烁,表示程序编译并且烧录成功。

（2）程序结构说明

每一个 nesC 程序都是由若干组件(component)组成。组件有两种类型,一种是模块(module),另一种是配置(configuration)。

配置文件的作用是表明组件之间的关系。模块文件的作用是将程序的具体实现放在其中。此外,每个程序都需要一个顶层的配置文件,用程序名字命名。

【例 1】　Blink 示例程序。程序由两个组件组成,即一个模块文件(BlinkC. nc)和一个配置文件(BlinkAppC. nc)。

下面是 BlinkAppC. nc 的源代码。

```
configuration BlinkAppC {
```

```
}
implementation {
    components MainC, BlinkC, LedsC;
    components new TimerMilliC() as Timer0;
    components new TimerMilliC() as Timer1;
    components new TimerMilliC() as Timer2;
    BlinkC -> MainC.Boot; BlinkC.Timer0 -> Timer0; BlinkC.Timer1 -> Timer1; BlinkC.
    Timer2 -> Timer2; BlinkC.Leds -> LedsC;
}
```

这表明这是一个名为 BlinkAppC 的配置。在 implementation 关键字后面的括号内是配置的具体实现。components 关键字后面表明了这个配置文件所引用的组件,在这里分别是 Main、BlinkC、LedsC 以及三个 TimerMilliC 组件。最后五行表明各组件间的 provider 和 user 的关系。A->B 表示了一种关系,其中 A 为使用方(user),B 为提供方(provider)。命令(command)是接口提供方已经实现的函数。事件(event)是需要接口使用方实现的函数。

BlinkC.nc 的源代码如下:

```
module BlinkC {
    uses interface Timer<TMilli> as Timer0;
    uses interface Timer<TMilli> as Timer1;
    uses interface Timer<TMilli> as Timer2;
    uses interface Leds; uses interface Boot;
}
implementation {
    //implementation code omitted
}
```

第一行内容表明这是一个名为 BlinkC 的 module,括号里的内容表明该 module 使用的接口(interface)。注意,这个 module 没有提供接口(provide)。

由于使用方必须实现接口中的 event 函数。因此可以看到,该文件中的 implement 中包含了初始化 Boot.booted,以及三个 timer 计时的 event 函数的具体实现。在每个 timer 的触发 event 函数内容中写明了需要触发的内容。

2. TinyOS 执行模型

典型的传感器节点程序可能同时包含同步处理与异步处理过程。本节通过介绍 TinyOS 的执行模型来实现程序的异步处理。

(1) 同步及异步处理原理

前面的程序都是同步运行处理,只有单一地执行上下文,是非抢占式的方式。同步运行处理有利于 TinyOS 的调度,在使得 RAM 使用最小化的同时,让同步代码尽可能简单;其缺点是从开始运行一直占用 CPU,直到运行完毕为止,期间其他同步代码没有任何运行的机会,从而严重影响系统的响应性。

非抢占式的同步代码在大计算量的情况下可能遇到一些问题,因此,需要将大计算量代码分割成为若干小的部分,每次只执行一小部分,并且当一个组件需要做某件事情时,可以稍后再做。

在 TinyOS 中,可以对计算进行延迟,直到计算所需要的条件都满足时再开始执行任务(Task)。这是应用程序中通用的"后台"处理方式。一个任务就是一个函数,它告诉 TinyOS 可以在稍晚时候执行运算,而不是立刻执行。在传统操作系统(Linux)中,与之最接近的概念是中断阀门和延迟程序调用。

(2) 同步阻塞例子说明

【例 2】 BlinkTask1 的例子。

```
event void Timer0.fired()
{   uint32_t i;
    dbg("BlinkC", "Timer 0 fired @ %s.\n",sim_time_string());
    for(i = 0;i < 400001;i++)
      call Leds.led0Toggle();
}
```

这段代码使得 LED0 转换 400001 次。因为计数,所以最后的效果与 1 次的效果是一样的。

编译运行 BlinkTask1 可以看到,效果是只有 LED0 长亮,LED1 与 LED2 没有响应。这是由于 LED0 中的 for 计算大量占据了 CPU,使得 Timer1 和 Timer2 的 fire 函数被阻塞了。可以修改计数为 10001 以及 5000,再次查看效果。

(3) Task 使用说明

可以看到,上面的 LED1 和 LED2 被阻塞的情况是由于大量的计算干扰了 Timer 的触发。实际上有些计算是可以延迟的。

在 nesC 中,一个任务可以如下声明:

```
Task void taskname();
```

taskname 是任务的名称。需要注意的是,任务必须没有任何输入参数,并且返回值为空。把一个任务加入执行队列,使用如下命令:

```
post taskname();
```

在组件的实现,也就是命令(command)、事件(event)以及任务(task)中都可以 post 任务。而且,一个任务可以安全地调用 command 以及 event。但是 command 通常不调用 event,以避免循环调用。这些循环调用通常很难检测,从而造成大量栈的浪费。

(4) Split-phase 操作

由于 nesC 的接口是在编译时链接的,回调方式,也就是 event 的调用是非常有效的。在大多数 C 语言中,回调函数通过在运行时注册的函数指针的方式进行调用,使得编译器无法对调用路径上的代码做优化。而在 nesC 中,由于是静态链接的,因此编译器知道所需要调用的回调函数是哪个,从而可以进行最大限度的优化。

TinyOS 中跨组件的优化是非常重要的,因为它没有阻塞操作。每一个长时间运算的操作都是 Split-phase 的。在一个阻塞系统中,一个长时间运算的操作直到运算完毕才返回。

在 Split-phase 系统中,当调用一个长时间运算的操作时,调用立刻返回;运算完成时，再触发一个回调函数，告知运算完毕。Split-phase 方法就是把函数的调用和完成变为两个单独的执行部分。

下面看一个简单的例子。

```
if (send() == SUCCESS) {
    sendCount++;
}
//start phase send();
//completion phase
void sendDone(error_t err) {
    if (err == SUCCESS) {
        sendCount++;
    }
}
```

3. 节点—节点无线通信

在 TinyOS 上可进行节点与节点之间的无线通信。

（1）基本概念介绍

TinyOS 提供了许多接口来抽象底层的通信服务和相关接口的组件。这些接口和组件都使用了一个共同的消息抽象 message_t。其对应的 nesC 结构体如下：

```
typedef nx_struct message_t {
    nx_uint8_t header[sizeof(message_header_t)];
    nx_uint8_t data[TOSH_DATA_LENGTH];
    nx_uint8_t footer[sizeof(message_footer_t)];
    nx_uint8_t metadata[sizeof(message_metadata_t)];
} message_t;
```

使用了 message_t 结构的常用接口如下。

① Packet：该接口提供了基本的操作 message_t 的功能。例如，清除消息内容，获取 payload 长度以及获取 payload 的地址指针等。

② Send：该接口提供了基本的不基于地址（address-free）的消息发送功能。例如，发送一条消息以及取消一条待发消息的发送等，还提供了事件来提示发送是否成功。当然，也提供了获取消息最大 payload 以及 payload 地址指针的功能。

③ Receive：该接口提供了基本消息接收功能和获取 payload 信息的功能。

④ PacketAcknowledgements：该接口提供了获取发送消息回执的机制。

⑤ AMPacket：这个接口和 Packet 类似，提供了获取与设置一个节点的 AM 地址、AM 包的目的地址以及 AM 包的类型等功能。

⑥ AMSend：这个接口提供了发送一个节点的 AM 地址、AM 包的目的地址以及 AM 包的类型等功能。

典型的提供了以上接口的组件如下。

① AMReceiverC：提供了 Receive、Packet、AMPacket 接口。

② AMSenderC：提供了 AMSend、Packet、AMPacket 以及 PacketAcknowledge

接口。

③ AMSnooperC：提供了 Receive、Packet 和 AMPacket 接口。

④ AMSnoopingReceiverC：提供了 Receive、Packet 和 AMPacket 接口。

⑤ ActiveMessageAddressC：提供了动态修改消息地址的命令。这个命令慎用，可能会导致网络崩溃。

（2）消息发送的结构体定义

程序 BlinkToRadio 通过消息发送自身的计数器至对方；同时收到对方的消息后，解析出对方的计数器。然后，按照这个计数器亮灯，并使用单个 Timer 实现发送的频率间隔。

首先，定义数据传送的消息格式。消息包括两个部分：节点 ID 和计数值。

```
typedef nx_struct BlinkToRadioMsg {
    nx_uint16_t nodeid;
    nx_uint16_t counter;
} BlinkToRadioMsg;
```

接下来，确认使用的接口和组件。AMSenderC 组件提供 AMSend 和 Packet 接口，使用 AMSend 接口来发送包，使用 Packet 接口来操作 message_t。使用 ActiveMessageC 提供的 SplitControl 接口来启动 Raio。因此，在 BlinkToRadioC. nc 中可以看到如下声明。

```
module BlinkToRadioC {
    ...
    uses interface Packet;
    uses interface AMSend;
    uses interface SplitControl as AMControl;
}
```

然后进行变量声明，message_t 用来数据传输，busy 用来标志是否在传输中。在 BlinkToRadioC. nc 中，声明如下。

```
implementation {
    bool busy = FALSE;
    message_t pkt;
    ...
}
```

通信过程中进行 Radio 初始化及停止。

```
event void Boot.booted() {              //Radio 初始化
    call AMControl.start();
}
event void AMControl.startDone(error_t err) {
if (err == SUCCESS) {
    call Timer0.startPeriodic(TIMER_PERIOD_MILLI);}
else {
    call AMControl.start(); }
```

```
}
event void AMControl.stopDone(error_t err) { }
```

发送消息逻辑如下,在 Timer0.fired 中添加代码:

```
event void Timer0.fired() {
    ...
    if (!busy) {
        BlinkToRadioMsg * btrpkt = (BlinkToRadioMsg * )(call
        Packet.getPayload(&pkt, sizeof (BlinkToRadioMsg)));
        btrpkt -> nodeid = TOS_NODE_ID;
        btrpkt -> counter = counter;
        if (call AMSend.send(AM_BROADCAST_ADDR, &pkt,
        sizeof(BlinkToRadioMsg)) == SUCCESS) {
            busy = TRUE;
        }
    }
}
```

消息发送完毕后,清除忙标志位:

```
event void AMSend.sendDone(message_t * msg, error_t error) {
    if (&pkt == msg) {
        busy = FALSE;
    }
}
```

要为每个提供接口的组件添加组件声明。其中,AM_BLINKTORADIO 参数表明
AMSenderC 的 AM 类型,在头文件中有定义:

```
implementation {
    ...
    components ActiveMessageC;
    components new AMSenderC(AM_BLINKTORADIO);
    ...
}
```

然后,将接口的提供方和使用方连接起来:

```
implementation {
    ...
    App.Packet -> AMSenderC;
    App.AMPacket -> AMSenderC;
    App.AMSend -> AMSenderC;
    App.AMControl -> ActiveMessageC;
}
```

(3) 消息接收

接收到消息后,首先解析出消息中的计数器,然后计数器按照计数值的低 3 位亮灯,
具体过程如下。

① 接口声明。使用 Receive 接口来接收包。在 BlinkToRadioC. nc 文件中,添加以下声明。

```
module BlinkToRadioC {
    ...
    uses interface Receive;
}
```

② 接收逻辑。接收逻辑实现接口 Receive. receive 事件处理:

```
event message_t * Receive. receive(message_t * msg, void * payload, uint8_t len) {
    if (len == sizeof(BlinkToRadioMsg)) {
        BlinkToRadioMsg * btrpkt =
        (BlinkToRadioMsg * )payload;
        call Leds. set(btrpkt - > counter);
    }
    return msg;
}
```

③ 组件声明。添加 Receive 接口对应的组件声明:

```
implementation {
    ...
    components new AMReceiverC(AM_BLINKTORADIO);
    ...
}
```

(4) 程序的测试

分别使用“make telosb install,1”以及“make telosb install,2”命令烧录两个节点。通电后,查看效果。当按住某一个节点的 RESET 键时,另一个节点的读数应当停止。

4. PC 串口通信

通过串口连接,PC 可以从网络搜集其他节点的数据,也可以发送数据或者命令到节点,实现节点和 PC 间的串口双向通信。因此,串口通信编程是无线传感器网络中的重要内容。

下面介绍使用 MIG 工具以及 SerialForwarder 修改 BlinkToRadio 程序,使用 MsgReader 读取 MIG 创建的 BlinkToRadioMsg 的 Java 对象内容。

(1) TestSerial 例子程序

节点与 PC 之间的通信在 TinyOS 中被抽象为数据包源(packet source)。一个数据包源就是一种与节点双向通信的介质,可采用串口或 TCP socket,或是 SerialForwarder 工具。

例如,将一个节点连接到 PC,进入 TestSerial 例子程序目录,运行如下命令编译并烧录程序。

```
$ make telosb install
```

运行 TestSerial 程序,显示下列结果。

```
Sending packet 1
Received packet sequence number 4
...
```

此时，节点的 LED 灯闪烁，表明节点与串口双向通信正常。

（2）基站程序示例

基站节点是无线传感器网络的重要组成部分，它负责与后台服务器进行串口通信以及与网络中的其他节点进行无线通信，起一个桥梁的作用。

取两个节点，一个节点烧录 BlinkToRadio 程序，一个烧录 BaseStation 程序，将两个节点都通电。可以看到，BaseStation 的 LED1 灯闪烁。按住 BlinkToRadio 节点的 RESET，LED1 不闪烁。BaseStation 节点的 LED0 闪烁，表示它收到了网络包；LED1 闪烁，表示将网络包发送到串口；LED2 闪烁，表示网络包被丢弃，丢弃的原因可能是串口的带宽小于节点的无线带宽。再将 BaseStation 节点连接到 PC，使用 Listen 命令读取串口的内容。

```
$ java net.tinyos.tools.Listen
```

Listen 命令的功能是创建数据包源，打印出每一个监听到的包。输出的内容如下：

```
00 FF FF 00 00 04 22 06 00 02 00 01
00 FF FF 00 00 04 22 06 00 02 00 02
...
```

每一行表示串口所收到的一个包。其中，第一个字节 00 表示这是一个 AM 类型的包，其余字段是普通的 Active Message 字段。最后部分是之前定义的 BlinkToRadioMsg 结构体。

BlinkToRadioC 应用的消息格式如下（忽略开始的 00 字节）。

① 目标地址：Destination address(2 bytes)；

② 连接源地址：Link source address(2 bytes)；

③ 消息长度：Message length(1 bytes)；

④ 组号：Group ID(1 byte)；

⑤ Active Message handler 类型：Active Message handler type(1 byte)；

⑥ 有效载荷：Payload(最大 28 bytes)；

⑦ 源节点 ID：Source mote ID(2 bytes)；

⑧ 示例计数值：Sample counter(2 bytes)。

（3）MIG 及数据包对象

Listen 程序是与节点通信最基础的方式。但是它只传送二进制的包。在实际中，往往需要读取这些二进制数据后，再根据数据内容分析其字段。

TinyOS 提供了一种方便解析二进制数据包内容的工具 MIG(Message InterFace Generator)。MIG 可以为用户指定的消息结构建立一个 Java，Python 或 C 的接口，免除了解析二进制数据的麻烦。

进入 TestSerial 目录，执行 make clean 清除上次的编译结果。然后执行 make

telosb,可以看到以下内容。

```
...
mig java - target = telosb - I % T/lib/oski - java - classname = TestSerialMsg TestSerial.
h TestSerialMsg
- o TestSerialMsg. java
javac * . java
compiling TestSerialAppC to a telosb binary
ncc - o build/telosb/main. exe - Os - O - mdisable - hwmul - Wall - Wshadow -
...
```

这表示在编译 TinyOS 应用程序之前,Makefile 中要求先生成 TestSerialMsg. java 文件,然后编译 TestSerialMsg. java 和 TestSerial. java,最后编译 TinyOS 应用程序。

打开 TestSerial 目录下的 Makefile 文件,内容如下。

```
COMPONENT = TestSerialAppC
BUILD_EXTRA_DEPS += TestSerial.class
CLEAN_EXTRA = * . class TestSerialMsg. java

TestSerial.class: $ (wildcard * . java) TestSerialMsg. java
javac * . java
TestSerialMsg. java:
mig java - target = null - java - classname = TestSerialMsg
TestSerial. h test_serial_msg - o $ @

include $ (MAKERULES)
```

打开 TestSerial 目录下的 Makefile 文件,内容如下:

```
BUILD_EXTRA_DEPS += TestSerial.class
```

说明 TinyOS 应用生成以前,要先编译 TestSerial. class。

```
TestSerial.class: $ (wildcard * . java) TestSerialMsg. java javac * . java
```

这行说明 TestSerialMsg. java 是 TestSerial. class 的依赖文件,在编译生成 TestSerial. class 之前需要生成 TestSerialMsg. java。而 TestSerialMsg. java 的生成要利用 MIG 工具。

在 Makefile 文件中,下面 3 条命令的含义如表 6.2 所示。

```
TestSerialMsg. java:
mig java - target = null - java - classname = TestSerialMsg
TestSerial. h test_serial_msg - o $ @
```

表 6.2 命令中相关参数的含义

参　数	含　义
mig	调用 MIG 命令
java	生成.class 文件
-target=null	无特定平台
-java-classname=TestSerialMsg	生成的 Java 类的名字

续表

参　数	含　义
TestSerial. h	数据包的定义头文件
test_serial_msg	头文件中的结构名称
-o $@	输出

（4）SerialForwarder 和其他

直接监听串口的问题就是只能由一个程序进行读取，因为这是一个硬件资源，并且需要监听程序物理连接到串口才可以读取。为克服以上限制，TinyOS 中的 SerialForwarder 工具提供了一个解决方案。

一般来说，SerialForwarder 工具连接一个真实的物理串口，在此之上创建一个虚拟数据包源，允许多个程序同时通过 TCP/IP 连接来访问该数据包源。可以看出，SerialForwarder 相当于物理串口的读写包的代理。

SerialForwarder 数据包源的语法如下。

sf@HOST:PORT

HOST 和 PORT 是可选的。默认状态是 localhost 和 9002 端口。运行 SerialForwarder 命令，将弹出窗口如图 6.9 所示。

```
$ java net.tinyos.sf.SerialForwarder
```

图 6.9　SerialForwarder 命令运行结果

这表示已经成功创建了一个数据包源 sf，它的地址是本地的 9001 端口。还可以在该 sf 上再次创建 sf 数据包源。

```
$ java net.tinyos.sf.SerialForwarder - port 9003 - comm sf@localhost:9001
```

这条命令创建了第 2 个 sf，它的源是工作在 9001 端口上的第一个 sf，第一个 sf 的引用数将增加 1。使用 MsgReader 工具读取第一个 sf 的内容，可以观察到第一个 sf 的引用数加 1，并且使用 MsgReader 开始读取内容。

除了串口和 SerialForwarder 以外，TinyOS 还支持 Crossbow MIB 600 类型的以太

网卡,默认端口是 10002。数据包源的语法格式如表 6.3 所示。

表 6.3　数据包源的语法格式

语　　法	源
serial@PORT:SPEED	串口
sf@HOST:PORT	SerialForwarder
network@HOST:PORT	MIB 600

（5）向串口发送数据包

在 TinyOS 中向串口发送一个 AM 类型的数据包,与通过 radio 发送非常相似。可以使用 AMSend 接口调用 AMSend. send 发送数据包,然后处理 AMSend. sendDone 事件,不用设置 AM 地址字段,如表 6.4 所示。

表 6.4　串口和 radio 发送的 AM 类型数据包所使用的组件

Serial	radio
SerialActiveMessageC	ActiveMessageC
SerialAMSenderC	AMSenderC
SerialAMReceiverC	AMReceiverC

其中,SerialActiveMessageC 用来打开和关闭栈,其余两个分别为收、发组件。组件接口上的相似,带来了实现上的相似。

5. 获取感知数据

要实现节点获取感知数据,可通过无线通信发送至基站节点,再由 PC 通过串口读取该数据并显示。下面通过 Sense 程序,介绍简单的感知数据获取方法;通过 Oscilloscope 程序,介绍无线传输和串口传输,以及图形化显示的过程。

（1）基本概念介绍

感知数据的获取是无线传感器网络最重要的功能之一。一般来说,感知数据的获取包含两个步骤。

① 配置并初始化传感器。传感器一般通过模/数转换器（ADC）或是串行外设接口（SPI）与处理器总线相联系,因此需要配置相应的两个模块。不同的平台和传感器可能配置方法不同。

② 读取感知数据。由于配置工作与读取工作相分离,使得读取功能较为一般化。可以使用 Read、ReadStream 或是 ReadNow 来读取感知。

（2）示例：Sense 程序

Sense 程序是一个简单的感知数据获取程序。其基本功能为周期性地采集感知数据,然后显示在 LED 的低 3 位上。SenseAppC 的内容如下,可以看出,与 Blink 程序非常相似。

```
configuration SenseAppC {
}
```

```
implementation {
    components SenseC, MainC, LedsC, new TimerMilliC();
    components new DemoSensorC() as Sensor;
    SenseC.Boot -> MainC;
    SenseC.Leds -> LedsC;
    SenseC.Timer -> TimerMilliC;
    SenseC.Read -> Sensor;
}
```

通过查看接口的连接情况可以看到,最大的不同是使用了 Read 接口。

```
module SenseC {
    uses {
        interface Boot;
        interface Leds;
        interface Timer < TMilli >;
        interface Read < uint16_t >;
    }
}
```

SenseC 的具体实现是:Boot 接口在系统初始化后启动定时器,然后产生周期性事件。在这个周期性事件中,通过 Read 接口读取感知数据。感知数据的读取是一个异步操作过程,分别通过 Read. read 和 Read. readdone 来完成。

```
implementation{
    ...
    event void Boot.booted() {
        call Timer.startPeriodic(SAMPLING_FREQUENCY);
    }
    event void Timer.fired() {
        call Read.read();
    }
    event void Read.readDone(error_t result, uint16_t data){
        ...
    }
}
```

Read 接口一次读取一个感知数据,其定义如下。

```
interface Read < val_t > {
    event void readDone( error_t result, val_t val );
}
```

与 Timer 类似,这是一个需要参数化的接口。<val_t>表示读取的感知数据的类型。

通过以下两行,第一行为组件声明,第二行为接口连接,可以看到最后读取感知数据的传感器是哪一个。用 DemoSensor 来读取感知数据。

```
components new DemoSensorC() as Sensor;
SenseC.Read -> Sensor;
```

在不同的平台,DemoSensor 的实现是不一样的。例如在 micaz 中,是简单返回一个常量;在 telosb 中,是返回 MCU 内部的电压值。它们统一的特点就是都需要提供 Read 接口。

```
generic configuration DemoSensorC() {
    provides interface Read<uint16_t>;
}
```

如果不使用默认的传感器,通常是定义新的组件来替代默认的传感器。例如:

```
components new VoltageC() as DemoSensor;
```

可供选择的传感器类型由相应的开发平台决定。传感器组件的放置目录可能位于/tos/platforms 或/tos/sensorboards 或/tos/chips。

最后,运行 Sense 程序,查看效果。

```
$ make telosb install
```

（3）Oscilloscope 示例子程序

Oscilloscope 是一个图形化显示感知数据的程序。它在节点上周期性地采集感知数据,累积到 10 个后通过无线传输至基站,然后通过串口发送至 PC 端,最后通过 Java 应用程序进行图形化显示。因此,最少需要两个节点,一个为连接基站到 PC,一个为普通节点。

OscilloscopeAppC 的内容如下。

```
configuration OscilloscopeAppC {}
implementation{
    components OscilloscopeC, MainC, ActiveMessageC, LedsC, new TimerMilliC(),
    new DemoSensorC() as Sensor,
    new AMSenderC(AM_OSCILLOSCOPE),
    new AMReceiverC(AM_OSCILLOSCOPE);
    OscilloscopeC.Boot -> MainC;
    OscilloscopeC.RadioControl -> ActiveMessageC;
    OscilloscopeC.AMSend -> AMSenderC;
    OscilloscopeC.Receive -> AMReceiverC; OscilloscopeC.Timer -> TimerMilliC;
    OscilloscopeC.Read -> Sensor;
    OscilloscopeC.Leds -> LedsC;
}
```

OscilloscopeC 的模块使用的接口如下。

```
module OscilloscopeC {
    uses {
        interface Boot;
        interface SplitControl as RadioControl;
        interface AMSend;
        interface Receive;
        interface Timer;
        interface Read;
```

```
        interface Leds;
    }
}
```

OscilloscopeC 的模块具体实现是（代码略）：利用定时器周期性地使用 DemoSensorC 获取感知数据，当数据达到 10 时，将其放入一个消息包中并通过 AMSend 发送。同时，通过 Receive 接口接收消息，控制感知数据获取的频率，结果如图 6.10 所示。

图 6.10　OscilloscopeC 的实现

6. TinyOS 的启动过程

本小节介绍 TinyOS 的启动过程，详细讲解 Boot. booted 之前和之后都发生了哪些操作，学习如何对组件进行合理的初始化。

（1）启动顺序

TinyOS 的启动顺序主要包含以下四个步骤：

① 调度器初始化；

② 组件初始化；

③ 启动完成事件；

④ 运行任务调度器。

MainC 结构示意图如图 6.11 所示。

应用程序的启动顺序的文件为 MainC. nc，它提供了一个 Boot 接口，同时使用 Init 接口（重命名为 SoftwareInit）。调度器初始化和平台初始化连接到 TinySchedulerC 组件和 PlatformC 组件上，TinyOS 的启动过程封装在 RealMainP 中。

图 6.11 MainC 结构示意图

```
configuration MainC {
    provides interface Boot;
    uses interface Init as SoftwareInit;
}
implementation {
    components PlatformC, RealMainP, TinySchedulerC;
    RealMainP.Scheduler -> TinySchedulerC;
    RealMainP.PlatformInit -> PlatformC;
    /* Export the SoftwareInit and Booted for applications SoftwareInit = RealMainP.
       SoftwareInit; */
    Boot = RealMainP;
}
```

RealMainP 的声明如下。

```
module RealMainP {
    provides interface Booted;
    uses {
        interface Scheduler;
        interface Init as PlatformInit;
        interface Init as SoftwareInit;
    }
}
```

除了 Boot 和 SoftwareInit，RealMainP 还使用了另外两个接口，即 PlatformInit 和 Scheduler。MainC 通过自动连接到系统的调度器和平台初始化中，使得这些对应用程序透明。PlatformInit 与 SoftwareInit 的区别在于，一个用于硬件，一个用于软件。

RealMainP 的代码如下，可以清晰地看到 3 个步骤。

```
implementation {
    int main() __attribute__ ((C, spontaneous)) {
        atomic {
            call Scheduler.init();
            call PlatformInit.init();
            while (call Scheduler.runNextTask());
            call SoftwareInit.init();
```

```
            while (call Scheduler.runNextTask());
        }
        __nesc_enable_interrupt();
        signal Boot.booted();
        call Scheduler.taskLoop();
        return - 1;
    }
    default command error_t PlatformInit.init() {
        return SUCCESS;
    }
    default command error_t SoftwareInit.init() {
        return SUCCESS;
    }
    default event void Boot.booted() { }
}
```

RealMainP 的命名之后有一个"P",表示该组件不能直接被其他组件调用。在硬件接口层(HIL)之上的组件都应该连接到 MainC 组件,而不是直接连接到 RealMainP。

(2) 调度器初始化

第一个步骤是调度器初始化。如果调度器初始化放在组件初始化之后,那么组件初始化过程中将不能提交任务(post task)。但是并不是所有组件初始化都需要提交任务。

(3) 组件初始化

在调度器初始化后进行组件的初始化。Init 接口只有一个函数,如下所示。

```
interface Init {
    command error_t init();
}
```

任何需要初始化的组件都可以实现这个接口。不直接依赖于硬件的初始化工作都应该连接到 MainC 的 SoftwareInit 接口上。

```
configuration MainC {
    provides interface Boot;
    uses interface Init as SoftwareInit;
}
```

在 RealMainP 中,PlatformInit.init 负责硬件模块的初始化,因此这个接口应该连接到特定平台的 PlatformC 组件上。例如,当平台移植的时候,必须提供一个 PlatformC 组件,并提供 Init 接口完成其初始化工作。

在初始化代码里,关于各个组件之间独立性的问题,TinyOS 提出了 3 种处理方式:

① 特定的硬件初始化由 PlatformC 处理。

② 系统服务由应用程序初始化,例如定时器、无线模块等。

③ 当一个服务被封装到若干个组件时,可以在其中一个组件的 Init 接口中调用其他组件的初始化命令,完成初始化工作。

(4) 启动完成

一旦完成上述初始化工作,就立刻触发 MainC 组件中的 Boot.booted,也就是编写应用程序中的 booted 实现过程。这个 booted 相当于传统意义上的 main 函数。

（5）运行任务调度器

当应用程序 booted 处理完毕后，TinyOS 进入内核任务调度循环。只要任务队列不为空，调度系统就一直运行。当任务队列为空时，TinyOS 将调节硬件至低功耗休眠模式。后面将介绍微控制器如何管理电源状态。

如果有中断到达，将退出休眠模式，进入中断处理函数。中断处理函数可能会提交若干任务，从而再次使调度器开始工作，如此循环。

（6）Boot 与 SoftwareInit

MainC 提供的 Boot 接口由应用程序负责处理。它主要用来启动定时器，提供无线通信等服务。对于在系统中只需要运行一次的初始化操作，可以把它们连接到 SoftwareInit。

自动连接（Auto-wiring）是指一个组件自动连接其依赖组件，而不是将其导出供开发者调用。在这样的情况下，一个组件除了提供该接口外，还需要将其与 MainC 的 SoftwareInit 相连接。

例如，PoolC 是一个内存池相关的组件。它主要负责分配内存对象集合来提供动态分配服务。在它的实现 PoolP 中需要进行数据结构的初始化工作。因此，PoolC 组件应该实例化一个 PoolP，然后将其连接到 SoftwareInit。这样一来，开发者将不需要担心它何时被初始化，系统会自动调用。

```
generic configuration PoolC(typedef pool_t, uint8_t POOL_SIZE)
{ provides interface Pool; }
implementation {
    components MainC, new PoolP(pool_t, POOL_SIZE);
    MainC.SoftwareInit -> PoolP;
    Pool = PoolP; }
```

7. TinyOS 的数据存储

TinyOS 中永久存储允许节点保存的数据在断电或是重新烧录程序后依然存在。

（1）基本概念介绍

TinyOS 提供了三种存储类型：

① 小对象（Small Objects）

② 循环日志（Circular Logs）

③ 大对象（Large Objects）

存储的主要接口都在 tos/interfaces 目录下，类型定义在 tos/types 目录下，相关文件名称如下：BlockRead、BlockWrite、Mount、ConfigStorage、LogRead、LogWrite、Storage.h。存储相关的组件主要有 ConfigStorageC、LogStorageC、BlockStorageC。存储驱动的实现在相应的芯片目录下，例如 M25PXX 系列 Flash 存储的具体实现在/tos/chips/stm25p 目录下。

TinyOS 提供了将 flash 空间分为固定大小分卷（volume）的方法。提供类似于以下内容的 XML 文件，该文件需放置在程序的应用目录下，命名规则为 volumes-CHIPNAME.xml。其中，CHIPNAME 为存储芯片型号。

```
< volume_table >
< volume name = "CONFIGLOG" size = "65536"/>
< volume name = "PACKETLOG" size = "65536"/>
< volume name = "SENSORLOG" size = "131072"/>
< volume name = "CAMERALOG" size = "524288"/> </volume_table >
```

注意：每个分卷的大小必须是可擦写单元的整数倍。

（2）配置数据存储

配置文件通常有以下特性。

① 大小有限，通常数百字节；

② 各个节点之间的值分布不统一；

③ 有时是事先无法获取的值，如和硬件相关的值。

对于这些数据，一般希望永久存储，因此可以在 RESET、电源切换或是重编程时都保留。典型的配置文件内容有以下几类。

① 校正信息，如校正公式的参数等；

② 身份信息，如 MAC 地址或是 TOS_NODE_ID；

③ 位置信息，如三维空间坐标；

④ 感知数据相关信息，例如获取频率以及阈值等。

BlinkConfig 例子程序的主要功能是从永久存储中读取配置数据的 period 值，然后将其除以 2，再将其写回 flash。这个程序的简要分析如下。

① 创建 volumes-CHIPNAME.xml 文件，设置好分卷参数，并放置在应用程序目录下。

```
< volume_table >
< volume name = "LOGTEST" size = "262144"/>
< volume name = "CONFIGTEST" size = "131072"/> </volume_table >
```

② 明确需要使用的接口：Mount 和 ConfigStorage。

```
module BlinkConfigC {
    uses {
        ...
        interface ConfigStorage as Config;
        interface Mount;
        ...
    }
}
```

③ 明确需要使用的组件，并连接。

```
configuration BlinkConfigAppC {
}
implementation {
    components BlinkConfigC as App;
    components new ConfigStorageC(VOLUME_CONFIGTEST);
    ...
```

```
    App. Config - > ConfigStorageC. ConfigStorage;
    App. Mount - > ConfigStorageC. Mount;
    ...
}
```

④ Flash 在被使用前,需要先进行 mount(在启动 Booted 中完成),使用 mount/mountDone 异步处理。

```
event void Boot. booted() {
    conf. period = DEFAULT_PERIOD;
    if (call Mount. mount() != SUCCESS) {
        //Handle failure
    }
}
```

⑤ 如果 mount 成功,那么 mountDone 将被调用。首先检查卷是否生效。如果生效,那么执行 read;否则执行提交,使其生效。

```
event void Mount. mountDone(error_t error) {
    if (error == SUCCESS) {
        if (call Config. valid() == TRUE) {
            if (call Config. read(CONFIG_ADDR, &conf, sizeof(conf)) != SUCCESS) {
                //Handle failure
            }
        } else {
            //Invalid volume. Commit to make valid.
            call Leds. led1On();
            if (call Config. commit() == SUCCESS) {
                call Leds. led0On();
            }
            ...
        }
    }
}
```

⑥ 如果读取成功,那么检查版本号。如果版本一致,覆盖内存变量,并更新 period 值;否则,将内存变量设置为默认值。最后将该内存变量写入配置文件。

```
event void Config. readDone(storage_addr_t addr, void * buf, storage_len_t len,
                    error_t err) __attribute__((noinline)) {
    if (err == SUCCESS) {
        memcpy(&conf, buf, len);
        if (conf. version == CONFIG_VERSION) {
            conf. period = conf. period/2;
            conf. period = conf. period > MAX_PERIOD ? MAX_PERIOD : conf. period;
            conf. period = conf. period < MIN_PERIOD ? MAX_PERIOD : conf. period;
        } else {
            //Version mismatch. Restore default.
            call Leds. led1On(); conf. version = CONFIG_VERSION;
            conf. period = DEFAULT_PERIOD;
        }
```

```
        call Leds.led0On();
        call Config.write(CONFIG_ADDR, &conf, sizeof(conf));
        ...
    }
}
```

⑦ 如果写入成功，调用 commit 命令永久写入 Flash。

```
event void Config.writeDone(storage_addr_t addr, void * buf, storage_len_t len,
                              error_t err) {
    //Verify addr and len
    if (err == SUCCESS) {
        if (call Config.commit() != SUCCESS) {
            //Handle failure
        }
        else {
            //Handle failure
        }
    }
}
```

⑧ 当 commit 成功后，数据被永久写入 flash。

```
event void Config.commitDone(error_t err) {
    call Leds.led0Off();
    call Timer0.startPeriodic(conf.period);
    if (err != SUCCESS) {
        //Handle failure
    }
}
```

（3）日志存储

有时需要记录系统的运行状态信息等，要求当系统崩溃时，记录的信息依然能够保留下来。TinyOS 为此提供了日志存储的方式，其特点如下。

① 记录方式是以条为基础的。

② 系统崩溃或是断电时，只丢失最近的一些记录。

③ 循环记录。当记录到最后无空间后，将覆盖最开始的记录。

给定的 PacketParrot 例子程序展示了 LogWrite 和 LogRead 的使用方法。其主要功能是将节点收到的包记录在 log 中，然后在一个电力循环（Power Cycle），也就是再次启动系统时，将 log 中的记录无线发送出去。例子程序简要分析如下。

① 定义储存到日志的格式。

```
typedef nx_struct logentry_t {
    nx_uint8_t len;
    message_t msg;
} logentry_t;
```

② 在系统启动时，开始读取日志。和配置数据存储不同，不需要进行 mount 定义存

储到日志的格式。

```
event void AMControl.startDone(error_t err) {
    if (err == SUCCESS) {
        if (call LogRead.read(&m_entry, sizeof(logentry_t)) != SUCCESS) {
            //Handle error
        }
    } else {
        call AMControl.start();
    }
}
```

③ 如果读取成功,检查日志记录是否损坏。如果正常,将该条记录通过无线传输进行发送;否则,日志是空的,或是已经格式不匹配,需擦除日志。

```
event void LogRead.readDone(void * buf, storage_len_t len, error_t err) {
    if ( (len == sizeof(logentry_t)) && (buf == &m_entry) ) {
        call Send.send(&m_entry.msg, m_entry.len);
        call Leds.led1On();
    } else {
        if (call LogWrite.erase() != SUCCESS) {
            //Handle error. } call Leds.led0On();
        }
    }
}
```

④ 如果接收到包,将其写入日志。

```
event message_t * Receive.receive(message_t * msg, void * payload, uint8_t len){
    call Leds.led2On();
    if (!m_busy) {
        m_busy = TRUE;
        m_entry.len = len;
        m_entry.msg = * msg;
        if (call LogWrite.append(&m_entry, sizeof(logentry_t)) != SUCCESS) {
            m_busy = FALSE;
        }
    }
    return msg;
}
```

⑤ 如果写入成功,appendDone 返回 SUCCESS;否则,判别写入失败的原因,然后进行相应的处理。

```
event void LogWrite.appendDone(void * buf, storage_len_t len, bool recordsLost,
                               error_t err) {
    m_busy = FALSE;
    call Leds.led2Off();
}
```

（4）大对象存储

大对象存储（块存储）通常用来保存那些不能在 RAM 中存放的对象。块存储是执行一次性写入操作，以块为单位（256B～64KB）。重写擦除非常耗时。一般在重编程时使用块存储保存映像文件。

8. 资源仲裁及电源管理

下面介绍 TinyOS 中的资源类型及其电源管理方式。

（1）基本概念介绍

TinyOS 将资源抽象为三种类型：专有（Dedicated）、虚拟（Virtualized）、共享（Shared）。

专有资源的特点如下。

① 只有一个用户访问该资源。

② 一直独占该资源。

③ 通过提供 AsyncStdControl 或 StdControl 或 SplitControl 来控制设备的 on/off，这三个接口的不同点仅在于实时性的要求。

虚拟资源的特点如下。

① 在一个资源的基础上虚拟多个资源实例（Instances）。

② 无法完全控制资源，因为多实例共同使用。

③ 由于是软件化虚拟，所以不存在客户端数目的限制，仅仅受到存储空间或是效率的限制。例如，多个 Timer 定时器虚拟在一个硬件定时器之上。

共享资源的特点如下。

① 分配期间完全控制资源。

② 不同时被多个客户端占用。

③ 使用仲裁机制调度客户端申请。

④ 假设资源申请者处于合作模式，再有需要时，申请资源；使用完毕，主动释放资源。例如，Flash 存储与无线 Radio 共享 SPI 总线，当仲裁调度到 Flash 存储或是无线 Radio 获取访问权时，它将执行一系列操作后释放该资源。

资源仲裁（Arbiter）主要做到以下几点。

① 决定何时哪个申请者获取资源控制权。

② 相当于资源仲裁专用该硬件资源。

③ 自动调用 AsyncStdControl 或 StdControl 或 SplitControl 接口中的 on/off 开关进行电源管理。

④ 分配期间完全控制资源。

⑤ 不同时被多个客户端占用。

⑥ 使用仲裁机制调度客户端申请。

⑦ 假设资源申请者处于合作模式，即再有需要时申请资源，使用完毕主动释放资源。例如 Flash 存储与无线 Radio 共享 SPI 总线，当仲裁调度到 Flash 存储或是无线 Radio 获取访问权，它将执行一系列操作后释放该资源。

（2）共享资源示例

在 TinyOS 中，通过 Resource 接口的 request 申请资源，一旦获取访问权，即处理

granted 事件；使用完毕，调用 release 释放资源。

SharedResourceDemo 程序展示了多客户如何获取共享资源的访问权。程序简要分析如下。

① 创建 3 个 SharedResourceC 的实例，表示有 3 个客户端。

```
configuration SharedResourceDemoAppC{
}
implementation {
    components MainC,LedsC, SharedResourceDemoC as App,
    ...
    components
    new SharedResourceC() as SharedResource0,
    new SharedResourceC() as SharedResource1,
    new SharedResourceC() as SharedResource2;
    App.Resource0 -> SharedResource0;
    App.Resource1 -> SharedResource1;
    App.Resource2 -> SharedResource2; App.ResourceOperations0 -> SharedResource0;
    App.ResourceOperations1 -> SharedResource1; App.ResourceOperations2 -> Sh
aredResource2;
}
```

其中，每个 SharedResourceC 都提供 Resource、ResourceOperations 和 ResourceRequested 接口，同时使用 ResourceConfigure 接口。

```
generic configuration SharedResourceC() {
    provides interface Resource;
    provides interface ResourceRequested;
    provides interface ResourceOperations;
    uses interface ResourceConfigure;
}
```

② 在程序启动时，提交资源的申请。

```
event void Boot.booted() {
    call Resource0.request();
    call Resource1.request();
    call Resource2.request();
}
```

③ 每个请求都是根据共享资源的仲裁进行调度服务的。这里实现的是 RoundRobin，即轮叫调度策略。

```
configuration SharedResourceP {
    provides interface Resource[uint8_t id];
    provides interface ResourceRequested[uint8_t id];
    provides interface ResourceOperations[uint8_t id];
    uses interface ResourceConfigure[uint8_t id];
}
implementation {
```

```
components new RoundRobinArbiterC(UQ_SHARED_RESOURCE) as Arbiter;
    …
}
```

④ 当某个客户端获得资源访问权时，其 granted 事件被调用，简单地执行 ResourceOperations 接口的 operation 命令进行访问。

```
event void Resource0.granted() {
    call ResourceOperations0.operation();
}
event void Resource1.granted() {
    call ResourceOperations1.operation();
}
event void Resource2.granted() {
    call ResourceOperations2.operation();
}
```

⑤ 通过查看 operation 命令，可以看到 operation 必须被执行。因为它保证了客户端对于资源的完全控制。

```
command error_t ResourceOperations.operation() {
    if(lock == FALSE) {
        lock = TRUE;
        post operationDone();
        return SUCCESS;
    }
    return FAIL;
}
```

⑥ 当 operation 操作结束后，将触发 operationDone 事件。在这里，分别启动一个定时器，当到达时间周期时，释放该资源。定时器时间相当于模拟处理某些操作的时间。

```
#define HOLD_PERIOD 250
event void ResourceOperations0.operationDone(error_t error) {
    call Timer0.startOneShot(HOLD_PERIOD);
    call Leds.led0Toggle();
}
event void ResourceOperations1.operationDone(error_t error) {
    call Timer1.startOneShot(HOLD_PERIOD);
    call Leds.led1Toggle();
}
event void ResourceOperations2.operationDone(error_t error) {
    call Timer2.startOneShot(HOLD_PERIOD);
    call Leds.led2Toggle();
}
```

⑦ 定时器 fire 被触发，释放资源，然后重新申请。

```
event void Timer0.fired() {
    call Resource0.release();
```

```
        call Resource0.request();
}
event void Timer1.fired() {
        call Resource1.release();
        call Resource1.request();
}
event void Timer2.fired() {
        call Resource2.release();
        call Resource2.request();
}
```

9. 网络协议

TinyOS 网络协议有两个基本功能：网络分发与搜集信息。

（1）分发（Dissemination）

分发协议的目的在于可靠地将数据传递给网络的每一个节点，主要用于配置参数、网络查询以及重编程等功能。分发操作需具有一定的鲁棒性来保证在链路临时断开以及丢包率较高等情况下操作正确。

TinyOS 为分发提供了两个接口：DisseminationValue 和 DisseminationUpdate。

```
DisseminationC
StdControl as DisseminationControl { start(); stop() }
new Disseminator(type, key)
DisseminationUpdate { change() }
DisseminationValue { changed(); get() }
```

两个接口的定义如下。

```
interface DisseminationUpdate<t> {
        command void change(t * newVal);
}
```

这个接口供分发者使用，需要分发一个新的值时，调用 change 命令。

```
interface DisseminationValue<t> {
        command const t * get();
        event void changed();
}
```

这个接口供接收者使用，当收到分发者发布的新值时，触发 changed 事件，然后调用 get 命令获取具体数值。

EasyDissemination 示例程序的主要功能如下。

① 基站节点 ID 为 1，每 2 秒钟增加 counter，然后显示在 LED 上，同时发送给全网节点。

② 其他 ID 值节点为普通节点，接收基站节点的分发 counter 值，显示在自己的 LED 上。

示例程序简要分析如下：在定时器 fired 中，调用 change 命令进行数据分发。

① 当收到分发的提示时,触发 chagned 事件。

```
call Update.change(&counter);
event void Value.changed() {
    const uint16_t * newVal = call Value.get();
    //show new counter in leds
    counter = * newVal;
    post ShowCounter();
}
```

② 将组件连接起来。

```
configuration EasyDisseminationAppC {}
implementation {
    components EasyDisseminationC;
    components MainC;
    EasyDisseminationC.Boot -> MainC;
    components ActiveMessageC; EasyDisseminationC.RadioControl -> ActiveMessageC;
    components DisseminationC; EasyDisseminationC.DisseminationControl -> DisseminationC;
    components new DisseminatorC(uint16_t, 0x1234) as Diss16C;
    EasyDisseminationC.Value -> Diss16C;
    EasyDisseminationC.Update -> Diss16C;
    components LedsC;
    EasyDisseminationC.Leds -> LedsC;
    components new TimerMilliC();
    EasyDisseminationC.Timer -> TimerMilliC;
}
```

③ 查看 tos/lib/net/Dissemination/DisseminationC.nc,可以看到 DisseminationC 提供了 DisseminationValue 和 DisseminationUpdate 接口。

```
generic configuration DisseminatorC(typedef t, uint16_t key) {
    provides interface DisseminationValue<t>;
    provides interface DisseminationUpdate<t>;
}
```

④ Makefile 内容如下,包含 drip 库。

```
COMPONENT = EasyDisseminationAppC
CFLAGS +=- I $ (TOSDIR)/lib/net \
- I $ (TOSDIR)/lib/net/drip
include $ (MAKERULES)
```

烧录 3 个节点,ID 分别为 1、2、3,然后查看运行效果。RESET 节点 2 或者节点 3,然后查看效果。

(2) 收集(Collection)

收集是与分发相对应的操作,目的在于从其他节点汇聚数据到基站节点。通常的做法是建立一个或多个搜集树(Collection Trees),这些树的根为基站节点。

当一个节点需要递交数据时,将该数据沿着树的路径传输。

```
CollectionC
StdControl as RoutingControl {start();stop()}
RootControl {setRoot()}
Receive[collectionID] {receive();}
Intercept[collectionID] {forward();}
CtpInfo
new collectionSenderC(collectionID)
Send {send(); }
```

EasyCollection 是一个搜集示例程序。普通节点周期性地发送数据至基站节点。示例代码简要分析如下：

① 节点在程序启动时,打开 radio。

```
event void Boot.booted() {
    call RadioControl.start();
}
```

② 当 radio 打开成功后,启动路由控制。

```
event void RadioControl.startDone(error_t err) {
    if (err != SUCCESS)
        call RadioControl.start();
    else
        call RoutingControl.start();
    if (TOS_NODE_ID == 1)
        call RootControl.setRoot();
    else
        call Timer.startPeriodic(2000);
}
```

③ 还需要设置收集树的根节点,也就是基站节点,来搜集其他节点的数据。RootControl 关于根节点的命令如下：

```
interface RootControl {
    command error_t setRoot();
    command error_t unsetRoot();
    command bool isRoot();
}
```

SetRoot 用来设置根节点。

```
if (TOS_NODE_ID == 1)
    call RootControl.setRoot();
else
    call Timer.startPeriodic(2000);
```

④ 将发送与接收的接口与收集树连接起来,表示使用收集树进行数据包的发送与接收。

```
configuration EasyCollectionAppC {}
implementation {
```

```
components EasyCollectionC, MainC, LedsC, ActiveMessageC;
components CollectionC as Collector;
components new CollectionSenderC(0xee);
components new TimerMilliC();

EasyCollectionC.Boot -> MainC;
EasyCollectionC.RadioControl -> ActiveMessageC;
EasyCollectionC.RoutingControl -> Collector;
EasyCollectionC.Leds -> LedsC;
EasyCollectionC.Timer -> TimerMilliC;
EasyCollectionC.Send -> CollectionSenderC;
EasyCollectionC.RootControl -> Collector;
EasyCollectionC.Receive -> Collector.Receive[0xee];
}
```

⑤ 收集过程的接口大部分由 tos/lib/net/ctp/ Collection. nc 提供（tos/lib/net/ctp/CollectionSenderC. nc）。

```
configuration CollectionC {
    provides {
        interface StdControl;
        interface Send[uint8_t client];
        interface Receive[collection_id_t id];
        interface Receive as Snoop[collection_id_t];
        interface Intercept[collection_id_t id];
        interface Packet; interface CollectionPacket;
        interface CtpPacket;
        interface CtpInfo;
        interface CtpCongestion;
        interface RootControl;
    }
}
```

⑥ 发送接口由抽象的 CollectionSenderC 组件提供（tos/lib/net/ctp/CollectionSenderC. nc）。

```
generic configuration CollectionSenderC(collection_id_t collectid) {
    provides {
        interface Send;
        interface Packet;
    }
}
```

这里注意一点，collectid 用于区分不同的收集树。

⑦ 如果有需要对收集树进行修改，可以参考 CollectionC 的其他接口。例如，CtpInfo 可以用来获取关于搜集树的内部信息；用 CtpCongestion 来获取某个节点是否阻塞等。

Makefile 内容如下，需要相应的头文件：

```
COMPONENT = EasyCollectionAppC CFLAGS +=- I $ (TOSDIR)/lib/net \
- I $ (TOSDIR)/lib/net/le \
- I $ (TOSDIR)/lib/net/ctp include $ (MAKERULES)
```

10. TinyOS Build 相关工具

下面介绍 TinyOS 相关工具,主要包括 Build 系统、Makefile 以及其他相关工具。

(1) Build 系统

在前面的实验中,已经了解到编译及烧录程序等命令:

```
$ make telosb
$ make telosb install
$ make telosb install,1
```

从中可以看到,Build 系统是根据输入参数来决定目标编译平台以及其他操作的,这些参数分为以下类型。

① 目标平台:例如 telosb、mica2 等。

② 动作:需要进行的操作。

* help:打印关于目标平台的帮助信息。
* install,N:编译并烧录。N 为可选项,表示节点 ID。
* reinstall,N:仅烧录(如果之前未编译,将失败)。
* clean:清除编译后产生的文件。
* sim:编译为模拟环境。

③ 编译选项如下。

* debug:开启 debug 功能,关闭优化(例如内联)。
* debugopt:开启 debug 功能并使用优化。
* verbose:打印许多额外信息,例如 make 调用的每个命令的执行情况。
* wiring/nowiring:开启或关闭 ncc-wiring 选项,了解详细情况。

④ 烧录选项:如果存在多个目标烧录节点同时连接,需要指定烧录的端口。例如,以下表示烧录连接在/dev/ttyUSB1 上的设备:

```
$ make telosb reinstall bsl,/dev/ttyUSB1
```

(2) 定制 Build 系统

当发现总是在执行一些相同的选项命令,例如总是烧录/dev/ttyUSB1 的设备以及总是使用 CC2420radio 的 12 信道(channel),就可以定制。在 support/make 目录中新建文件 Makelocal,其内容如下。

```
BSL ? = /dev/ttyUSB1
PFLAGS =- DCC2420_DEF_CHANNEL = 12
```

再次编译以前的程序 BlinkRadio,会发现以上内容出现在编译输出信息中。Makelocal 文件使得以下两个命令等价。

```
$ make telosb bsl
$ make telosb bsl,/dev/ttyUSB1
```

上面 PFLAGS 的作用在于告诉 C 在预处理中,DCC2420_DEF_CHANNEL 等于 12。

除了 CC2420_DEF_CHANNEL 外,还可以设置的参数如下。

① DEFINED_TOS_AM_ADDRESS:组 ID(默认为 0x22)。

② CC2420_DEF_CHANNEL:CC2420 信道(默认为 26)。

③ CC2420_DEF_RFPOWER:1～31。

④ CC1K_DEF_FREQ:CC1000 频率(默认为 434.845MHz)。

⑤ TOSH_DATA_LENGTH:数据包 payload 长度(默认为 28)。

(3) 应用程序 Makefile

在每一个应用程序的目录下都存在一个 Makefile 文件,其内容类似于 COMPONENT=TopLevelComponent include $(MAKERULES)。这表示顶层的组件名称为 TopLevelComponent。

如果还需设置其他选项以及生成其他文件,需要添加其他命令。以下为 Makefile 的内容。

```
COMPONENT = RadioCountToLedsAppC
BUILD_EXTRA_DEPS = RadioCountMsg.pyRadioCountMsg.class
RadioCountMsg.py: RadioCountToLeds.h
mig python - target = $ (PLATFORM) $ (CFLAGS) - python - classname = RadioCountMsg
RadioCountToLeds.h RadioCountMsg - o $ @

RadioCountMsg.class: RadioCountMsg.java
javac RadioCountMsg.java

RadioCountMsg.java: RadioCountToLeds.h
mig java - target = $ (PLATFORM) $ (CFLAGS) - java - classname = RadioCountMsg
RadioCountToLeds.h RadioCountMsg - o $ @

include $ (MAKERULES)
```

BUILD_EXTRA_DEPS 表示除了编译 TinyOS 应用程序外,还需要编译的目标。执行 make 命令后,可以看到 RadioCountMsg.py 和 RadioCountMsg.class 两个文件同时被创建。

但是,如果执行 make clean,这两个文件是不会被自动删除的。为此,需要添加的规则如下。

```
CLEAN_EXTRA = $ (BUILD_EXTRA_DEPS) RadioCountMsg.java
```

再次执行 make clean 可以发现,RadioCountMsg.py 和 RadioCountMsg.class 文件都被删除。

(4) TinyOS 编译相关工具

针对多目标平台,TinyOS 提供了一套较为统一的 Build 系统来实现简易化的编译和烧录。但其实这不是必须的,开发人员可以定义自己的 Build 系统。下面通过几个简单命令的调用来实现编译、烧录 Blink 实例程序。

① 使用 nesC 编译器编译源文件。

```
$ ncc - o build/telosb/main.exe - Os - O - mdisable - hwmul - fnesc - separator = __ - Wall
- Wshadow - Wnesc - all - target = telosb - fnesc - cfile = build/telosb/app.c - board =
- DDEFINED_TOS_AM_GROUP = 0x22 - DIDENT_APPNAME = \"BlinkAppC\" - DIDENT_USERNAME = \"gw\"
- DIDENT_HOSTNAME = \"ubuntu\"
- DIDENT_USERHASH = 0xc2c11851L - DIDENT_TIMESTAMP = 0x4ec3613bL
- DIDENT_UIDHASH = 0x374ad97fL BlinkAppC.nc - lm
```

② 生成 ihex 文件。

```
$ msp430 - objcopy -- output - target = ihex build/telosb/main.exe build/telosb/main.ihex
```

③ 设置 TOS_NODE_ID＝1。

```
$ tos - set - symbols -- objcopy msp430 - objcopy -- objdump msp430 - objdump -- target ihex
build/telosb/main.ihex build/telosb/main.ihex.out TOS_NODE_ID = 1 ActiveMessageAddressC__
addr = 1;
```

④ 将该程序烧录到/dev/ttyUSB0 设备上。

```
$ tos - bsl -- telosb - c /dev/ttyUSB0 - r - e - I - p build/telosb/main.ihex.out
```

其实,也可以执行-n 选项,查看 make 到底执行了哪些命令操作。

```
$ make - n telosb install,1
```

关于 tos-set-symbols 以及 ncc 等命令的详细含义和参数选项,请使用 man 进行
查看。

练习题

简单 LED 实验。

实验要求:根据提供的实验程序,了解 nesC 程序的结构,以及 LED 亮灯的控制。实
验具体要求如下。

(1) 掌握编译及烧录 telosb 程序的方法。

(2) 修改程序,只使用一个 Timer,三个 LED 灯作为 3 位二进制数表示(亮灯为 1,不
亮为 0),按照 0～7R 顺序循环显示,间隔 1s。

试写出实验步骤。

第 7 章

无线传感器网络的节点定位技术

本章要点

- 无线传感器网络的节点定位技术
- 无线传感器网络跟踪技术
- 无线传感器网络时间同步技术
- 基于距离的定位和与距离无关的定位算法

7.1 节点定位技术简介

7.1.1 节点定位的几个基本概念

1. 节点定位概述

定位就是确定位置。确定位置在实际应用中有两种意义,一种是确定自己在系统中的位置,另一种是确定目标在系统中的位置。在传感器网络中,节点定位技术就是无线传感器网络节点通过某种方法在基于已知节点位置信息的情况下,计算和确定未知节点或者目标节点的坐标位置的技术。在应用中,只有知道节点的位置信息,才能实现对目标信息的监测,这就需要监测到该事件的多个传感器节点之间的相互协作情况。只有正确的节点定位才是提供监测对象信息的前提。

在传感器网络应用场合中,节点一般采取随机放置的方法。由于数目很多,不可能每个节点都要定位,都要确定位置信息,所以对于其中 5%～10% 节点使用定位系统,一般的方法是采用 GPS 定位设备来获得自身的精确位置。目前研究的主要方向包括两个方面,一个方向是利用锚节点基于定位算法来确认其他节点的位置,这些锚节点事先借助外部设备已经确定好了自身位置;另一个方向是事先设置好锚节点并建立坐标系,其他节点随机摆放,然后利用定位算法来计算未知节点的坐标位置。

传统的获得节点位置的方法是使用全球定位系统(GPS)来实现。但是 GPS 全球定位系统受价格高、体积大、功耗大等因素制约,大规模应用十分困难。目前主要的研究工作是利用已知位置的锚节点,通过定位算法来估算和确认其他未知节点的位置信息。

2. 定位算法的评价标准

无线传感器网络定位技术的性能十分重要,通过以下几个标准来评定定位技术的性能。

(1) 定位精度。评价无线传感器网络定位技术,首先要考虑其定位精度。比如,在基于距离定位的算法中,可以用定位坐标与实际坐标的距离来对比;在非距离定位的算法中,常用误差值和节点通信半径的比例来表示。

(2) 代价。定位算法需要很多代价,包括以下几个方面:时间代价,包括一个系统的安装时间、配置时间、定位所需时间;资金代价,包括实现定位系统的基础设施和节点设备的总费用;硬件代价,包括一个定位系统或算法所需的基础设施和网络节点的数量、硬件尺寸等。

(3) 规模。不同的定位算法,适用的场合范围和规模不同。大规模定位算法可在大范围的场合应用,比如森林或者城市内;中等规模算法可在大型商场、小区和学校内定位时应用;小规模的定位算法只能在一栋楼内或者一个房间内实现定位时应用。

(4) 定位覆盖率。它是指在定位系统中,能够实现定位的未知节点的数目占整个未知节点数目的比例。

(5) 锚节点密度。锚节点通常需要人工部署,这些节点常常受到网络部署环境的制约,会严重影响无线传感器网络应用的可扩展性。所以,锚节点的密度严重影响整个传感器网络的成本。因此,锚节点密度也是评价定位系统和算法性能的重要指标之一。

(6) 网络连通度。在定位系统中,网络的连通性如何直接影响到定位算法的精度。比如,距离向量路由算法对网络连通度要求很高。节点的密度是影响网络连通度的主要原因,节点密度提高,传感器网络的成本也升高。

(7) 鲁棒性。在理想的实验室环境内,大部分定位算法的误差性比较小。但是在实际应用场合,有许多干扰因素影响测量结果。比如,障碍物引起的非视距(NLOS),大气中存在严重的多径传播,部分传感器节点电能耗尽,节点间通信阻塞等问题,容易造成定位误差突发性增大,甚至造成整个定位系统瘫痪。因此,传感器网络定位算法必须具有很强的鲁棒性,减小各种误差的影响,以提高定位精度和可靠性。

3. WSN 的定位技术应用

除用来提供监测区域内节点的位置信息外,无线传感器网络定位技术还有下列应用。

(1) 定向信息查询:如果监测需要,可以对某一个监测区内的监测对象进行定位,需要管理节点发送任务给这个区域内的传感器节点。

(2) 协助路由:通过节点的位置信息路由算法,可以进行路由的选择。

(3) 目标跟踪:对目标的行动路线进行实时监测,并且预测目标的前进轨迹。

(4) 网络管理:使用定位技术可以实现网络管理,利用这些节点传送过来的节点位置信息来构成网络的拓扑结构,对整个网络的覆盖情况实时观察,也可以对节点分布情况进行管理。

7.1.2　节点定位技术基本原理

在传感器节点定位过程中,未知节点在获得对于邻近信标节点的距离,或获得邻近的信标节点与未知节点之间的相对角度后,通常使用下列方法之一计算自己的位置:三边测量法、三角测量法、极大似然估计法,最后对得到的位置值进行修正,以提高定位精度,减小误差。

1. 三边测量法

三边测量法(Trilateration)如图 7.1 所示。已知 A、B、C 三个节点的坐标分别为 (x_a, y_a)、(x_b, y_b)、(x_c, y_c),它们到未知节点 D 的距离分别为 d_a、d_b、d_c,假设节点 D 的坐标为 (x, y),那么,可以获得一个非线性方程组,如式(7.1)所示。

$$\begin{cases} \sqrt{(x-x_a)^2 + (y-y_a)^2} = d_a \\ \sqrt{(x-x_b)^2 + (y-y_b)^2} = d_b \\ \sqrt{(x-x_c)^2 + (y-y_c)^2} = d_c \end{cases} \tag{7.1}$$

采用线性化方法求解,如式(7.2)所示,可以得到 D 点的坐标为

$$\begin{bmatrix} x \\ y \end{bmatrix} = \begin{bmatrix} 2(x_a - x_c) & 2(y_a - y_c) \\ 2(x_b - x_c) & 2(y_b - y_c) \end{bmatrix}^{-1} \begin{bmatrix} x_a^2 - x_c^2 + y_a^2 - y_c^2 + d_c^2 - d_a^2 \\ x_b^2 - x_c^2 + y_b^2 - y_c^2 + d_c^2 - d_b^2 \end{bmatrix} \tag{7.2}$$

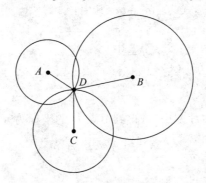

图 7.1　三边测量法

2. 三角测量法

三角测量法原理如图 7.2 所示。已知 A、B、C 三个节点的坐标分别为 (x_a, y_a)、(x_b, y_b)、(x_c, y_c),节点 D 相对于节点 A、B、C 的角度分别为:$\angle ADB$、$\angle ADC$、$\angle BDC$。假设节点 D 的坐标为 (x, y)。

对于节点 A、C 和 $\angle ADC$,如果弧段 AC 在 $\triangle ABC$ 内,那么能够唯一确定一个圆。设圆心为 $O_1(x_{O_1}, y_{O_1})$,半径为 r_1,那么 $\alpha = \angle AO_1C = (2\pi - 2\angle ADC)$,并存在下列公式:

$$\begin{cases} \sqrt{(x_{O_1} - x_a)^2 + (y_{O_1} - y_a)^2} = r_1 \\ \sqrt{(x_{O_1} - x_c)^2 + (y_{O_1} - y_c)^2} = r_1 \\ (x_a - x_c)^2 + (y_a - y_c)^2 = 2r_1^2(1 - \cos\alpha) \end{cases} \tag{7.3}$$

由式(7.3)能够确定圆心 O_1 点的坐标和半径 r_1。同理,对 A、B、$\angle ADB$ 和 B、C、$\angle BDC$,分别确定相应的圆心 $O_2(x_{O_2}, y_{O_2})$、半径 r_2、圆心 $O_3(x_{O_3}, y_{O_3})$ 和半径 r_3。

最后利用三边测量法,由点 $D(x, y)$、$O_1(x_{O_1}, y_{O_1})$、$O_2(x_{O_2}, y_{O_2})$、$O_3(x_{O_3}, y_{O_3})$ 确定点 D 的坐标。

3. 极大似然估计法

极大似然估计法（Maximum Likelihood Estimation），也称多边测量法，如图 7.3 所示。已知 $1,2,3,\cdots,n$ 个节点的坐标分别为 $(x_1,y_1),(x_2,y_2),(x_3,y_3),\cdots,(x_n,y_n)$，它们到未知节点 D 的距离分别为 $d_1,d_2,d_3,\cdots,d_n$。假设节点 D 的坐标为 (x,y)，那么，存在以下的公式。

$$\begin{cases} (x_1-x)^2+(y_1-y)^2=d_1^2 \\ (x_2-x)^2+(y_2-y)^2=d_2^2 \\ \vdots \\ (x_n-x)^2+(y_n-y)^2=d_n^2 \end{cases} \tag{7.4}$$

从第一个方程开始，分别减去最后一个方程，得

$$\begin{cases} x_1^2-x_n^2-2(x_1-x_n)x-y_1^2-y_n^2-2(y_1-y_n)y=d_1^2-d_n^2 \\ x_{n-1}^2-x_n^2-2(x_{n-1}-x_n)x-y_{n-1}^2-y_n^2-2(y_{n-1}-y_n)y=d_{n-1}^2-d_n^2 \end{cases} \tag{7.5}$$

由式（7.5）得到线性方程表达式为：$ax=b$。其中：

$$A=\begin{bmatrix} 2(x_1-x_n) & 2(y_1-y_n) \\ \vdots & \vdots \\ 2(x_{n-1}-x_n) & 2(y_{n-1}-y_n) \end{bmatrix}, \quad b=\begin{bmatrix} x_1^2-x_n^2+y_1^2-y_n^2+d_n^2-d_1^2 \\ \vdots \\ x_{n-1}^2-x_n^2+y_{n-1}^2-y_n^2+d_n^2-d_{n-1}^2 \end{bmatrix}, \quad X=\begin{bmatrix} x \\ y \end{bmatrix}$$

$$\tag{7.6}$$

使用标准最小均方差估计方法，可得到节点 D 的坐标为

$$\hat{X}=(A^{\mathrm{T}}A)^{-1}A^{\mathrm{T}}b$$

图 7.2　三角测量法　　　　　　图 7.3　极大似然估计法

7.2　无线传感器网络自身定位技术

7.2.1　无线传感器网络节点定位算法的分类

目前无线传感器网络自身定位系统和定位算法非常多，通常有以下几种分类。

1. 物理定位与符号定位（Physical Position and Symbolic Location）

定位系统可提供两种类型的定位结果，即物理位置和符号位置。例如，某个节点位于 $47°39'17''N, 122°18'23''W$ 就是物理位置；某个节点在建筑物的 123 号房间就是符号位置。在一定条件下，物理定位和符号定位可以相互转换。与物理定位相比，符号定位更适于某些特定的应用场合。例如，在安装有无线烟火传感器网络的智能建筑物中，管理者更关心某个房间或区域是否有火警信号，而不是火警发生地的经纬度。大多数定位系统和算法都提供物理定位服务，符号定位的典型系统和算法有 Active Badge、微软的 Easy Living 等。MIT 的 Cricket 定位系统可根据配置，实现两种不同形式的定位。

2. 绝对定位与相对定位（Absolute versus Relative）

绝对定位与物理定位类似，定位结果是一个标准的坐标位置，如经纬度。而相对定位通常是以网络中的部分节点为参考，建立整个网络的相对坐标系统。绝对定位可为网络提供唯一的命名空间，受节点移动性影响较小，有更广泛的应用领域。但研究发现，在相对定位的基础上也能够实现部分路由协议，尤其是基于地理位置的路由（geo-routing），而且相对定位不需要锚节点。大多数定位系统和算法都可以实现绝对定位服务。典型的相对定位算法和系统有 SPA（Self-Positioning Algorithm）、LPS（Local Positioning System）、SpotON，MDS-MAP 定位算法可以根据网络配置的不同分别实现两种定位。

3. 紧密耦合与松散耦合（Tightly Coupled versus Loosely Coupled）

所谓紧密耦合定位系统，是指锚节点不仅被仔细地部署在固定的位置，并且通过有线介质连接到中心控制器；松散型定位系统的节点采用无中心控制器的分布式无线协调方式。典型的紧密耦合定位系统包括 AT&T 的 Active Bat 系统和 Active Badge、HiBall Tracker 等。它们的特点是适用于室内环境，具有较高的精确性和实时性，时间同步和锚节点间的协调问题容易解决。但这种部署策略限制了系统的可扩展性，代价较大，无法应用于布线工作不可行的室外环境。

近年来提出的许多定位系统和算法，如 Cricket、AHLos 等都属于松散耦合型解决方案。它们以牺牲紧密耦合系统的精确性为代价，获得了部署的灵活性，依赖节点间的协调和信息交换实现定位。在松散耦合系统中，因为网络以 Ad Hoc 方式部署，节点间没有直接的协调，所以节点会竞争信道并相互干扰。针对这个问题，剑桥的 Mike Hazas 等人提出使用宽带扩频技术（如 DSSS、DS/CDMA）解决多路访问和带内噪声干扰问题。

这种分类方法与基于基础设施和无需基础设施（Infrastructure-based versus Infrastructure-free）的分类方法相似；不同的是，后者是以整个系统除了传感器节点以外是否还需要其他设施为标准。

4. 集中式计算与分布式计算（Centralized Computation versus Distributed Computation）

集中式计算是指把所需信息传送到某个中心节点（例如，一台服务器），并在那里进行节点定位计算的方式；分布式计算是指依赖节点间的信息交换和协调，由节点自行计算的定位方式。

集中式计算的优点在于从全局角度统筹规划，计算量和存储量几乎没有限制，可以获得相对精确的位置估算。它的缺点包括与中心节点位置较近的节点会因为通信开销大而过早地消耗完电能,导致整个网络与中心节点信息交流的中断,无法实时定位等。集中式定位算法包括凸规划(Convex Optimization)、MDS-MAP 等。N-hop Multilateration Primitive 定位算法可以根据应用需求采用两种不同的计算模式。

5. 基于测距技术的定位和无需测距技术的定位(Range-based versus Range-free)

基于测距技术的定位通过测量节点间点到点的距离或角度信息,使用三边测量(Trilateration)、三角测量(Triangulation)或最大似然估计(Multilateration)定位法计算节点位置;无需测距技术的定位则无需距离和角度信息,仅根据网络连通性等信息即可定位。

基于测距技术的定位常用的测距技术有 RSSI、TOA、TDOA 和 AOA。RSSI(Received Signal Strength Indicator)虽然符合低功率、低成本的要求,但有可能产生±50%的测距误差;TOA(Time Of Arrival)需要节点间精确的时间同步,无法用于松散耦合型定位;TDOA(Time Difference On Arrival)技术受限于超声波传播距离有限(WSN 所使用的超声波信号通常传播距离仅为 20～30 英尺,因而网络需要密集部署)和NLOS 问题对超声波信号传播的影响;AOA(Angle Of Arrival)也受外界环境影响,而且需要额外硬件,在硬件尺寸和功耗上可能无法用于传感器节点。除上述测距技术的局限性以外,基于测距技术的定位机制使用各种算法来减小测距误差对定位的影响,包括多次测量、循环定位求精,这些都要产生大量计算和通信开销。所以,基于测距技术的定位机制虽然在定位精度上有可取之处,但并不适用于低功耗、低成本的应用领域。

6. 粗粒度与细粒度(Fine-grained Localization versus Coarse-grained Localization)

依据定位所需信息的粒度,可将定位算法和系统分为两类:根据信号强度或时间等来度量与锚节点距离的称为细粒度定位技术;根据与锚节点的接近度(proximity)来度量的称为粗粒度定位技术。其中,细粒度又可细分为基于距离和基于方向性测量两类。另外,应用在 RadioCamera 定位系统中的信号模式匹配专利技术(signal pattern matching)也属于细粒度定位。粗粒度定位的原理是利用某种物理现象来感应是否有目标接近一个已知的位置,如 Active Badge、凸规划、Xeror 的 ParcTAB 系统及佐治亚理工学院的Smart Floor 等。

7. 三角测量、场景分析和接近度定位(Triangulation,Scene Analysis,and Proximity)

定位技术也可分为三角测量、场景分析和接近度 3 类。其中,三角测量和接近度定位与粗、细粒度定位相似。而场景分析定位是根据场景特点来推断目标位置。通常,被观测的场景都有易于获得、表示和对比的特点,如信号强度和图像。场景分析的优点在于无需定位目标参与,有利于节能,并具有一定的保密性;它的缺点在于需要事先预制所需的场景数据集,而且当场景发生变化时,必须重建该数据集。RADAR 系统(基于信号强度分析)和 MIT 的 Smart Rooms(基于视频图像)就是典型的场景分析定位系统。

7.2.2　无线传感器网络自身定位系统和算法

到目前为止,WSN 自身定位系统和算法的研究大致经过了两个阶段。

第 1 阶段主要偏重于紧密耦合型和基于基础设施的定位系统,代表性的研究成果包括 RADAR、Active Bat、Active Badge、RadioCamera、Active Office、Easy Living、SpotON、HiBall Tracker、Parc TAB、Smart Floor、Smart Rooms、3D-iD、WhereNe 等。

对于松散耦合型和无需基础设施的定位技术的关注和研究,可以认为是自身定位系统和算法研究的第 2 阶段,目前成为 WSN 领域一个不小的热点。下面对典型系统和算法加以归纳总结。

1. Cricket 定位系统

为了弥补紧密耦合定位系统的不足,MIT 开发了最早的松散耦合定位系统 Cricket。它由散布在建筑物内位置固定的锚节点和需要定位的人或物体携带的未知节点(称为 Listener)组成。锚节点随机地同时发射 RF 和超声波信号,RF 信号中包含该锚节点的位置和 ID。未知节点使用 TDOA 技术测量其与锚节点的距离,当它能够获得 3 个以上锚节点距离时,即使用三边测量法提供物理定位,精度为 4in×4in,否则就以房间为单位提供符号定位。

2. SPA(Self-Positioning Algorithm)相对定位算法

瑞士洛桑联邦工业大学(EPFL)的 Srdjan Capkun 等人针对无基础设施的移动无线网络,提出了一种称为 SPA 的相对定位算法。它选择网络中密度最大处的一组节点作为建立网络全局坐标系统的参考点(称为 Location Reference Group),并在其中选择连通度最大的一个节点作为坐标系统的原点。首先根据节点间的测距结果,在各个节点建立局部坐标系统,通过节点间的信息交换与协调,以参考点为基准,通过坐标变换(旋转与平移)建立全局坐标系统。

3. 凸规划定位算法

加州大学伯克利分校的 Doherty 等人将节点间点到点的通信连接视为节点位置的几何约束,把整个网络模型化为一个凸集,从而将节点定位问题转化为凸约束优化问题,然后使用半定规划和线性规划方法得到一个全局优化的解决方案,以确定节点位置。同时给出了一种计算未知节点有可能存在的矩形区域的方法。如图 7.4 所示,根据未知节点与锚节点之间的通信连接和节点无线射程,计算出未知节点可能存在的区域(图中阴影部分),并得到相应的矩形区域,然后以矩形的质心作为未知节点的位置。

凸规划是一种集中式定位算法,在锚节点比例为 10% 的条件下,定位精度约为 100%。为了高效工作,锚节点必须部署在网络边缘,否则节点的位置估算会向网络中心偏移。

4. APS(Ad Hoc Positioning System)

美国路特葛斯大学(Rutgers University)的 Dragos Niculescu 等人利用距离矢量路由(distance vector routing)和 GPS 定位的原理提出了一系列分布式定位算法,合称为 APS。它包括 6 种定位算法:DV-Hop、DV-distance、Euclidean、DV-coordinate、DV-Bearing 和 DV-Radial。

(1) DV-Hop 定位算法

DV-Hop 算法由 3 个阶段组成。首先使用典型的距离矢量交换协议,使网络中的所有节点获得距锚节点的跳数(Distance in Hops)。第 2 阶段,在获得其他锚节点位置和相隔跳距之后,锚节点计算网络平均每跳距离,然后将其作为一个校正值(Correction)广播至网络中。校正值采用可控洪泛法在网络中传播,这意味着一个节点仅接受获得的第1个校正值,而丢弃所有后来者,这个策略确保了绝大多数节点可从最近的锚节点接收校正值。在大型网络中,可通过为数据包设置一个 TTL 域来减少通信量。当接收到校正值之后,节点根据跳数计算与锚节点之间的距离。当未知节点获得与 3 个或更多锚节点的距离时,则在第 3 阶段执行三边测量定位。

如图 7.5 所示,已知锚节点 L_1 与 L_2、L_3 之间的距离和跳数。L_2 计算得到校正值(即平均每跳距离)(40＋75)/(2＋5)＝16.42。假设 A 从 L_2 获得校正值,则它与 3 个锚节点之间的距离分别为 $L_{13} \times 16.42$,$L_{22} \times 16.42$,$L_{33} \times 16.42$,然后使用三边测量法确定节点 A 的位置。

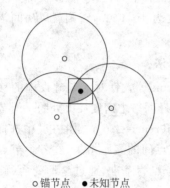

○锚节点　●未知节点

图 7.4　凸规划算法示意　　　　　图 7.5　DV-Hop 定位算法示意

DV-Hop 算法在网络平均连通度为 10,锚节点比例为 10％的各向同性网络中定位精度约为 33％;其缺点是仅在各向同性的密集网络中,校正值才能合理地估算平均每跳距离。

(2) DV-distance 定位算法

DV-distance 算法与 DV-Hop 类似,所不同的是相邻节点使用 RSSI 测量节点间点到点距离,然后利用类似于距离矢量路由的方法传播与锚节点的累计距离。当未知节点获得与 3 个或更多锚节点的距离后,使用三边测量定位。DV-distance 算法仅适用于各向同性的密集网络。实验显示,该算法的定位精度为 20％(网络平均连通度为 9,锚节点比例为 10％,测距误差小于 10％);但随着测距误差的增大,定位误差急剧增大。

(3) Euclidean 定位算法

Euclidean 定位算法给出了计算与锚节点相隔两跳的未知节点位置的方法。假设节点拥有 RSSI 测距能力,如图 7.6 所示,已知未知节点 B、C 在锚节点 L 的无线射程内,BC 距离已知或通过 RSSI 测量获得;节点 A 与 B、C 相邻。对于四边形 $ABCL$,所有边长和一条对角线 BC 已知,根据三角形的性质可以计算出 AL 的长度(节点 A 与 L 的距离)。使用这种方法,当未知节点获得与 3 个或更多锚节

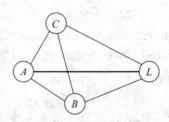

图 7.6　Euclidean 算法示意

点之间的距离后,定位自身。

（4）DV-coordinate 定位算法

在 DV-coordinate 算法中,每个节点首先利用 Euclidean 算法计算两跳以内的邻近节点的距离,建立局部坐标系统（以自身位置作为原点）。随后,相邻节点交换信息,假如一个节点从邻居那里接收到锚节点的信息并将其转化为自身坐标系统中的坐标后,可使用以下两种方法定位自身：在自身坐标系统中计算出距离,并使用这些距离进行三边测量定位；将自身坐标系统转换为全局坐标系统。这两种方法具有相同的性能。

（5）DV-Bearing 和 DV-Radial 定位算法

E911 系统和智能机器人导航领域都有使用 AOA 技术确定目标方向和位置的方案,但它们大都使用了高能耗的天线阵列测量信号方向,并不适用于低能耗的 WSN 领域。针对这个问题,MIT 提出了一种融合 TDOA 和信号到达相位差的硬件解决方案——Cricket Compass,其原型系统可在 $\pm40°$ 角以内以 $\pm5°$ 的误差确定接收信号方向。

DV-Bearing 和 DV-Radial 算法提出了以逐跳方式（Hop By Hop）跨越 2 跳甚至 3 跳来计算与锚节点的相对角度,最后使用三角测量定位的方法。两者的区别在于,DV-Radial 算法中,每个锚节点或节点都安装有指南针（Compass）,从而可以获得绝对角度信息（例如与正北方向的夹角）,并达到减少通信量和提高定位精度的目的。实验显示,DV-Bearing 和 DV-Radial 算法在网络平均连通度为 10.5,锚节点比例为 20%,AOA 测量误差小于 $5°$ 的条件下,90% 以上的节点可以实现定位,定位精度分别为 40% 和 25%。

5. Cooperative Ranging 和 Two-Phase Positioning 定位算法

为了减小测距误差对定位的影响,加州大学伯克利分校的 Chris Savarese 等人提出了两种循环求精定位算法——Cooperative Ranging 和 Two-Phase Positioning。

它们都分为起始和循环求精两个阶段。起始阶段着重于获得节点位置的粗略估算。而在循环求精阶段,每一次循环开始时,每个节点向其邻居节点广播它的位置估算,并根据从邻居节点接收的位置信息和节点间测距结果,重新执行三边测量,计算自身位置,直至位置更新的变化可接受时,循环停止。

Cooperative ranging 算法的起始阶段又称为 TERRAIN（Triangulation via Extended Range and Redundant Association of Intermediate Nodes）。首先在所有锚节点上,根据节点间测距结果使用 ABC 算法（Assumption Based Coordinates Algorithm）建立局部坐标系统,然后将结果（以这个锚节点为原点的局部网络拓扑）传播到整个网络。未知节点根据它所获得的网络拓扑确定其与锚节点的距离,当获得 4 个与锚节点的距离后,使用三边测量定位自身。然后进入循环求精阶段。

与 Cooperative ranging 算法不同,为了克服锚节点稀疏问题,Two-Phase Positioning 算法在起始阶段使用 Hop-TERRAIN 算法（与 DV-hop 类似）获得节点位置的粗略估计。在循环求精阶段,使用加权最小二乘法进行三边测量以计算新位置。它有两个特点：其一是给节点的位置估算增加了一个权值属性（锚节点为 1,未定位节点为 0.1；未知节点每执行一次定位计算后,将自身权值设为参与定位计算的节点的均值）,利用加权最小二乘法进行定位计算,使误差越大的节点对定位计算影响越小。其二,是针对因连通度低导致定位误差大的节点,通过不让其参与求精过程来消除它们的影响。

6. AHLos(Ad-Hoc Localization System)和 n-Hop Multilateration Primitive 定位算法

加州大学洛杉矶分校的 Andreas Savvides 等人设计了一种称为 Medusa 的无线传感器节点试验平台(配备有射程 3m 的超声波收发器,可使用 TDOA 技术以 2cm 的精度测量距离),并在该平台上开发了 AHLos 和 n-Hop Multilateration Primitive 定位算法。

7. AHLos 定位算法

AHLos 算法中定义了 3 种定位方式——原子式、协作式和重复式最大似然估计定位(Atom,Collaborative 和 Iterative Multilateration)。其中,Atom Multilateration 就是传统的最大似然估计定位,如图 7.7(a)所示。

Collaborative Multilateration 是指假如一个节点可以获得足够多的信息来形成一个由多个方程式组成并拥有唯一解的超限制条件(Over-determined)或限制条件完整(Well-determined)的系统,那么就可以同时定位跨越多跳的一组节点。图 7.7(b)展示了 Collaborative Multilateration 的一个二维拓扑示例,未知节点 2 和 4 都有 3 个邻居节点,且 1、3、5 和 6 都是锚节点。根据拓扑中的 5 条边建立拥有 4 个未知数(节点 2 和节点 4 的二维坐标)的 5 个二次方程式,利用节点间协作计算出节点 2 和节点 4 的位置。

Iterative Multilateration 就是首先使用原子式和协作式定位,当部分未知节点成功定位自身后,将其升级为锚节点,并进入下一次循环,直到所有节点定位或没有满足原子和协作式定位条件的节点存在时结束。

图 7.7(c)所示,如果执行协作式定位,节点 x 的解并不唯一。

图 7.7　最大似然估计定位示意

8. n-Top multilateration primitive 定位算法

在 AHLos 算法的基础上,Andreas Savvides 等人又提出了 n-Top Multilateration Primitive 定位算法。它不仅给出了判定节点是否可参与 Collaborative Multilateration 的充分条件,并使用卡尔曼滤波技术循环定位求精,减小了误差积累。

9. Generic Localized Algorithms

前面分析了 Cooperative Ranging 算法使用循环求精来降低测距误差影响,AHLos 算法利用将已定位的未知节点升级为锚节点来解决锚节点稀疏问题。在此基础上,加州大学洛杉矶分校的 Seapahn Meguerdichianl 等人提出了通用型定位算法(Generic Localized Algorithm),它的特点在于,详细指定了未知节点接受位置估算并升级为锚节点的条件,以减少误差累计的影响。

10. MDS-MAP 定位算法

MDS-MAP 是一种集中式定位算法,可在 Range-free 和 Range-based 两种情况下运行,并可根据情况实现相对定位和绝对定位。它采用了一种源自心理测量学和精神物理学的数据分析技术——多维定标(Multidimensional Scaling),该技术常用于探索性数据分析或信息可视化。

7.3　无线传感器网络跟踪技术

针对不同的应用,目前已经开发了多种无线传感器网络目标跟踪系统,比较有影响的目标跟踪系统与算法很多,如前面讲过的 Cricket 系统、威斯康星的 SenIT 定位系统;基于二进制探测的目标跟踪算法有:伊利诺大学的 K. Mechitov 提出的 CTBD(Cooperative Trackingwith Binary Detection)、加州大学 Wooyoung Kim 提出的 BPS(Binary Proximity Sensors)算法;基于精确定位算法的有威斯康星大学的 Rabbat 和 Nowak 提出的 DSLT(DecentralizedSource Localization and Tracking)算法、伊利诺大学的 W. P. Chen 提出的 DCATT(DynamicClustering for Acoustic Target Tracking)算法;基于时空组合定位算法有:宾州大学 Fried LanderD 等提出的 DSTC(Dynamic Space-Time Clustering)算法、BB(Blind Beamforming)算法,还有 ATT(Adaptive Target Tracking)算法和基于粒子(PF)滤波的跟踪算法。目前大多数算法仅仅是对位置序列的采样,对非高斯非线性环境下的机动目标跟踪无能为力。下面简要介绍面向目标跟踪的无线传感器网络。

1. 目标跟踪的基本内容

目标跟踪系统就是为了保持对目标当前状态的估计而对所接收到的测量信息进行处理的软、硬件系统。首先使用传感器获取相关的原始数据,然后根据先验信息(数据库、数学模型等)对原始数据进行处理,从而得到一些决策支持信息。图 7.8 是目标跟踪系统框图。

图 7.8　目标跟踪系统框图

机动目标跟踪的实质是一个受被跟踪目标运动约束的优化过程,所涉及的问题是控制、信号处理、通信等技术发展的前沿问题,最新的研究动向包括采用人工智能来提高跟踪性能和基于多传感器数据融合。机动目标跟踪的基本流程为递推过程,其基本原理框图如图 7.9 所示。传感器接收到的观测数据首先被考虑用于更新已建立的目标轨迹,数据关联用于测量/轨迹配对是否合理或正确,并根据跟踪维持方法,即图中的机动识别和滤波,估计出各目标轨迹的真实状态。最后,在新的测量到达之前,由目标预测状态确定下一时刻的跟踪门中心和大小,并重新开始跟踪过程的递推循环。随着跟踪技术不断发展,跟踪系统各环节之间的界限日益模糊,但跟踪的基本原理大同小异。其基本内容包括以下几点。

图 7.9　机动目标跟踪基本原理框图

(1) 滤波与预测

滤波和预测的目的是估计当前和未来时刻目标的运动状态,包括目标的位置、速度和加速度等。基本的滤波方法有维纳滤波、最小二乘滤波、a-P 滤波、a-P 斗滤波和卡尔曼滤波等。

(2) 机动目标模型

机动目标模型是指描述目标运动状态变化规律的数学模型。估计理论,特别是卡尔曼滤波理论,要求建立数学模型来描述与估计问题有关的物理现象。经典的模型包括:加速度时间相关模型、相关高斯噪声模型、变维滤波器、交互多模算法、机动目标"当前"统计模型等。

(3) 数据关联

数据关联是目标跟踪的核心部分。数据关联过程是将候选轨迹(跟踪规则的输出)与已知目标轨迹相比较,并最后确定正确的观察/轨迹配对的过程。正确地判定测量信息的来源是有效维持目标跟踪的关键。数据关联的研究包括最佳批处理算法、"最近邻"滤波、概率数据关联滤波方法、联合概率数据关联滤波方法、"全邻"最优滤波器、多假设跟踪方法等,并有更多的新的相关学科研究成果应用于数据关联,比如遗传算法、神经网络、模糊理论等。

2. 面向跟踪的无线传感器网络

传感器网络的目标跟踪实质是协作跟踪的过程。通过节点间相互协作,对目标进行跟踪,就能在资源受限的条件下得到比单个节点独立跟踪更加精确的结果。传感器网络协作跟踪技术的关键问题在于如何共享数据信息、协作处理数据和管理参与跟踪的节点组,比如哪些节点参与跟踪、何时唤醒参与跟踪的节点、跟踪信息的传播方式范围、如何传送跟踪数据给控制节点以及节点需要多长时间进行通信等,这些都需要综合具体任务要求、网络环境等加以确定。图 7.10 所示是面向目标跟踪的无线传感器网络结构体系图。

按照跟踪对象的数量不同,传感器网络的目标跟踪分为单目标跟踪和多目标跟踪;按照目标形状的不同,分为点目标跟踪和面目标跟踪;按照传感器节点的运动方式不同,分为静态目标的侦测和移动目标的跟踪。

单目标跟踪是指传感器网络的多个或全部节点协作跟踪同一个目标。传感器节点交

图 7.10　面向目标跟踪的无线传感器网络结构体系图

换侦测数据,确定目标的位置和运动轨迹,预测目标的运动方向,并通过一定的唤醒机制,使得目标运动方向上的节点及时加入跟踪过程。单目标跟踪是多目标跟踪的基础。

目前传感器网络的目标跟踪主要基于单目标跟踪。

3. 协作跟踪过程

基于传感器网络的目标跟踪过程通常包括侦测、定位和通告三个主要阶段,在不同的阶段采用不同的技术。在侦测阶段,可以选择红外、超声或者震动技术侦测目标的出现;在定位阶段,通过多个传感器节点互相协作,采用多边测量、双元检测等算法,确定目标的当前位置,根据节点位置的历史数据来估计目标的运动轨迹。通告阶段是节点交换信息的阶段,主要是广播目标的预估轨迹,通知和启动轨迹附近的节点加入目标跟踪过程。

7.4　无线传感器网络时间同步技术

7.4.1　时间同步模型

时间同步是无线传感器网络支撑技术的重要组成部分。研究无线传感器网络中的时间同步,首先要分析其应用需求。在无线传感器网络中,由于传感器节点分布密度高,而且自身资源有限,因此传统网络中高精度、不计成本和能耗的时间同步技术不再适用于无线传感器网络。

随着时间同步概念的提出,根据应用需求经历了 3 种模型的演变。

(1)模糊模型:是指所谓的时间同步仅需知道事件发生的先后次序,无需了解事件发生的具体时间。它将时间同步简化为先来后到的问题,给人直观的印象,无需将细节具体化。

(2)相对模型:指维持节点间的相对时间。在该模型中,节点间彼此独立,不同步,每个节点都有自己的本地时钟,并且它知道与其他节点的时间偏移量。根据需要,每个节点可与其他节点保持相对同步。

(3)精准模型:特点在于其唯一性,它要求全网所有节点都与基准参考点保持同步,维持全网唯一的时间标准。

7.4.2　时间同步算法与性能对比分析

1. 时间同步算法

随着应用需求的不断提高,时间同步趋于第 3 种模型,时间同步算法也逐步成熟,完成级间的跳跃。

(1) RBS

RBS(Reference Broadcast Synchronization)由 J. Elson 等人于 2002 年提出,基于参考广播接收者与接收者之间的局部时间同步。具体描述为:第三方节点定时发送参考广播给相邻节点,相邻节点接收广播并记录到达时间,以此时间作为参考,与本地时钟比较。相邻节点交换广播到达时间,利用最小方差线性拟合的方法,估算两者的初始相位差和频率差,以此调整本地时钟,达到接收节点间的同步。为提高同步精度,可以增加参考广播的个数,也可以多次广播。RBS 消除了发送节点的延时不确定性,误差来源于传输和接收延时,同步精度较高;但由于多次广播参考消息,能耗较大,随着网络规模及节点数目的增多,开销越来越大,不适用于能量有限的无线传感器网络。

(2) TPSN

TPSN(Timing-sync Protocol for Sensor Networks)是由 Saurabh Ganeriwal 等人于2003 年提出的基于成对双向消息传送的发送者与接收者之间的全网时间同步。具体描述如下:同步过程分为分层和同步两个阶段。分层阶段是一个网络拓扑的建立过程。首先确定根节点及等级,此节点是全网的时钟参考节点,等级为 0 级;根节点广播包含有自身等级信息的数据包,相邻节点收到该数据包后,确定自身等级为 1 级;然后 1 级节点继续广播带有自身等级信息的数据包;以此类推,i 级节点广播带有自身等级信息的数据包,其相邻节点收到后确定自身等级为 $i+1$,直到网络中所有节点都有自身的等级。一旦节点被定级,它将拒收分级数据包。同步阶段从根节点开始,与其下一级节点进行成对同步,然后 i 级节点与 $i-1$ 级节点同步,直到每个节点都与根节点同步。成对同步的过程如图 7.11 所示。

图 7.11　成对同步的过程

(3) DMTS

DMTS(Delay Measurement Time Synchronization)是由 Ping S. 于 2003 年提出的基于基准节点广播的发送者与接收者之间的全网时间同步。具体描述为:选择一个基准节点,广播包含时间的同步消息,接收节点根据时间信息估算消息传输延时,调整自身本地时间为同步消息所带时间加传输延时,消息传输延时 t_d 等于发射延时 t_s 加接收处理时间

t_v,发射延时为发射前导码和起始符所需的时间,等于发射位数 n 乘以发射 1 位所需的时间 t,接收处理时间等于接收处理完成时间 t_2 减消息到达时间 t_1,得出以下公式。

$$t_d = t_s + t_v = n \times t + (t_2 - t_1) \tag{7.7}$$

将 DMTS 应用到多跳网络中,还采用与 TPSN 相同的分层方法进行同步,只是将每一层看作一个单跳网络,基准节点依次定在 0 级,1 级,2 级,…,n 级,逐步实现全网同步。为避免广播消息回传,每个节点只接收上一层等级比自己低的节点广播。

（4）FTSP

FTSP(Flooding Time Synchronization Protocol)是由 Branislav Kusy 于 2004 年提出的基于单向广播消息传递的发送者与接收者之间的全网时间同步。FFSP 是对 DMTS 的改进,具体不同点如下。

① FTSP 降低了延时的不确定性,将其分为发送中断处理延时、编码延时、传播延时、解码延时、字节对齐延时和接收中断处理延时。

② 类似于 RBS,FTSP 可通过发送多个信令包,接收节点通过最小方差线性拟合,计算出发送者与接收者之间的初始相位差和频率差。

③ FTSP 根据一定时间范围内节点时钟晶振频率稳定原则,得出各节点间时钟偏移量与时间呈线性关系。再利用线性回归的方法,通过节点周期性发送同步广播,使得接收节点得到多个数据对,构造回归直线,而且在误差允许的时间间隔内,节点可通过计算得出某一时间节点间的时钟偏移量,减少了同步广播的次数,节省了能量。

④ FTSP 提出了一套较完整的针对节点失效、新节点加入等引起的拓扑结构变化时根节点的选举策略,提高了系统的容错性和健壮性。

FTSP 通过在 MAC 层打时间戳和利用线性回归的方法估计位偏移量,降低了延时的不确定性,提高了同步精度,适用于军事等需要高同步精度的场合。

（5）LTS

LTS(Lightweight Time Synchronization)是由 VanGreunen Jana 和 Rabaey Jan 于 2003 年提出的基于成对机制的发送者与接收者之间的轻量级全网时间同步。

该算法是在成对同步的基础上进行了改进,具体包括两种同步方式:第一种是集中式,首先构建一个低深度的生成树,以根节点作为参考节点。为节省系统有限能量,按边进行成对同步,根节点与其下一层的叶子节点成对同步,叶子节点再与其下一层的孩子节点成对同步,直到所有节点完成同步。因为同步时间和同步精度误差与生成树的深度有关,所以深度越小,同步时间越短,同步精度误差越小。第二种是分布式,当节点 i 需要同步时,发送同步请求给最近的参考节点。此方式中没有利用生成树,按已有的路由机制寻找参考点。节点 i 与参考节点路径上的所有节点都被动地与参考节点同步,已同步节点不需要再发出同步请求,减少了同步请求的数量。为避免相邻节点发出的同步请求重复,节点 i 在发送同步请求时询问相邻节点是否也需同步,将同步请求聚合,减少了同步请求的数目和不必要的重复。

（6）Tiny-sync 和 Mini-sync

Tiny-sync 和 Mini-sync 是由 Sichitiu 和 Veerarittipahan 于 2003 年提出的基于双向

消息传递的发送者和接收者之间的轻量级时间同步。该算法的前提是假设每个时钟可近似为一个频率固定的晶振,则两个时钟 $C_1(t)$ 和 $C_2(t)$ 满足如下线性关系。

$$C_1(t) = a_{12}C_2(t) + b_{12} \tag{7.8}$$

式中,a_{12} 是两个时钟的相对漂移;b_{12} 是两个时钟的相对偏移。

算法仍采用 TPSN 中的双向信息传递,不同之处在于 Tiny-sync 和 Mini-sync 发送多次探测信息。探测信息与以往的同步请求不同,接收节点收到探测信息后立即返回消息,具体如下:节点 i 在本地时刻 t_0 发送一个探测消息给节点 j,节点 j 收到消息后记录本地时间 t_b 并立即返回消息;节点 i 接收到消息后记录本地时间 t_r。t_0,t_b,t_r 叫做数据点。节点 i 多次发送探测消息,并根据式(7.8)用线性规划的原则得到 a_{12} 和 b_{12} 的最优估计,但用所有点计算,运算量过大。Tiny-sync 每次获得新数据点后与先前的进行比较,误差小于先前的误差时才采用新数据点,否则抛弃。Mini-sync 是 Tiny-sync 的优化,修正了 Tiny-sync 可能抛弃有用点的缺憾,留下了可能在后面提供较好边界条件的数据点。

Tiny-sync 和 Mini-sync 为满足无线传感器网络低能耗的要求,交换少量信息,利用夹逼准则和线性规划估算频偏和相偏,提高了同步精度,降低了通信开销。

2. 时间同步算法性能对比分析

（1）时间同步算法的性能评价指标

根据无线传感器网络自身资源有限、节点成本低、功耗低、自组织网络等特点,应从以下几点考虑无线传感器网络的时间同步算法。

① 能耗:由于无线传感器网络自身节点能量有限,其时间同步算法应保证在精度有效的前提下实现低能耗。

② 可扩展性:在无线传感器网络中,节点数目增减灵活,时间同步算法应满足节点数目增减和密度变化,具有较强的可扩展性。

③ 鲁棒性:由于环境、能量等其他因素容易导致无线传感器网络节点无法正常工作,退出网络,所以时间同步算法应具有较强的鲁棒性,保证通信畅通。

④ 同步寿命:是指节点间达到同步后一直保持同步的时间。同步寿命越短,节点就需要在较短时间内再同步,消耗的能量越高。时间同步需要同步寿命较长的算法。

⑤ 同步消耗时间:是指节点从开始同步到完成同步所需的同步。同步消耗时间越长,所需的通信量、计算量和网络开销越大,能耗越高。

⑥ 同步间隔:是指节点同步寿命结束到下一次同步开始所间隔的时间。同步间隔越长,同步开销越小,能耗越低。

⑦ 同步精度:不同的应用要求不同数量级的同步精度,有的时间同步只需知道事件发生的先后顺序,而有些需精确到 μs 级。

⑧ 同步范围:分为全网同步和局部同步。全网同步难度大、费用高;局部同步较易实现。权衡整个系统的功能应用及能耗开支等因素,才能选择合适的同步范围。

⑨ 硬件限制:考虑传感器节点的体积、大小、成本,时间同步算法受到传感器节点硬件的限制,只有依赖硬件的条件,才能设计出满足应用需求的时间同步算法。

（2）时间同步算法性能对比分析

经过在 Mica2 节点上的对比实验，根据这些指标对以上时间同步算法进行比较分析。具体性能比较如表 7.1 所示。

表 7.1　时间同步算法性能对比分析表

算法	RBS	TPSN	DMTS	FTSP	LTS	Tiny-sync/Mini-sync
能耗	较高	高	较低	较低	一般	一般
可扩展性	有限	好	一般	较好	好	较好
鲁棒性	一般	弱	一般	强	较弱	一般
同步间隔	较大	较小	小	较大	中等	较大
同步精度	较高	高	中等	较高	较低	较低
同步范围	局部	全网	全网	全网	全网	全网

7.5　无线传感器网络测距技术

7.5.1　基于距离的定位技术

使用三边定位和多边定位的方法需要测量距离。有了距离后，根据三边定位或者多边定位来确定节点位置。测量距离的技术已经很成熟。根据测距方法的不同，分为接收信号相位差（PDOA）、接收信号强度（RSSI）、近场电磁测距（NFER）、信号传播时间/时间差/往返时间（TOA/TDOA/RTOF）等。

1. 信号相位差（PDOA）测距

信号相位差（Phase Difference Of Arrival，PDOA）测距法是根据节点所处位置不同而造成的信号传播引起相位差异来计算信号往返所需要的时间，然后计算节点之间的距离。节点间的距离和相位差之间的关系如下。

$$d = c\frac{\varphi}{2\pi f_c} = \frac{c\varphi}{f_c 2\pi} = \lambda\frac{\varphi}{2\pi} \tag{7.9}$$

式中，λ 表示信号传播的波长；f_c 表示信号的传播频率；φ 表示发送信号和反射信号之间的相位差。从上式得出 d 的范围是 $[0,\lambda]$。节点之间的距离存在差异，如果两个节点之间有 λ 倍的距离差，测量获得的相位也是相同的。这时候，可用如下公式表示。

$$d = \lambda\frac{\varphi}{2\pi} + n\lambda = \lambda\left(\frac{\varphi}{2\pi} + n\right) \tag{7.10}$$

上式中，n 是不小于 0 的整数。利用相位差测距，首先要估算节点间的距离，然后才能确定 n 的值，最后利用上述公式计算出距离。相位差测距在小范围内的监测区域误差不大，但是在大面积的场所测试的结果误差会很大。

2. 信号强度 RSSI（Receive Signal Strength Indicator）测距

接收信号强度法就是利用无线信号会在传播过程中衰减，从而计算节点间的距离。

信号强度和距离之间有直接的关系,利用这个关系建立两者之间的数学模型,使用该数学模型求出发射机和接收机之间的距离。其数学模型如下。

$$PL(d) = PL(d_0) - 10n\lg\frac{d}{d_0} - X_\sigma \qquad (7.11)$$

式中,d 表示节点之间的距离;n 表示信号衰减指数,常取值 $2\sim4$;d_0 表示参考的距离;$PL(d)$ 表示距离发送节点 d 处的信号强度;X_σ 表示均值为 0,方差为 σ 的高斯随机噪声变量;$PL(d_0)$ 表示一般可以从经验得出,也可以从硬件说明定义中得到。

由于定位系统所处的监测区域十分复杂,信道会受到外界因素的干扰,所以根据上述公式测量的距离存在误差。对于测得的一组数据,采用最小二乘估计法来减小误差。

3. 信号传播时间/时间差/往返时间(TOA/TDOA/RTOF)

这一类方法使用信号传播时间来确定节点间的距离。可以使用单程的信号传播时间(TOA)方式,也可以使用信号往返的时间(RTOF);或者利用不同类型的信号,如超声波和电池波;来计算在同一对节点之间的传播时间差(TDOA),计算节点的距离。

到达时间(Time Of Arrival,TOA)法使用发射机到接收机之间往返的时间计算收发机之间的距离。如图 7.12 所示,选择传播速度 V 比较慢的信号,比如超声波,测量到达时间。这种方法要求发射机和接收机都是严格时间同步的,可用如下公式表示。

$$d = (T_1 - T_0)V \qquad (7.12)$$

往返传播时间(Roundtrip Time Of Flight,RTOF)法如图 7.13 所示。如果发射机和接收机属于不同的时钟域,用计算往返时间和扣除处理延时的方法估计发射机和接收机之间的距离。

$$d = \frac{[(T_3 - T_0) - (T_2 - T_1)]V}{2} \qquad (7.13)$$

图 7.12　到达时间 TOA 测量　　　　　图 7.13　往返传播时间 RTOF 测量

由于 $(T_3 - T_0)$ 和 $(T_2 - T_1)$ 分别属于发射机和接收机的时钟域,发射机和接收机分别测量时间差,因此发射机和接收机不需要时间同步。异频雷达收发机就是使用两个不同频率的信道进行往返距离的计算来测量距离。在无线传感器网络中使用超声波,可以实现比较精确的 TOA 测距系统。

到达时间差(Time Difference Of Arrival,TDOA)法与 TOA 方法类似。该方法使用两种不同的传播速度的信号,例如一个超声波信号,另一个射频信号。两个信号向同一个方向发送即可,如图 7.14 所示。收、发机之间的距离为 d,T_0 时刻发射机发送射频信号。随后,在 T_1 时刻发送超声波信号。接收机分别在 T_3、T_1 时刻接收到射频和超声波信号。TDOA 的计算公式如下。

$$d = \left[(T_3 - T_1)\right] - (T_2 - T_0)\frac{V_{RF} - V_{US}}{V_{RF}V_{US}} \tag{7.14}$$

式中，V_{RF} 是射频信号传播速度，V_{US} 是超声波信号传播速度。由于发射机在传送射频和传送超声波的时候有处理时间差，需要通过精确的测量$(T_2 - T_0)$来补偿这个时间差，获得精确的距离。

4. 基于 AOA 的定位

在基于到达角度 AOA 的定位机制中，接收节点通过天线阵列或多个超声波接收机感知发射节点信号的到达方向，计算接收节点和发射节点之间的相对方位或角度，再通过三角测量法计算出节点的位置。AOA 定位如图 7.15 所示，接收节点通过麦克风阵列，感知发射节点信号的到达方向。AOA 测定方位角和定位的实现过程，可分为三个阶段：①相邻节点之间方位角的测定；②相对信标节点的方位角测量；③利用方位信息计算节点的位置。

图 7.14　到达时间差 TDOA 测量　　　　　　图 7.15　AOA 定位图

另外，AOA 信息还可以与 TOA、TDOA 信息一起使用，称为混合定位法。采用混合定位法，或者可以实现更高的精确度，减小误差；或者可以降低对某一种测量参数数量的需求。AOA 定位法的硬件系统设备复杂，并且需要两个节点之间存在视距（LOS）传输，因此不适合用于无线传感器网络的定位。

7.5.2　与距离无关定位算法

基于测量距离和角度的算法的缺点是传感器节点造价增高，消耗了有限的电池资源，而且在测量距离和角度的准确性方面需要大量的研究。下面介绍不基于测距的定位算法。不基于测距的算法不需要知道未知节点到锚节点的距离，或者不需要直接测量此距离，在成本和功耗方面比基于测距的方法具有优势。

下面先介绍 4 种重要的分布式不基于测距的算法，它们分别为质心法、基于距离矢量计算跳数的算法（DV-Hop）、无定形的（Amorphous）算法和以三角形内的点近似定位（APIT）算法，然后对这 4 种算法进行分析对比。

1. 质心定位算法

质心法是南加州大学 Nirupama Bulusu 等学者提出的一种仅基于网络连通性的室外定位算法。该算法的中心思想是：未知节点以所有在其通信范围内的锚节点的几何质心作为自己的估计位置。具体过程为：锚节点每隔一段时间向邻居节点广播一个信标信号，信号中包含有锚节点自身的 ID 和位置信息。当未知节点在一段侦听时间内接收到来

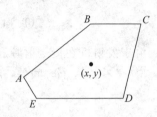

图 7.16   质心定位算法图示

自锚节点的信标信号数量超过某一个预设的门限后,该节点认为与此锚节点连通,并将自身位置确定为所有与之连通的锚节点所组成的多边形的质心。

如图 7.16 所示,多边形 $ABCDE$ 的顶点坐标分别为 $A(x_1,y_1)$、$B(x_2,y_2)$、$C(x_3,y_3)$、$D(x_4,y_4)$、$E(x_5,y_5)$,其质心坐标 $(x,y)=((x_1+x_2+x_3+x_4+x_5)/5,(y_1+y_2+y_3+y_4+y_5)/5)$ 即为未知节点的位置。

质心定位算法的最大优点是它非常简单,计算量小,完全基于网络的连通性,但是需要较多的锚节点。

2. DV-Hop 算法

DV-Hop 算法是由 D. Niculescu 和 B. Nath 等人提出的。DV-Hop 定位算法的原理与经典的距离矢量路由算法比较相似。其基本思想是将未知节点到信标节点之间的距离用网络平均每跳距离和两者之间的跳数乘积来表示,使用多边测量法计算获得节点位置信息,其过程大致分为三个阶段。

(1) 计算未知节点与每个信标节点的最小跳数

信标节点向邻居节点广播自身位置信息的分组,其中包括跳数字段,初始化为 0。

接收节点记录具有到每个信标节点的最小跳数,忽略来自同一个信标节点的较大跳数的分组;然后将跳数值加 1,并转发给邻居节点。通过这个方法,网络中的所有节点能够记录下到每个信标节点的最小跳数。

(2) 计算未知节点与信标节点的实际跳段距离

每个信标节点根据第一阶段中记录的其他信标节点的位置信息和相距跳数,利用公式估算平均每跳的实际距离。

$$\text{HopSize}_i = \frac{\sum_{i\neq j}\sqrt{(x_i-x_j)^2+(y_i-y_j)^2}}{\sum_{i\neq j}h_j} \qquad (7.15)$$

式中,(x_i,y_i),(x_j,y_j) 是信标节点 i,j 的坐标,h_j 是信标节点 i 与 $j(j\neq i)$ 之间的跳段数。

然后,信标节点将计算的每跳平均距离用带有生存期字段的分组广播至网络中。未知节点仅记录接收到的第一个每跳平均距离,并转发给邻居节点。这个策略确保了绝大多数节点从最近的信标节点接收每跳平均距离值。未知节点接收每跳平均距离后,根据记录的跳数,计算到每个信标节点的跳段距离。

(3) 利用多边测量法计算自身的位置

例如,在图 7.17 中,通过前面两个阶段,能够计算出信标节点 L_1 与 L_2、L_3 之间的实际距离和跳数。那么,信标节点 L_2 计算的每跳平均距离为 $(40+75)/(2+5)$。假设 A 从 L_2 获得每跳平均距离,则节点 A 与三个信标节点之间的距离为 L_1:3×16.42,L_2:2×16.42,L_3:3×16.42。最后,使用多边测量法。对于网络中所有节点性能参数都相同的各向同

图 7.17   DV-Hop 定位算法举例

性网络,DV-Hop 算法在网络平均连通度为 10,信标节点比例为 1096 时,平均定位精度大约为 33％。其缺点是仅在各向同性的密集网络中,校正值才能合理地估算平均每跳距离。

DV-Hop 算法与基于测距算法具有相似之处,就是都需要获得未知节点到锚节点的距离,但是 DV-Hop 获得距离的方法是通过网络中拓扑结构信息的计算,而不是通过无线电波信号的测量。

在基于测距的方法中,未知节点只能获得到自己射频覆盖范围内的锚节点的距离,而 DV-Hop 算法可以获得到未知节点无线射程以外的锚节点的距离,这样就可以获得更多的有用数据,提高定位精度。

3. Amorphous 算法

MIT 的 R. Nagpal 等提出了 Amorphous 算法。该算法采用与 DV-Hop 类似的方法获得距离信标节点的跳数,称为梯度值。节点 f 收集邻居节点的梯度值,计算关于某个信标节点的局部梯度平均值 S_i:

$$S_i = \frac{\sum\limits_{j=\text{nbrs}(i)} (h_j + h_i)}{\mid \text{nbrs}(i) \mid + 1} - 0.5 \tag{7.16}$$

式中,$\text{nbrs}(i)$ 表示未知节点 i 的邻居节点集合;h_i 表示节点 i 与信标节点之间的跳数;h_j 表示邻居节点 j 与这个信标节点之间的跳数。

与 DV-Hop 不同的是,它假设网络平均连通度 n_{local} 已知,即网络中节点的平均邻居节点数已知,使用 Kleinrock and Slivers Formula 在网络部署前离线计算平均每跳距离 HopSize。

$$\text{HopSize} = r \left(1 + \text{e}^{-n_{\text{local}}} - \int_{-1}^{1} \text{e}^{-n_{\text{local}}/x(\arccos(t) - t\sqrt{1-t^2})} \, \text{d}t \right) \tag{7.17}$$

式中,r 表示节点的通信半径;n_{local} 表示网络平均连通度,即网络节点的平均邻居节点数。当获得三个或更多信标节点的梯度值后,未知节点 i 使用 HopSize 计算与每个信标节点的距离,并使用多边测量法估算自身位置。

实验结果显示,当网络的平均连通度在 15 以上时,即使节点的无线射程存在 10％ 的偏差,平均定位误差小于 20％。该算法也存在缺点:①没有考虑不良节点(本质上无法定位的节点)的影响,导致平均定位精度下降;②定位效果受节点密度的制约;③需预知网络的平均连通度。

Amorphous 定位算法与 DV-Hop 算法类似。首先,采用与 DV-Hop 算法类似的方法获得距锚节点的跳数,称为梯度值;未知节点收集邻居节点的梯度值,计算关于某个锚节点的局部梯度平均值。与 DV-Hop 算法不同的是:Amorphous 算法假定预先知道网络的密度,然后离线计算网络的平均每跳距离,最后当获得 3 个或更多锚节点的梯度值后,未知节点计算与每个锚节点的距离,并使用三边测量法和最大似然估计法估算自身位置。

4. APIT 算法

APIT(Approximate Point-on-triangulation Test)算法的理论基础是 PIT(Perfect point-on-triangulation Test)：假如存在一个方向，沿着这个方向，M 点会同时远离或接近 A、B、C，那么 M 位于△ABC 外；否则，M 位于△ABC 内，如图 7.18 所示。

图 7.18　PIT 原理示意图

为了在静态网络中执行 PIT 测试，定义了 APIT 算法：假如节点 M 的邻居节点没有同时远离/靠近三个信标节点 A、B、C，那么 M 就在△ABC 内；否则 M 在△ABC 外。它利用 WSN 较高的节点密度来模拟节点移动和在给定方向上，一个节点距信标节点越远，接收信号强度越弱的无线传播特性，来判断与信标节点的远近。通过邻居节点间信息交换，仿效 PIT 算法的节点移动，如图 7.19(a) 所示。节点 M 通过与邻居节点 1 交换信息，得知自身如果运动至节点 1，将远离信标节点 B 和 C，但会接近信标节点 A，与邻居节点 2、3、4 的通信和判断过程类似，最终确定自身位于△ABC 中；而在图 7.19(b) 中，节点 M 可知，假如自身运动至邻居节点 2 处，将同时远离信标节点 A、B、C，故判断自身不在 △ABC 中。在 APIT 算法中，一个目标节点任选三个相邻信标节点，测试自己是否位于它们所组成的三角形中。使用不同信标节点组合重复测试，直到穷尽所有组合或达到所需定位精度。最后计算包含目标节点的所有三角形的交集质心，并以这一点作为目标节点位置。

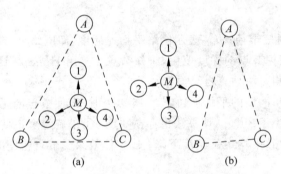

图 7.19　APIT 原理示意图

实验显示 APIT 算法错误概率相对较小（最坏情况下 14%）；平均定位误差小于节点无线电射程的 14%。但因细分定位区域和未知节点必须与信标节点相邻的需求，该算法要求较高的信标节点密度。

质心算法、DV-Hop 算法、Amorphous 算法和 APIT 算法是完全分布式的，仅需要相对少量通信和简单计算，具有良好的扩展性。从表 7.2 可知，尽管质心算法定位误差最大，但其性能不受节点密度影响，实现最简单，通信开销最小。而 DV-Hop 算法因为在线计算平均每跳距离,所以通信开销最大,但它在这一点比 Amorphous 算法具有更好的健壮性和适应性。虽然节点密度对 APIT 算法影响较小,并且 APIT 通信量也较小,但它所需信标节点密度最大。由于各种算法应用差别很大,没有普遍适合于各种应用的定位算法,因此要针对不同的应用,通过综合考虑节点的规模、成本及系统对定位的要求,来选择最合适的定位算法。

表 7.2　4 种分布式 Range-Free 定位算法的比较

算法	质心算法	DV-Hop 算法	Amorphous 算法	APIT 算法
精确度	一般	良好	良好	良好
节点密度	不受影响	影响较大	影响较大	影响较小
信标节点密度	影响较大	影响较小	影响较小	影响最大
DOI	影响较小	影响较小	影响较大	影响较小
信标节点定位误差	影响较小	影响较小	影响较大	影响较小
通信开销	最小	最大	大	小

注:DOI(Degree of Irregularity)表示节点无线电传播模型的不规则性。当它为 0 时,节点无线电传播模型为球形。

练习题

一、填空题

1. 在传感器网络中,节点定位技术就是无线传感器网络节点通过某种方法在基于已知节点位置信息的情况下,计算和确定未知节点或者目标节点的_____的技术。

2. 定位系统可提供两种类型的定位结果,即_____和_____。

3. 所谓紧密耦合定位系统,是指锚节点不仅被仔细地部署在固定的位置,并且通过有线介质连接到_____。

4. 松散型定位系统的节点采用无中心控制器的_____。

5. 定位技术也可分为_____、_____和_____3 类。

6. Range-Based 定位通过测量节点间点到点的距离或角度信息,使用_____、_____或_____定位法计算节点位置;Range-Free 定位则无需距离和角度信息,仅根据网络连通性等信息即可实现。

7. 按照跟踪对象数量的不同,传感器网络的目标跟踪可以分为_____和_____。

8. 按照目标形状的不同,可以分为_____和_____。

9. 按照传感器节点运动方式的不同,可以分为_____和_____。

10. 依据定位所需信息的粒度可将定位算法和系统分为两类:根据信号强度或时间等来度量与锚节点距离的称为_____;根据与锚节点的接近度(proximity)来度量的称为_____。

二、简答题

1. 通常用哪几个标准来评定定位技术的性能？
2. 目前无线传感器网络自身定位系统和定位算法非常多，通常有哪几种分类？
3. 何为目标跟踪系统？试画出目标跟踪系统框图。
4. 目前无线传感器网络自身定位系统和定位算法非常多，通常有哪几种分类？
5. 在无线传感器网络节点定位算法的分类中，何为集中式计算与分布式计算？

第 8 章

无线传感器网络拓扑控制与覆盖技术

本章要点

- 无线传感器网络拓扑控制技术
- 无线传感器网络覆盖算法设计思路及性能评价标准
- 无线传感器网络覆盖算法分类和覆盖感知模型
- 典型的无线传感器网络覆盖算法与协议

8.1 无线传感器网络拓扑控制技术

8.1.1 拓扑控制技术概述

拓扑控制技术是无线传感器网络中的基本问题。动态变化的拓扑结构是无线传感器网络的最大特点之一,因此拓扑控制策略在无线传感器网络中有着重要的意义,它为路由协议、MAC 协议、数据融合、时间同步和目标定位等很多方面奠定了基础。目前,在网络协议分层中没有明确的层次对应拓扑控制机制,但大多数拓扑控制算法是部署于介质访问控制层(MAC)和路由层(Routing)之间,它为路由层提供足够的路由更新信息。反之,路由表的变化也反作用于拓扑控制机制,MAC 层可以提供给拓扑控制算法邻居发现等消息。

无线传感器网络的拓扑控制问题,是在网络相关资源普遍受限情况下,对于固定的或具有移动特征的无线传感器网络通过控制传感器节点与无线通信链路组成的网络的拓扑属性,来减少网络能量消耗与无线干扰,并有效改善整体网络的连通性、吞吐量与传播延时等性能指标。给定一个传感器网络,无线传感器网络拓扑控制可以一般性地总结为:在全网协作式地进行各个传感器节点功率控制(传输半径调节),从而达到网络能量消耗与无线干扰的减少。

8.1.2 拓扑控制的设计目标

无线传感器网络是与应用密切相关的,不同的应用对应不同的拓扑控制设计目标要求。在拓扑控制中,一般需要考虑的设计目标如下。

1. 能量消耗

如何合理利用传感器节点的能量,一直都是无线传感器网络研究的热点之一。因此,能量优化必然成为无线多跳网络拓扑控制研究的一个重要目标。

2. 覆盖度

覆盖可以看成是对传感器网络服务质量的度量。在覆盖问题中,最重要的因素是网络对物理世界的感知能力。生成的拓扑必须保证足够大的覆盖度,即覆盖面积足够大的监视区域。根据文献,衡量全网覆盖情况有一个量化指标——平均每个节点的覆盖。

3. 连通性

为了实现传感器节点间的相互通信,生成的拓扑必须保证连通性,即从任何一个节点都可以发送消息到另外一个节点。连通性是任何无线传感器网络拓扑控制算法都必须保证的一个重要性质。

4. 算法的分布式程度

在无线传感器网络中,一般情况下是不设置认证中心的,传感器节点只能依据自身从网络中收集的信息做出决策。另外,任何一种涉及节点间同步的通信协议都有建立通信的开销。显然,若节点能够了解全局拓扑和传感器网络中所有节点的能量,就能做出最优的决策;若不计同步消息的开销,得到的就是最优的性能。

5. 网络延迟

当网络负载较高时,低发射功率会带来较小的端到端延迟;而在低负载情况下,低发射功率会带来较大的端到端延迟。

6. 干扰和竞争

减少通信干扰、减少 MAC 层的竞争和延长网络的生命期基本上是一致的。功率控制可以调节发射范围,层簇式网络可以调节工作节点的数量。这些都能改变一跳邻居节点的个数,即与它竞争信道的节点数。

7. 对称性

由于非对称链路在目前的 MAC 协议中没有得到很好的支持,而且非对称链路通信的开销很大,对于传感器网络能量小的特点而言是一个瓶颈,因此一般都要求生成的拓扑中链路是对称的。

8.1.3　拓扑控制的研究方法

目前对拓扑控制的研究分为两大类。一类是计算几何方法,以某些几何结构为基础构建网络的拓扑,满足某些性质。另一类是概率分析方法,在节点按照某种概率密度分布的情况下,计算使拓扑以大概率满足某些性质时,节点所需的最小传输功率和最小邻居个数。

1. 计算几何方法

采用计算几何方法研究拓扑控制,是以某些几何结构为基础构建网络的拓扑,以满足某些性质。该方法常使用的几何结构有如下几种。

（1）最小生成树（MST）网络拓扑

它是以节点间的欧氏距离为度量的最小生成树。节点的传输半径设为与该节点相邻的最长边的长度。以 MST 为拓扑的网络能保证网络的连通性。由于在分布式环境下构造 MST 开销巨大，一种折中的方法是节点采用局部 MST 方法设置传输范围。

（2）GG 图（Gabriel Graph）

在传输功率正比传输距离的平方时，GG 图是最节能的拓扑。MST 是 GG 图的子图，GG 图也满足连通性。

（3）RNG 图（Relative Neighbor Graph）

其稀疏程度在 MST 和 GG 图之间，连通性也在 MST 和 GG 图之间，优于 MST，冲突干扰优于 GG 图，是两者的折中。RNG 图易于用分布式算法构造。

（4）DT 图（Delaunay Triangulation）

UDG 与 DT 图的交集称为 UDel 图（Unit Delaunay Triangulation）。UDel 图是稀疏的平面图，适合于地理路由协议、节能、简化路由计算，以及降低干扰，因此十分适合作为无线底层拓扑。

（5）Yao Graph

研究人员提出了许多 Yao Graph 的变种，如在 GG 图上使用 Yao Graph，在 Yao Graph 上使用 GG 图等，以减少 Yao Graph 中的边数，同时保持 Spanner 性质。

（6）θ-Graph

与 Yao Graph 非常相似。不同之处在于，Yao Graph 在每个扇区中选择最近的节点建立链路，而 θ-Graph 选择在扇区中轴投影最短的节点建立链路。

2. 概率分析方法

发展成熟的随机图理论不适合无线传感器网络。事实上，随机图假设任意两个节点间的边的存在与否是互相独立的，这一假设不符合无线传感器网络的特点。为解决这个问题，研究人员提出了几何随机图理论。在该理论中，节点按照某种概率密度分布在 d 维区域 R 中。这种节点分布下的某些性质包括到最近邻居的最长链路，欧式最小牛成树中最长边的长度，MST 的总开销。

另外两种理论是连续渗流（Continiuoum Percolation）和占位理论（Occupancy Theory）。在连续渗流理论中，节点以 Poisson 密度 λ 分布在二维平面中，如果节点间距离小于 r，则两个节点相连。已经证明，对于 $\lambda > 0$，至多以大概率存在一个无限阶的组件（由连通的节点组成的集合称为组件，组件的阶是节点集合中节点的个数）。但是，只存在一个无限阶的组件不能保证网络的连通性。事实上，可能存在许多（无限多）节点不属于这个大组件，导致不连通的网络通信图。因此，连通性与属于大组件的节点占所有节点的比例相关，这个比例又与渗流概率相关。但是，目前还没有关于渗流概率的显式表达式。由于连续渗流理论的模型与 Ad Hoc 的网络模型相吻合，因此连续渗流理论被用于分析 Ad Hoc 网络的连通性。

概率方法研究的最重要的问题是临界传输范围（CTR）问题，即节点都是同构的，在传输范围相同的情况下，求网络连通的最小传输范围。研究这个问题的原因在于在无线传感器网络中,廉价的无线通信部件不可能动态调整传输范围。在无线传感器网络中,只能把所有节点的传输范围设为相同的值。减少功耗、增加网络容量的唯一办法是把传输范围设为保持网络连通的最小值。最适合解决 CTR 问题的概率理论是几何随机图理论。因为临界传输范围就是 MST 中的最长边,从最长 MST 边的概率分布中可以推导出 CTR 的概率解。但几何随机图理论只适用于密集的 Ad Hoc 网络。因为理论假设放置节点的空间是固定的,当节点个数趋于无穷时,节点的密度也趋于无穷。但在实际情况中,网络的密度不可能很大。

8.1.4　功率控制技术

目前,拓扑控制研究已经形成功率控制和睡眠调度两个主流研究方向。所谓功率控制,就是为传感器节点选择合适的发射功率;所谓睡眠调度,就是控制传感器节点在工作状态和睡眠状态之间的转换。

功率控制对无线自组织网络的性能影响显著,主要表现在以下 5 个方面。

1. 功率控制对网络能量有效性的影响

功率控制对网络能量有效性的影响包括降低节点发射功耗和减少网络整体能量消耗。在节点分组传递过程中,功率控制可以通过信道估计或反馈控制信息,在保证信道连通的条件下策略性地降低发射功率的富余量,从而减少发射端节点的能量消耗。

2. 功率控制对网络连通性和拓扑结构的影响

网络的连通性和拓扑结构均与发射功率的大小有关。节点的发射功率过低,会使部分节点无法建立通信连接,造成网络的割裂;而发送功率过大,虽然保证了网络的连通,但会导致网络的竞争强度增大,从而使得网络不仅在节点发射功率上消耗过多的能量,还会因为高竞争强度导致的数据丢包或重传造成网络整体能耗的增加及性能的降低。网络中的节点可通过功率控制和骨干网络节点选择,剔除节点之间不必要的通信链路,形成一个数据转发的优化网络结构,或者在满足网络连通度的前提下,选择节点最优的单跳可达邻居数目。通过功率控制技术来调控网络的拓扑特性,主要就是通过寻求最优的传送功率及相应的控制策略,在保证网络通信连通的同时优化拓扑结构,从而达到满足网络应用相关性能的要求。

3. 功率控制对网络平均竞争强度的影响

节点发射功率大小影响着网络的平均竞争强度。设网络中节点密度为 ρ,发射半径为 r,则发射节点范围内的邻居节点数量为 ρr^2。由于任意一个节点通过的流量与 $1/r$ 成正比,因此可得网络的平均竞争强度与节点的发射半径 r 成正比。功率控制可通过降低网络中节点的发射功率来减小网络中的冲突域,降低网络的平均竞争强度。

4. 功率控制对网络容量的影响

功率控制对网络容量的影响,一方面表现在可以有效减少数据传输节点所能影响的邻居节点的数量,允许网络内进行更多的并发数据传输;另一方面,节点通信的传输范围越大,网络中的冲突就越多,节点通信也就更容易发生数据丢包或重传现象。通过功率控制技术,可以有效减小网络中的冲突域,从而降低通信冲突的概率。功率控制在这两方面的作用均有助于网络容量的提升。

5. 功率控制对网络实时性的影响

无线自组织网络采用多跳路由的方式传递消息,分组的每一跳均会经历处理延时、传播延时和队列延时这 3 个阶段。处理延时 T_{proc} 包括接收机接收分组、解码以及重传分组所需要的时间,传播延时 T_{prop} 是分组在介质中传播所消耗的时间,队列延时 T_{queu} 是分组由于在队列中排队等待所造成的延时。

在网络中,较低的发射功率需要较多的路由跳数才能到达目的节点;较高的发射功率可以有效减少源节点与目的节点之间分组传递所需的跳数。分组的处理延时正比于路由的跳数,队列延时反比于网络的竞争强度,传播延时受网络状态的影响较小。由此可见,高发射功率会导致较长的队列延时,低发射功率会增加分组的处理延时。基于上述分析,功率控制可根据网络状态,策略性地改变节点的发射距离,从而使网络具有较好的实时性能。

功率控制技术可运用于多种通信网络中(如蜂窝移动通信网络、WLAN(Wireless Local Area Network)、MANET(Mobile Ad Hoc NETwork)、传感器网络等),但由于系统的应用目的不同,功率控制所起的作用不尽相同。

8.1.5　典型的功率控制协议与算法

1. 功率控制的分类

由于单一的协议无法满足系统各种应用的需求,人们研究了众多的功率控制协议。功率控制算法是一个典型的网络控制论问题,可以按照以下方法进行分类。

(1) 开环控制、闭环控制和开环闭环混合控制。开环功率控制是指网络中的节点以反比于接收到的平均功率水平的参数量调整发射功率值;闭环功率控制是指发送节点根据接收节点的反馈控制信息动态地改变发射功率;开环闭环混合功率控制是将两种控制机制结合应用于网络中。

(2) 集中控制和分布式控制。在集中功率控制机制中,存在一个管理中心集中调整网络中节点的发射功率水平;而在分布式功率控制中,不存在具有集中控制能力的管理中心,每个节点根据局部信息调整自身的发射功率值。

(3) 基于 RSSI(Received Signal Strength Indicator)指标、基于 SIR(Signal to Interference Ratio)指标和基于 BER(Bit Error Rate)指标。功率控制可分别以接收信号强度 RSSI、信扰比 SIR 或误码率 BER 为指标,控制调整网络中节点的发射功率值。

(4) 定步长控制和自适应步长控制。定步长功率控制是指节点策略性地以确定的调整步长量控制发射功率值;自适应步长功率控制是指节点根据信道变化的估计量自适应地调整节点的发射功率。

(5) 连续控制和离散控制。功率控制过程可以是连续量,也可以是离散量,因此,分为连续功率控制和离散功率控制。

(6) 单信道控制和多信道控制。单信道功率控制是指网络使用单一共享信道,多信道功率控制是指采用多个信道完成网络控制和消息传递。

（7）统一控制和独立控制。统一功率控制是指网络中节点的发射功率可调整，但所有节点均采用同一发射功率值；独立功率控制是指每一个节点均可独立调整自身的发射功率值，网络中节点之间的发射功率水平不尽相同。

（8）网络级控制、邻居节点级控制和独立节点级控制。此分类方法是对上述方法的进一步细化，它基于分组级分析方法，从网络自身角度出发对功率控制算法进行分类。网络级功率控制是指网络所有节点均使用统一的功率控制值发送分组；邻居节点级功率控制是指每个发送节点均使用可覆盖所有邻居节点的功率值发送分组，节点之间的发射功率值并不相同；独立节点级功率控制是指发送节点可以针对每个单一的目的节点自适应地调整发射功率水平。

2. 无线传感器网络系统设计原则

无线传感器网络是一种能量受限型网络，一旦节点的电源耗尽，会直接影响整个网络功能的实现。这一特点是由其应用环境所决定的：网络节点的使用往往是一次性的，或者由于条件限制，传感器节点的电池不可能经常更换，需要使用若干年。所以，无线传感器网络协议设计的主要目标就是提高系统的能量效率，延长网络的使用寿命。基于这个目标，各层协议设计的原则为：

（1）对于网络层而言，提高能量效率可以从几个方面着手：加快网络冗余数据的收敛，以多跳方式转发数据包，选择能量有效路由。

（2）媒体访问控制（MAC）层的能量效率设计的主要因素包括：减少数据包的竞争冲突，减小控制数据包开销，减少空闲监听时间和避免节点间的串音。

（3）物理层的能量效率设计是通过对具体物理层技术的改造来实现的，这些技术包括：高能效的调制技术、编码技术、速率自适应技术、协作多输入多输出（MIMO）技术等。

8.1.6　拓扑控制中的休眠调度技术

在传感器网络的拓扑控制算法中，除了传统的功率控制和层次型拓扑控制两个方面之外，也提供了启发式的节点唤醒和休眠机制。该机制能够使节点在没有事件发生时设置通信模块为睡眠状态；在有事件发生时，自动醒来并唤醒邻居节点，形成数据转发的拓扑结构。这种机制的引入，使得无线通信模块大部分时间都处于关闭状态，只有传感器模块处于工作状态。由于无线通信模块消耗的能量远大于传感器模块，所以节省了能量开销。这种机制的重点在于解决节点在睡眠状态和活动状态之间的切换问题，不能独立成为一种拓扑结构控制机制，需要与其他拓扑控制算法结合使用。目前基于启发机制的算法有 STEM（SparseTopology and Energy Management）算法和 ASCENTI（Adaptive Self-Configuring Sensor Networks Topologies）算法、CCP（Coverage Configuration Protocol）和 SPAN（Social Participatory Allocation Network）。

1. STEM

STEM 算法是较早提出的节点唤醒算法，包含两种不同的机制：STEM-B（STEM-Beacon）和 STEM-T（STEM-Tone）。在 STEM-B 算法中，每个睡眠节点可以周期性地醒来侦听信道。如果某个节点想要建立通信，它会作为主动节点先发送一连串 Beacon 包。

目标节点在收到 Beacon 包后,发送应答信号,并自动进入数据接收状态。主动节点在收到应答信号后,进入数据发送阶段。为了避免唤醒信号和数据通信的冲突,使用侦听信道和数据传输信道两个分离信道。如果没有数据通信,节点大部分时间只保持在侦听信道上周期性地侦听,从而在很大程度上节省了能量消耗。

STEM-T 算法比 STEM-B 算法简单。其节点周期性地进入侦听阶段,探测是否有邻居节点要发送数据。当一个节点想与某个邻居节点通信时,它首先发送一连串唤醒包,发送唤醒包的时间长度必须大于侦听的时间间隔,以确保邻居节点能够接收到唤醒包。然后,该节点直接发送数据包。所有邻居节点都能够接收到唤醒包并进入接收状态,如果在一定时间内没有收到发送给自己的数据包,就自动进入睡眠状态。可见,STEM-T 算法与 STEM-B 算法相比,省略了请求应答过程,但增加了节点唤醒次数。

STEM 算法使节点在整个生命周期中的多数时间内处于睡眠状态,适用于类似环境监测或者突发事件监测等应用。这类应用均由事件触发,不要求节点时刻保持在活动状态。值得注意的是,在 STEM 算法中,节点的睡眠周期、部署密度及网络的传输延迟之间有着密切的关系,所以要针对具体的应用要求进行相应的调整。

2. ASCENT

ASCENT 算法是另一种节点唤醒机制,其重点在于均衡网络中骨干节点的数量,并保证数据通路的畅通。节点接收数据时若发现丢包严重,就向数据源方向的邻居节点发出求助消息;当节点探测到周围的通信节点丢包率很高,或者收到邻居节点发出的帮助请求时,它醒来后主动成为活动节点,帮助邻居节点转发数据包。该算法运行包括触发、建立和稳定 3 个主要阶段。

节点可处于 4 种状态:①休眠状态,节点关闭通信模块;②侦听状态,只对信息进行侦听,不进行数据包的转发;③测试状态,这是一个暂态,参与数据包的转发,并且进行一定的运算,判断自己是否需要变为活动状态;④活动状态,节点负责数据包的转发,能量消耗最大。从本质上说,ASCENT 是一个从汇聚节点向数据源节点回溯建立路由的过程。通过 SCENT 算法,节点能够根据网络情况动态地改变自身状态,从而动态地改变网络拓扑结构,并且节点只根据本地信息进行计算,不依赖于无线通信模型、节点的地理分布和路由协议。但是 ASCENT 算法需要完善的地方还很多,如应该针对更大规模的节点分布进行改进,并加入负载平衡技术。另外,对于多个数据源节点的应用场景需加以改进。

3. CCP

用 CCP 来达到网络睡眠节点数最大化的休眠调度效果。CCP 中节点有 3 个基本状态:工作状态、侦听状态和睡眠状态。此外,为了避免由于每个节点根据局部信息独立进行调度而引起的冲突,CCP 引入了加入和退出两个过渡状态。初始时,网络中节点都处于工作状态。当处于工作状态的节点收到一个 HELLO 消息时,它就检查自己是否符合睡眠的条件。如果符合条件,进入退出状态并启动退出计时器。在退出状态,如果计时器溢出,广播一个 WITHDRAW 消息,进入睡眠状态,并启动睡眠计时器;如果在计时器溢出之前收到来自邻居节点的 WITHDRAW 或 HELLO 消息,撤销计时器并返回活动状态。在睡眠状态,如果计时器溢出,进入侦听状态,并启动侦听计时器。在侦听状态,如果计时器溢出,返回睡眠状态,同时启动睡眠计时器;如果在计时器溢出之前收到HELLO、WITHDRAW 或 JOIN 消息,检查自己是否应该工作。如果是,进入加入状态,同时启动加入计时器。在加入状态,如果计时器溢出,进入工作状态并广播 JOIN 消息;在计时器溢出之前,如果收到 JOIN 消息并判断出没有工作的必要,则该节点进入睡眠状态。同时,CCP 能够根据不同的应用和环境将网络配置到指定的覆盖度与连通度。

4. SPAN

SPAN 算法的基本思想是在不破坏网络原有连通性的前提下,根据节点的剩余能量、邻居节点的个数、节点的效用等多种因素,自适应地决定是成为骨干节点还是进入睡眠状态。睡眠节点周期性地唤醒,以判断自己是否应该成为骨干节点;骨干节点周期性地判断自己是否应该退出。SPAN 算法对传感器节点没有特殊的要求,这是它的优点。但是,随着节点密度的增加,SPAN 的节能效果表现减弱。这主要是因为 SPAN 采用了 IEEE 802.11 的节能特性:睡眠节点必须周期性地唤醒并侦听,这种方式的代价是相当大的。

8.2　无线传感器网络覆盖技术

8.2.1　无线传感器网络覆盖算法分类

WSN 从诞生之初就与应用密切相关,WSN 覆盖控制更是如此。如今的 WSN 覆盖控制问题不仅包括单纯的覆盖含义,更是与节能通信、路径规划、可靠通信和目标定位等具体应用紧密相连。为了对 WSN 覆盖控制问题有更加全面的认识,下面分别从配置方式和相关应用属性两个角度进行 WSN 覆盖控制问题分类。

1. 配置方式分类

按照无线传感器网络节点的不同配置方式(即节点是否需要知道自身位置信息),将WSN 的覆盖问题分为确定性覆盖、随机覆盖两大类。下面分别介绍这两类覆盖控制类型。

(1) 确定性覆盖

如果 WSN 的状态相对固定或是 WSN 环境已知,可以根据预先配置的节点位置确定网络拓扑情况,或增加关键区域的传感器节点密度,这种情况称为确定性覆盖问题。此时的覆盖控制问题,成为一种特殊的网络或路径规划问题。典型的确定性覆盖有确定性区域/点覆盖、基于网格(Grid)的目标覆盖和确定性网络路径/目标覆盖 3 种类型。

确定性区域/点覆盖是指已知节点位置的 WSN,要完成目标区域或目标点的覆盖。与确定性区域/点覆盖相关的两个著名计算几何问题为艺术馆走廊监控问题(Art Gallery Problem)以及圆周覆盖问题(Circle Covering Problem)。

基于网格的目标覆盖是指当地理环境情况预先确定时,使用二维(也可以为三维)的网格进行网络建模,并选择在合适的格点配置传感器节点,来完成区域/目标的覆盖。

确定性网络路径/目标覆盖同样考虑 WSN 传感器节点位置已知的情况,但这类问题特别考虑了如何对穿越网络的目标或其经过的路径上各点进行感应与追踪。

（2）随机覆盖

在许多实际自然环境中，由于网络情况不能预先确定，且多数确定性覆盖模型会给网络带来对称性与周期性特征，从而掩盖了某些网络拓扑的实际特性；再加上 WSN 自身拓扑变化复杂，导致采用确定性覆盖在实际应用中具有很大的局限性，不能适用于战场等危险场所或其他环境恶劣的场所。因此，需要进一步对节点随机分布在传感区域而预先没有得到自身位置的情况进行讨论，这正是 WSN 随机覆盖所要解决的问题。目前，WSN 的随机覆盖已成为 WSN 覆盖控制的一个热点问题。大致将这类问题分为随机节点覆盖和动态网络覆盖两类。

随机节点覆盖考虑在 WSN 中传感器节点随机分布且预先不知道节点位置的条件下，网络完成对监测区域的覆盖任务。

一般 WSN 一旦部署，则网络中的传感器节点的位置就固定不变，动态网络覆盖则是考虑一些特殊环境中部分传感器节点具备一定运动能力的情况。该类网络可以动态完成相关覆盖任务。

2．相关应用属性分类

作为一种源于应用而又服务于应用的现实、可行的网络技术，无线传感器网络在军事以及民用方面都具有非常广阔的应用前景，WSN 覆盖控制也是如此。如今，WSN 覆盖控制问题不仅包括单纯的覆盖含义，更与节能通信、路径规划、可靠通信和目标定位等具体应用紧密相连，并依旧属于覆盖控制的范畴。因此，还可以从 WSN 相关应用属性这一新的视角对 WSN 覆盖控制问题重新分类和研究。

（1）节能覆盖

由于 WSN 中的传感器节点自身体积较小、电池能量资源有限，如何保证大规模网络环境下传感器节点能量的有效使用，成为需要关注的一项重要研究内容，它直接影响到整个网络生存时间能否充分延长。采用轮换"活跃"和"休眠"节点的节能覆盖方案，可以有效地提高网络生存时间。而轮换活跃/休眠节点的节能覆盖方案的关键，就是要在保证一定网络覆盖要求的条件下，最大化轮换节点集合数目。

（2）栅栏覆盖

WSN 中有一类与覆盖控制密切相关的特殊问题——栅栏覆盖，它考察了目标穿越WSN 时被检测或是没有被检测的情况，反映了给定 WSN 所能提供的传感、监视能力。这类覆盖控制问题的目标是找出连接出发位置（记为 S）和离开位置（记为 D）的一条或多条路径，使得这样的路径能够在不同模型定义下提供对目标的不同传感/监视质量。根据目标穿越 WSN 时所采用模型的不同，栅栏覆盖又分为最坏与最佳情况覆盖和暴露穿越两种类型。

最坏与最佳情况覆盖问题中，对于穿越网络的目标而言，最坏情况是指考察所有穿越路径中不被网络传感器节点检测的概率最小情况；对应的最佳情况是指考察所有穿越路径中被网络传感器节点发现的概率最大情况。

暴露穿越同时考虑了目标暴露（Target Exposure）的时间因素和传感器节点对于目标的感应强度因素。这种覆盖模型更符合实际环境中，运动目标由于穿越 WSN 区域的时间增加而感应强度累加值增大的情况。

（3）连通性覆盖

连通性覆盖问题也是 WSN 覆盖控制相关应用属性中的一个重要组成部分，它同时考虑了 WSN 的覆盖能力和网络连通性这两个相互联系的属性。连通覆盖问题所要解决的是如何同时满足网络一定的传感覆盖和通信连通性需求，这对于一些要求可靠通信的应用至关重要。根据具体的连通性要求，连通性覆盖又分为两类：活跃节点集连通覆盖，是针对采用活跃节点集轮换机制的情况，考虑如何保证指定传感区域的覆盖和网络的连通性；连通路径覆盖，考虑通过选择可能的连通传感器节点路径来得到最大化的网络覆盖效果。

（4）目标定位覆盖

在某些特殊环境下，WSN 覆盖配置伴随而来的是 WSN 的目标定位问题，称此时的 WSN 覆盖为目标定位覆盖。例如，在前面提到的网格条件下，网络的目标定位问题即为及时查询出目标所在网格被周围哪些传感器格点所覆盖。

由以上 WSN 覆盖控制分类不难看出：配置方式和相关应用属性两种分类方法既有各自特殊的分类角度，又有具体研究内容上的重叠。基于本部分内容，图 8.1 总结了 WSN 覆盖控制问题各种协议和算法的分类。

图 8.1　无线传感器网络覆盖控制协议和算法分类

8.2.2　典型的无线传感器网络覆盖算法与协议

1. 基于网格的覆盖定位传感器配置算法

基于网格的覆盖定位传感器配置算法是基于网格的目标覆盖类型（确定性覆盖）中的一种，也属于目标定位覆盖的内容。Lin 等人将此优化覆盖定位问题转化为最小化距离错误问题，并加以改进，提出了一种在有限代价条件下最小化最大错误距离的组合优化配置方法。

图 8.2　区域完全覆盖示意图

考虑网络传感器节点以及目标点都采用网格形式配置，传感器节点采用 0/1 覆盖模型，并使用能量矢量来表示格点的覆盖。如图 8.2 所示，网络中的各格点都可至少被一个传感器节点所覆盖（即该点能量矢量中至少一位为 1),此时区域达到了完全覆盖。例如,格点位置 8 的能量矢量为 $(0,0,1,1,0,0)$。在网络资源受限而无法达到格点完全识别时,需要考虑如何提高定位精度的问题。错误距离是衡量位置精度的一个最直接的标准,错误距离越小,则覆盖识别结果越优化。

2. 轮换活跃/休眠节点的 Node Self-Scheduling 覆盖协议

采用轮换活跃和休眠节点的 Node Self-Scheduling 覆盖控制协议可以有效延长网络生存时间。该协议同时属于确定性区域/点覆盖和节能覆盖类型。

协议采用节点轮换周期工作机制,每个周期由一个 Self-scheduling 阶段和一个 Working 阶段组成。在 Self-scheduling 阶段,各节点首先向传感半径内邻居节点广播通告消息,其中包括节点 ID 和位置(若传感半径不同,则包括发送节点传感半径)。节点检查自身传感任务是否可由邻居节点完成,可替代的节点返回一条状态通告消息,之后进入休眠状态,需要继续工作的节点执行传感任务。在判断节点是否可以休眠时,如果相邻节点同时检查到自身的传感任务,可由对方完成并同时进入休眠状态,出现如图 8.3 所示的"盲点"。

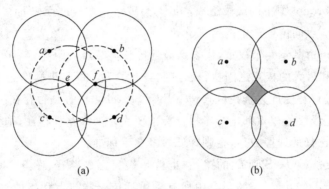

图 8.3　网络中出现的"盲点"

在图 8.3(a)中,节点 e 和 f 的整个传感区域都可以被相邻的邻居节点代替、覆盖。e 和 f 节点满足进入休眠状态的条件之后,将关闭自身节点的传感单元,进入休眠状态,但这时出现了不能被 WSN 检测的区域,即网络中出现"盲点",如图 8.3(b)所示。为了避免这种情况的发生,节点在 Self-scheduling 阶段检查之前执行一个退避机制:每个节点在一个随机产生的 T_d 时间之后再开始检查工作。此外,退避时间还可以根据周围节点密度来计算,以有效地控制网络活跃节点的密度。为了进一步避免"盲点"的出现,每个节点在进入休眠状态之前还将等待 T_w 时间来监听邻居节点的状态更新。

3. 最坏与最佳情况覆盖

最坏与最佳情况覆盖算法同时属于确定性网络路径/目标覆盖和栅栏覆盖类型。

Meguerdichian 等定义了最大突破路径(Maximal Breach Path)和最大支撑路径(Maximal Support Path),分别使得路径上的点到周围最近传感器的最小距离最大化以及最大距离最小化。显然,这两种路径分别代表了 WSN 最坏(不被检测概率最小)和最佳(被发现的概率最大)的覆盖情况。分别采用计算几何中的 Voronoi 图与 Delaunay 三角形来完成最大突破路径和最大支撑路径的构造和查找。其中,Voronoi 图是由所有 Delaunay 三角形边上的垂直平分线形成；而 Delaunay 三角形的各顶点为网络的传感器节点，并满足子三角形外接圆中不含其他节点，如图 8.4 所示。

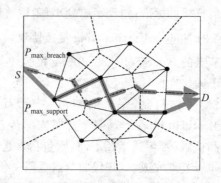

图 8.4　Voronoi 图和 Delaunay 三角形示意图

由于 Voronoi 图中的线段具有到最近的传感器节点距离最大的性质，因此最大突破路径一定是由 Voronoi 图中的线段组成。最大突破路径查找过程如下。

（1）基于各节点的位置产生网络 Voronoi 图。

（2）给每一条边赋予一个权重，代表到最近传感器节点的距离。

（3）在最小和最大的权重之间执行二进制查找算法：每一步操作之前给出一个参考权重标准，然后进行宽度优先查找（Breadth-first Search），检查是否存在一条从 S 到 D 的路径，满足路径上线段的权重都比参考权重标准要大。如果路径存在，则增加参考权重标准来缩小路径可选择的线段数目，否则降低参考权重标准。

（4）最后得到一条从 S 到 D 的路径，也就是最大突破路径，图 8.4 中用 P_{max_breach} 表示。类似地，由于 Delaunay 三角形是由所有到最近传感器节点距离最短的线段组成，因此最大支撑路径必然由 Delaunay 三角形的线段构成。给每一条边赋予一个权重来代表路径上所有到周围最近传感器节点的最大距离，查找算法同上。在图 8.4 中，用 $P_{max\_support}$ 表示算法执行后得到的一条最大支撑路径。

4. 暴露穿越

暴露穿越覆盖同时属于随机节点覆盖和栅栏覆盖的类型。目标暴露（target exposure）覆盖模型同时考虑时间因素和节点对于目标的感应强度因素，为符合实际环境中，运动目标由于穿越网络时间增加而感应强度累加值增大的情况。暴露覆盖模型更符合目标由于穿越 WSN 区域的时间增加而被检测概率增大的实际情况；采用了分布式的算法执行方式，不需要预先知道整个网络的节点配置情况，可根据需要选择不同的感应强度模型和网格划分，得到精度不同的暴露路径。

5. 圆周覆盖

Huang 将随机节点覆盖类型的圆周覆盖归纳为决策问题：目标区域中配置一组传感器节点，看看该区域能否满足 k 覆盖，即目标区域中每个点都至少被 k 个节点覆盖。我们考虑每个传感节点覆盖区域的圆周重叠情况，进而根据邻居节点信息来确定是否一个给定传感器的圆周被完全覆盖,如图 8.5 所示。

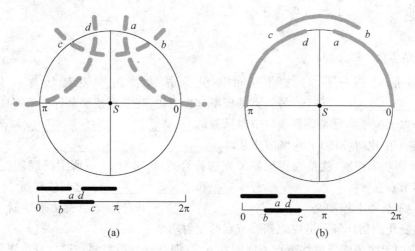

图 8.5　传感器节点 S 圆周的覆盖情况

该算法可以用分布式方式实现:传感器 S 首先确定圆周被邻居节点覆盖的情况,如图 8.5(a)所示,3 段圆周 $[0,a]$、$[b,c]$、$[d,\pi]$ 分别被 S 的 3 个邻居节点所覆盖;再将结果按照升序顺序记录在 $[0,2\pi]$ 区间,如图 8.5(b)所示,这样就得到节点 S 的圆周覆盖情况:$[0,b]$ 段为 1,$[b,a]$ 段为 2,$[a,d]$ 段为 1,$[d,c]$ 段为 2,$[c,\pi]$ 段为 1。

在二维圆周覆盖问题基础上,Huang 进一步将三维圆球覆盖影射为二维圆周覆盖的类似方法,在不增加计算复杂性的前提下,使用分布式方式解决了三维圆球体覆盖的问题。

6. 连通传感器覆盖(Connected Sensor Cover)

Gupta 设计的算法通过选择连通的传感器节点路径来得到最大化的网络覆盖效果,该算法同时属于连通性覆盖中的连通路径覆盖以及确定性区域/点覆盖类型。当指令中心向 WSN 发送一个感应区域查询消息时,连通传感器覆盖的目标是选择最小的连通传感器节点集合并充分覆盖 WSN 区域。假设已选择的传感器节点集为 M,其余与 M 有相交传感区域的传感器节点称为候选节点。集中式算法初始节点随机选择构成 M 之后,在所有从初始节点集合出发到候选节点的路径中选择一条可以覆盖更多未覆盖子区域的路径。将该路径经过的节点加入 M,算法继续执行,直到网络查询区域可以完全被更新后的 M 所覆盖。

连通传感器覆盖的分布式贪婪算法执行过程是:首先从 M 中最新加入的候选节点开始执行,在一定范围内广播候选路径查找消息(CPS);收到 CPS 消息的节点判断自身是否为候选节点,如果是,则单播方式返回发起者一个候选路径响应消息(CPR);发起者选择可以最大化增加覆盖区域的候选路径;更新各参数,算法继续执行,直到网络查询区域可完全被更新后的 M 所覆盖。

练习题

一、填空题

1. 目前对拓扑控制的研究可以分为两大类。一类是计算几何方法，_____。另一类是概率分析方法，在节点按照某种概率密度分布，计算使拓扑以大概率满足某些性质时节点所需的_____。

2. 最小生成树(MST)网络拓扑是以_____。

3. 所谓功率控制，就是为传感器节点选择合适的_____；所谓睡眠调度，就是控制传感器节点在_____和_____之间的转换。

4. 定步长功率控制是_____；自适应步长功率控制是指节点根据信道变化的估计量自适应地调整节点的发射功率。

5. 按照无线传感器网络节点不同配置方式(即节点是否需要知道自身位置信息)，可以将 WSN 的覆盖问题分为_____、_____两大类。

二、简答题

1. 无线传感器网络中，网络的拓扑结构控制与优化有什么意义？

2. 无线传感器网络是与应用密切相关的，在拓扑控制中一般需要考虑的设计目标有哪些？

3. 功率控制对无线自组织网络的性能有很大影响，主要表现在哪 5 个方面？

4. 功率控制的分类常有哪几种方法？

5. 无线传感器网络协议设计的主要目标就是提高系统的能量效率，延长网络的使用寿命。那么，基于这个目标，各层协议设计的原则有哪些？

第9章

9 无线传感器网络的安全技术

本章要点

- 传感器网络的安全目标与安全问题分析
- 无线传感器网络协议栈各层的安全威胁及对策
- 攻击者加入网络与不加入网络的攻击行为
- DoS 攻击与能源攻击
- 无线传感器网络的安全路由

9.1 无线传感器网络安全问题概述

9.1.1 传感网安全分析

无线传感器网络 WSN 是一种自组织网络,它通过大量低成本、资源受限的传感器节点设备协同工作,实现某一特定任务。

传感器网络为在复杂的环境中部署大规模的网络,进行实时数据采集与处理带来了希望。但同时 WSN 通常部署在无人维护、不可控制的环境中,除了具有一般无线网络所面临的信息泄露、信息篡改、重放攻击、拒绝服务等多种威胁外,WSN 还面临传感器节点容易被攻击者物理操纵,并获取存储在传感器节点中的所有信息,从而控制部分网络的威胁。用户不可能接受并部署一个没有解决好安全和隐私问题的传感器网络,因此在进行 WSN 协议和软件设计时,必须充分考虑 WSN 可能面临的安全问题,并把安全机制集成到系统设计中去。

1. 传感器网络特点

WSN 是一种大规模的分布式网络,常部署于无人维护、条件恶劣的环境当中,且大多数情况下传感器节点都是一次性使用,从而决定了传感器节点是价格低廉、资源极度受限的无线通信设备,它的特点主要体现在以下几个方面。

(1)能量有限:能量是限制传感器节点能力、寿命的最主要的约束性条件。现有的传感器节点都是通过标准的 AAA 或 AA 电池供电,并且不能重新充电。

（2）计算能力有限：传感器节点 CPU 一般只具有 8bit，4～8MHz 的处理能力。

（3）存储能力有限：传感器节点一般包括三种形式的存储器，即 RAM、程序存储器、工作存储器。RAM 用于存放工作时的临时数据，一般不超过 2KB；程序存储器用于存储操作系统、应用程序以及安全函数等；工作存储器用于存放获取的传感信息，这两种存储器一般也只有几十千字节。

（4）通信范围有限：为了节约信号传输时的能量消耗，传感器节点的 RF 模块的传输能量一般为 10～100mW 之间，传输的范围也局限于 100m～1km 之内。

（5）防篡改性：传感器节点是一种价格低廉、结构松散、开放的网络设备，攻击者一旦获取传感器节点，就很容易获得和修改存储在传感器节点中的密钥信息以及程序代码等。

另外，大多数传感器网络在部署前，其网络拓扑是无法预知的；部署后，整个网络拓扑、传感器节点在网络中的角色经常变化，因而不像有线网、大部分无线网那样对网络设备进行完全配置，对传感器节点进行预配置的范围是有限的，很多网络参数、密钥等都是传感器节点在部署后进行协商后形成的。

2．无线传感网的安全特点

根据无线传感器网络（WSN）特点分析可知，WSN 与安全相关的主要特点如下。

（1）资源受限，通信环境恶劣。WSN 单个节点能量有限，存储空间和计算能力差，直接导致了许多成熟、有效的安全协议和算法无法顺利应用。另外，节点之间采用无线通信方式，信道不稳定，信号不仅容易被窃听，而且容易被干扰或篡改。

（2）部署区域的安全无法保证，节点易失效。传感器节点一般部署在无人值守的恶劣环境或敌对环境中，其工作空间本身就存在不安全因素，节点很容易受到破坏或被俘，一般无法对节点进行维护，节点很容易失效。

（3）网络无基础框架。在 WSN 中，各节点以自组织的方式形成网络，以单跳或多跳的方式通信，由节点相互配合实现路由功能，没有专门的传输设备，传统的端到端的安全机制无法直接应用。

（4）部署前地理位置具有不确定性。在 WSN 中，节点通常随机部署在目标区域，任何节点之间是否存在直接连接，在部署前是未知的。

9.1.2　传感网的安全性目标

1．WSN 主要安全目标及实现基础

虽然 WSN 的主要安全目标和一般网络没有多大区别，包括机密性、完整性、可用性等，但考虑到 WSN 是典型的分布式系统，并以消息传递来完成任务的特点，可以将其安全问题归结为消息安全和节点安全。所谓消息安全，是指在节点之间传输的各种报文的安全性。节点安全是指针对传感器节点被俘获并改造而变为恶意节点时，网络能够迅速地发现异常节点，并能有效地防止其产生更大的危害。由于 WSN 根深蒂固的微型化和廉价化大规模应用的思想，导致借助硬件实现安全的策略一直没有得到重视。考虑到传感器节点的资源限制，几乎所有的安全研究都必然存在算法计算强度和安全强度之间的权衡问题。简单地提供能够保证消息安全的加密算法是不够的。事实上,当节点被攻破,密钥等重要信息被窃取时,攻击者很容易控制被俘节点或复制恶意节点,以危害消息安全。因此,节点安全高于消息安全,确保传感器节点安全尤为重要。

维护传感器节点安全的首要问题是建立节点信任机制。在传统网络中,健壮的端到端信任机制常需借助可信第三方,通过公钥密码体制实现网络实体的认证,如 PKI 系统。然而,由于无线信道的脆弱性,即便对于静止的传感器节点,其间的通信信道并不稳定,导致网络拓扑容易变化。因此,对于任何基于可信第三方的安全协议,传感器节点和可信第三方之间的通信开销很大,并且不稳定的信道和通信延迟足以危及安全协议的能力和效率。另外,鉴于传感器节点计算能力的约束,公钥密码体制也不适合用于 WSN。

根据近代密码学的观点,密码系统的安全应该只取决于密钥的安全,而不取决于对算法的保密。因此,密钥管理是安全管理中最重要、最基础的环节。历史经验表明,从密钥管理途径进行攻击要比单纯破译密码算法代价小得多。高度重视密钥管理,引入密钥管理机制进行有效控制,对增加网络的安全性和抗攻击性是非常重要的。

2. WSN 的安全需求

WSN 的安全需求主要有以下几个方面。

(1) 机密性。机密性要求对 WSN 节点间传输的信息进行加密,让任何人在截获节点间的物理通信信号后不能直接获得其所携带的消息内容。

(2) 完整性。WSN 的无线通信环境为恶意节点实施破坏提供了方便。完整性要求节点收到的数据在传输过程中未被插入、删除或篡改,即保证接收到的消息与发送的消息是一致的。

(3) 健壮性。WSN 一般被部署在恶劣环境、无人区域或敌方阵地中,外部环境条件具有不确定性。另外,随着旧节点的失效或新节点的加入,网络的拓扑结构不断发生变化。因此,WSN 必须具有很强的适应性,使得单个节点或者少量节点的变化不会威胁整个网络的安全。

(4) 真实性。WSN 的真实性主要体现在两个方面:点到点的消息认证和广播认证。点到点的消息认证使得某一节点在收到另一节点发送来的消息时,能够确认这个消息确实是从该节点发送过来的,而不是别人冒充的;广播认证主要解决单个节点向一组节点发送统一通告时的认证安全问题。

(5) 新鲜性。在 WSN 中由于网络多路径传输延时的不确定性和恶意节点的重放攻击,使得接收方可能收到延后的相同数据包。新鲜性要求接收方收到的数据包都是最新的、非重放的,即体现消息的时效性。

(6) 可用性。可用性要求 WSN 能够按预先设定的工作方式向合法的用户提供信息访问服务,然而,攻击者可以通过信号干扰、伪造或者复制等方式使 WSN 处于部分或全部瘫痪状态,从而破坏系统的可用性。

(7) 访问控制。WSN 不能通过设置防火墙进行访问过滤。由于硬件受限,也不能采用非对称加密体制的数字签名和公钥证书机制。WSN 必须建立一套符合自身特点,综合考虑性能、效率和安全性的访问控制机制。

9.1.3 传感网安全策略

根据以上无线传感器网络安全的分析可知,无线传感器网络易于遭受传感器节点的物理操纵、传感信息的窃听、拒绝服务攻击、私有信息的泄露等多种威胁和攻击。下面将根据 WSN 的特点,对 WSN 所面临的潜在安全威胁进行分类描述与对策探讨。

1. 传感器节点的物理操纵

未来的传感器网络一般有成百上千个传感器节点,很难对每个节点进行监控和保护,因而每个节点都是一个潜在的攻击点,都能被攻击者进行物理和逻辑攻击。另外,传感器通常部署在无人维护的环境当中,这更加方便了攻击者捕获传感器节点。当捕获了传感器节点后,攻击者就可以通过编程接口(如 JTAG 接口),修改或获取传感器节点中的信息或代码。根据文献分析,攻击者可利用简单的工具(计算机、UISP 自由软件)在不到一分钟的时间内把 EEPROM、Flash 和 SRAM 中的所有信息传输到计算机中。通过汇编软件,可以很方便地把获取的信息转换成汇编文件格式,从而分析出传感器节点所存储的程序代码、路由协议及密钥等机密信息,还可以修改程序代码,并加载到传感器节点中。

目前通用的传感器节点具有很大的安全漏洞,攻击者通过此漏洞,可方便地获取传感器节点中的机密信息、修改传感器节点中的程序代码,如使得传感器节点具有多个身份 ID,从而以多个身份在传感器网络中通信。另外,攻击还可以通过获取存储在传感器节点中的密钥、代码等信息进行,从而伪造或伪装成合法节点加入传感网络中。一旦控制了传感器网络中的一部分节点,攻击者就可以发动很多种攻击,如监听传感器网络中传输的信息,向传感器网络中发布假的路由信息或传送假的传感信息,进行拒绝服务攻击等。

由于传感器节点容易被物理操纵是传感器网络不可回避的安全问题,必须通过其他技术方案来提高传感器网络的安全性能。如在通信前进行节点与节点的身份认证;设计新的密钥协商方案,使得即使有一小部分节点被操纵后,攻击者也不能或很难从获取的节点信息推导出其他节点的密钥信息等。另外,还可以通过对传感器节点软件的合法性进行认证等措施来提高节点本身的安全性能。

2. 信息窃听

根据无线传播和网络部署特点,攻击者很容易通过节点间的传输而获得敏感或者私有的信息。例如,在通过无线传感器网络监控室内温度和灯光的场景中,部署在室外的无线接收器可以获取室内传感器发送过来的温度和灯光信息;同样,攻击者通过监听室内和室外节点间信息的传输,也可以获知室内信息,从而揭露出房屋主人的生活习性。

对传输信息加密可以解决窃听问题,但需要一个灵活、强健的密钥交换和管理方案。密钥管理方案必须容易部署,而且适合传感器节点资源有限的特点。另外,密钥管理方案还必须保证当部分节点被操纵后(这样,攻击者就可以获取存储在这个节点中的生成会话密钥的信息),不会破坏整个网络的安全性。由于传感器节点的内存资源有限,不易在传感器网络中实现大多数节点间端到端安全。然而在传感器网络中可以实现跳与跳之间的信息加密,传感器节点只要与邻居节点共享密钥就可以了。在这种情况下,即使攻击者捕获了一个通信节点,也只是影响相邻节点间的安全。但当攻击者通过操纵节点发送虚假路由消息,就会影响整个网络的路由拓扑。解决这种问题的办法是具有鲁棒性的路由协议。另外一种方法是多路径路由,通过多个路径传输部分信息,并在目的地重组。

3. 私有性问题

传感器网络是将收集信息作为主要目的的,攻击者可以通过窃听、加入伪造的非法节点等方式获取这些敏感信息。如果攻击者知道怎样从多路信息中获取有限信息的相关算法,就可以通过大量获取的信息导出有效信息。一般传感器中的私有性问题,并不是通过传感器网络去获取不大可能收集到的信息,而是攻击者通过远程监听 WSN,获得大量信息,并根据特定算法分析出其中的私有性问题。因此,攻击者并不需要物理接触传感器节点,是一种低风险、匿名的获得私有信息方式。远程监听还可以使单个攻击者同时获取多个节点的传输的信息。

保证网络中的传感信息只有可信实体才可以访问,是保证私有性问题的最好方法,这可通过数据加密和访问控制来实现;另外一种方法是限制网络所发送信息的粒度,因为信息越详细,越有可能泄露私有性。比如,一个簇节点可以通过对从相邻节点接收到的大量信息进行汇集处理,并只传送处理结果,从而达到数据匿名化。

4. 拒绝服务攻击(DoS)

DoS 攻击主要用于破坏网络的可用性,减少、降低执行网络或系统执行某一期望功能能力的任何事件,如试图中断、颠覆或毁坏传感网络;另外,还包括硬件失败、软件 Bug、资源耗尽、环境条件等。这里主要考虑协议和设计层面的漏洞。确定一个错误或一系列错误是否是有意 DoS 攻击造成的,是很困难的,特别是在大规模的网络中,因为此时传感网络本身就具有比较高的单个节点失效率。

DoS 攻击可以发生在物理层,如信道阻塞,这可能包括在网络中恶意干扰网络中协议的传送或者物理损害传感器节点。攻击者还可以发起快速消耗传感器节点能量的攻击,比如,向目标节点连续发送大量无用信息,目标节点就会消耗能量处理这些信息,并把这些信息传送给其他节点。如果攻击者捕获了传感器节点,还可以伪造或伪装成合法节点发起 DoS 攻击,比如,产生循环路由,从而耗尽循环中节点的能量。防御 DoS 攻击没有一个固定的方法,它随着攻击者攻击方法的不同而不同。一些跳频和扩频技术可以用来减轻网络堵塞问题。恰当的认证可以防止在网络中插入无用信息,然而,这些协议必须十分有效,否则会被用来当作 DoS 攻击的手段。比如,使用基于非对称密码机制的数字签名可以用来进行信息认证,但是创建和验证签名是一个计算速度慢、能量消耗大的计算,攻击者可以在网络中引入大量的这种信息,就会有效地实施 DoS 攻击。

9.1.4　跨层的安全框架

由于 WSN 部署在无人值守的外部环境中,需要保证数据安全和节点容错来防止敌方或者恶意者对系统的利用和破坏,并且要能够对节点进行认证,保证从网络中收到正确的信息,以提高网络的可靠性。因此,设计好无线传感器网络的安全框架十分重要。在WSN 中,各协议层有不同的安全方法,物理层主要通过考虑安全编码来增加机密性;链路层和网络层的机密性考虑的是数据帧和路由信息的加密技术;应用层着重于密钥的管理和交换,为下层的加解密提供安全支持。传统的安全设计主要采用分层的方法,不能较好地解决 WSN 中的安全问题。因为各层研究的侧重点各不相同,不同层的安全和网络性能不同,用跨层设计可以平衡这两个因素,可以在安全需求及网络性能上有一个良好的折中。

在单层设计中,以链路层为例,由于无线传感器网络的开放网络环境,使得数据包在传输过程中可能产生冲突,即碰撞。针对碰撞攻击,一方面要通过纠错编码技术对发生碰撞的数据进行纠错;另一方面,要对信道的使用采取一定的策略,加入信道监听和重传机制。

在 WSN 中,网络连接性主要依靠各节点之间的协作。如果其中一个节点故意停止中继分组,网络将不能正常通信。这种节点称为自私节点。为了避免这种情况发生,需要采取两种解决方法:一种是执行通信协议,鼓励节点承担中继任务;另一种是在通信协议中检测自私节点,警告并处罚它们,并让它们返回协作模式。所有的解决方案都需要使用跨层的方法,因为自私行为可以在各层出现,特别是 MAC 层和路由层。仅考虑一层的行为并不能有效避免自私行为,所以需要在多层进行跨层的考虑。例如,在 MAC 层和网络层进行跨层考虑时,一部分安全机制放在节点的网络层,通过其后续节点监视其中继分组。另一个安全机制放在 MAC 层,负责添加跳与跳之间的信息,如 ACK 信息,并进行中继。这种跳间信息被高层的全机制应用,以发现自私节点。当自私节点被检测时,通常由 MAC 层的安全构件采取措施,这种方法可以快速检测自私节点,比网络层要快。与普通的单层方法相比,减少了通信的负荷,对于防止自私节点十分有效。

9.2 无线传感器网络协议栈的安全

传感器网络协议栈如图 9.1 所示。该协议栈包括物理层、数据链路层、网络层、传输层和应用层,与互联网协议栈的五层协议相对应。另外,协议栈还包括能量管理平台、移动管理平台和任务管理平台。这些管理平台使得传感器节点能够按照能源高效的方式协同工作,在节点移动的传感器网络中转发数据,并支持多任务和资源共享。各层协议和平台的功能如下:

(1) 物理层提供简单但健壮的信号调制和无线收发技术。

(2) 数据链路层负责数据成帧、帧检测、媒体访问和差错控制。

(3) 网络层主要负责路由生成与路由选择。

(4) 传输层负责数据流的传输控制,是保证通信服务质量的重要部分。

(5) 应用层包括一系列基于监测任务的应用层软件。

(6) 能量管理平台管理传感器节点如何使用能量,各个协议层上都需考虑能量问题。

(7) 移动管理平台检测并记录传感器节点的移动,维护到汇聚节点的路由信息,使得传感器节点能够动态跟踪其邻居节点的位置。

(8) 任务管理平台在一个给定的区域内平衡和调度各项监测任务。

图 9.1(b)所示的协议栈细化并改进了原始模型。定位和时间同步子层在协议栈中的位置比较特殊。它们既要依赖于数据传输通道进行协作定位和时间同步协商,又要为

图 9.1　传感器网络协议栈

网络协议各层提供信息支持,如基于时分复用的 MAC 协议,基于地理位置的路由协议等很多传感器网络协议都需要定位和同步信息。图 9.1(b)中用倒 L 型描述这两个功能子层。图 9.1(b)右边的诸多机制一部分融入图 9.1(a)所示的各层协议中,用以优化和管理协议流程;另一部分独立在协议外层,通过各种收集和配置接口对相应机制进行配置和监控,如能量管理,图 9.1(a)中的每个协议层次中都要增加能量控制代码,并提供给操作系统进行能量分配决策;QoS 管理在各协议层设计队列管理、优先级机制或者带宽预留等机制,并对特定应用的数据给予特别处理;拓扑控制利用物理层、链路层或路由层完成拓扑生成,反过来又为它们提供基础信息支持,优化 MAC 协议和路由协议的协议过程,提高协议效率,减少网络能量消耗;网络管理则要求协议各层嵌入各种信息接口,并定时收集协议运行状态和流量信息,协调控制网络中各个协议组件的运行。

9.2.1　物理层的攻击与安全策略

1. 拥塞攻击

攻击节点通过在传感器网络工作频段上不断发送无用信号,使攻击节点内的传感器节点都不能正常工作。拥塞攻击对单频点无线通信网络非常有效。抵御单频点的拥塞攻击,可使用宽频和跳频方法:对于全频段持续拥塞攻击,转换通信模式是唯一能够使用的方法,光通信和红外线通信都是有效的备选方法。鉴于全频拥塞攻击实施困难,攻击者一般不采用的事实,传感器网络还可以采用不断降低自身工作的占空比来抵御使用能量有限持续的拥塞攻击:采用高优先级的数据包通知基站遭受局部拥塞攻击,由基站映射出受攻击地点的外部轮廓,并将拥塞区域通知整个网络,在进行数据通信时,节点将拥塞区视为路由洞,绕过拥塞区将数据传到目的节点。

2. 物理篡改

敌方可以捕获节点,获取加密密钥等敏感信息,从而不受限制地访问上层信息。针对无法避免的物理破坏,可以采用的防御措施有:增加物理损害感知机制,节点在感知到被破坏后,可以销毁敏感数据、脱离网络、修改安全处理程序等,从而保护网络其他部分免受安全威胁:对敏感信息进行加密存储,通信加密密钥、认证密钥和各种安全启动密钥需要严密保护,在实现的时候,敏感信息尽量放在易失存储器上,若不能,首先进行加密处理。

9.2.2　链路层的攻击与安全策略

1. 碰撞攻击

在无线环境中,如果两个设备同时进行发送,它们的输出信号会因为相互叠加而不能被分离出来。任何数据包只要有一个字节的数据在传输过程中发生了冲突,整个数据包都会被丢弃。这种冲突在链路层协议中称为碰撞。针对碰撞攻击,可以采用纠错编码、信道监听和重传机制来防御。

2. 耗尽攻击

耗尽攻击指利用协议漏洞,通过持续通信的方式使节点能量资源耗尽。如利用链路层的错包重传机制,使节点不断重发上一数据包,耗尽节点资源。应对耗尽攻击的一种方法是限制网络发送速度,节点自动抛弃那些多余的数据请求,但是这样会降低网络效率。另外一种方法就是在协议实现的时候,制定一些执行策略,对过度频繁的请求不予理睬,或者对同一个数据包的重传次数进行限制,以避免恶意节点无休止的干扰而导致能源耗尽。

3. 非公平竞争

如果网络数据包在通信机制上存在优先级控制,恶意节点或者被俘节点可能被用来不断地在网络上发送高优先级的数据包占据信道,导致其他节点在通信过程中处于劣势。这是一种弱 DoS 攻击方式,需要敌方完全了解传感器网络的 MAC 层协议机制,并利用 MAC 的协议来进行干扰性攻击。一种缓解的方案是采用短包策略,即在 MAC 层中不允许使用过长的数据包,以缩短每包占用信道的时间;另外,可以不采用优先级策略,而采用竞争或时分复用方式实现数据传输。

9.2.3　网络层的攻击与安全策略

网络层实现路由协议。无线传感器网络中的路由协议有很多,主要分为三类,分别是以数据为中心的路由协议、层次式路由协议,以及基于位置的路由协议。在以数据为中心的路由协议中,通常由 sink 节点发出查询,然后满足条件的传感器节点将数据发回 sink 节点。层次式路由协议和单层的路由协议相比,具有更好的可扩展性,更易于进行数据融合,从而减少电源的消耗。基于位置的路由协议需要知道传感器节点的位置信息,这些信息可用于计算节点之间的距离,估计能量的消耗,以及构建更加高效的路由协议。

在无线传感器网络中,大量的传感器节点密集地分布在一个区域里,消息可能需要经过若干节点才能到达目的地。由于传感器网络的动态性,没有固定的基础结构,所以,每个节点都需要具有路由的功能。由于每个节点都是潜在的路由节点,故无线传感器网络更易于受到攻击。其攻击主要有以下几种。

(1)虚假的路由信息:通过欺骗、更改和重发路由信息,攻击者可以创建路由环,吸引或者拒绝网络信息流通量,延长或者缩短路由路径,形成虚假的错误消息,分割网络,增加端到端的延时等。

(2)选择性的转发(Selective Forwarding):节点收到数据包后,有选择地转发或者根本不转发收到的数据包,导致数据包不能到达目的地。

(3) Sinkhole 攻击:攻击者通过声称自己电源充足、可靠且高效等手段,吸引周围的节点选择它作为其路由路径中的点,然后和其他攻击(如选择攻击,更改数据包的内容等)结合起来,达到攻击的目的。由于传感器网络固有的通信模式,即所有的数据包都发到同一个目的地,因此,特别容易受到这种攻击的影响。

(4) Sybil 攻击:在这种攻击中,单个节点以多个身份出现在网络中的其他节点面前,使其更易于成为路由路径中的节点,然后和其他攻击方法结合使用,达到攻击的目的。

(5) HELLO Flood 攻击:很多路由协议需要传感器节点定时地发送 HELLO 包,以声明自己是它们的邻居节点。但是一个较强的恶意节点以足够大的功率广播 HELLO 包时,收到 HELLO 包的节点会认为这个恶意的节点是它们的邻居。

(6) Wormhole 攻击:这种攻击通常需要两个恶意节点相互串通,合谋进行攻击。一般情况下,一个恶意节点位于基站附近,另一个恶意节点离开基站较远,较远的那个节点声称自己和基站附近的节点可以建立低延时、高带宽的链路,从而吸引周围节点将其数据包发到它这里。在这种情况下,远离基站的那个恶意节点其实也是一个 Sinkhole。Wormhole 攻击可以和其他攻击,如选择转发,Sybil 攻击等结合使用。

网络层路由协议为整个无线传感器网络提供了关键的路由服务,针对路由的攻击可能导致整个网络瘫痪。安全的路由算法直接影响了无线传感器网络的安全性和可用性,因此,是整个无线传感器网络安全研究的重点。目前,已经有人提出了许多安全路由协议。这些方案一般采用链路层加密和认证、多路径路由、身份认证、双向连接认证和认证广播等机制来有效地抵御外部伪造的路由信息、Sybil 攻击和 HELLO Flood 攻击。通常这些方法可以直接应用到现有的路由协议,从而提高路由协议的安全性。很难找到有效的方法抵御 Sinkhole 攻击和 Wormholes 攻击。不过,基于地理位置的这类路由协议,通过定期广播探测帧来检测黑洞区域,可以有效地发现和抵御 Sinkhole 和 Wormholes 攻击。

9.2.4 传输层和应用层的安全策略

1. 传输层安全

传输层用于建立无线传感器网络与 Internet 或者其他外部网络的端到端连接。由于无线传感器网络节点的限制,节点无法保存维持端到端连接的大量信息,而且节点发送应答消息会消耗大量能量,因此,在目前的无线传感器网络大多数应用中,都没有对于传输层的需求。Sink 节点作为传感器网络与外部网络的接口,传输层协议一般采用传统网络协议,其安全问题已超出本书讨论范围。

2. 应用层安全

应用层提供无线传感器网络的各种实际应用,因此也面临各种安全问题。在应用层,密钥管理和安全组播为整个无线传感器网络的安全机制提供了安全基础设施。

无线传感器网络的应用十分广泛,就安全来说,应用层的研究主要集中在如何为整个无线传感器网络安全提供支持的基础设施的研究,即密钥管理和安全组播的研究。

9.3　无线传感器网络密钥管理

无线传感器网络的信息通信都依赖于安全的保障,密钥的安全性在 WSN 的通信安全中占据重要的地位。需要根据应用对安全性的要求来决定到底采用什么样的密钥管理机制。目前,WSN 密钥管理机制主要有预置主密钥机制、预置所有密钥对机制、公钥密码机制、基于密钥分发中心的机制、随机密钥预分配机制等。除此以外,还有一些新型的密钥管理机制,例如轻量型的密钥分配机制。

本节将深入分析和讨论无线传感器网络密钥管理方面的一些基础内容,主要对一些经典的密钥管理方案进行原理阐述和性能分析。

9.3.1　密钥管理的安全需求

WSN 不同于传统计算机网络,它具有传统计算机网络所不具备的特性。因此,除了要具备传统网络密钥管理的一些基本需求,如保密性、完整性、真实性或可验证性等,还提出了一些特别的要求。

(1) 协议和算法的轻型化:由于硬件存储能力和能量消耗的限制,要求 WSN 的密钥管理协议所需要的通信量、计算量和存储量比较小。

(2) 可用性或可达性:为了节约资源和延长寿命,传感器节点要避免不必要的密钥管理和操作;此外,密钥管理协议不能阻碍传感器网络有效执行监测任务;最后,密钥管理协议要减小因节点被俘获造成的对于剩余网络的影响。

(3) 可扩展性:随着 WSN 规模的增大,保证密钥管理带来的通信、计算以及存储负担增加不明显,理想的状态应该是与网络规模无关的。

(4) 自组织性:WSN 部署前,关于网络的部署情况无法预先得知,因此密钥管理协议必须能够选择适当的机制来满足这样的特性。

9.3.2　密钥管理方案的分类

近年来,WSN 密钥管理的研究已经取得许多进展。不同的方案机制,其侧重点各有不同。依据这些方案机制的特点,可以进行适当的分类。

1. 对称密钥管理与非对称密钥管理

根据所使用的密码体制,WSN 密钥管理分为对称密钥管理和非对称密钥管理。在对称密钥管理方面,通信双方使用相同的密钥对数据进行加密、解密。对称密钥管理具有密钥长度较短,计算、通信和存储开销相对较小等特点,比较适用于 WSN,目前是 WSN 密钥管理的主流研究方向。在非对称密钥管理方面,节点拥有不同的加密和解密密钥,同时非对称密钥管理对节点的计算、存储和通信等要求比较高,曾一度被认为不能应用于 WSN,但最近的研究表明,非对称加密算法经过优化后适用于 WSN。

2. 分布式密钥管理和层次式密钥管理

根据网络的结构,WSN 密钥管理分为分布式密钥管理和层次式密钥管理。在分布式密钥管理中,节点具有相同的通信能力和计算能力,节点间密钥的生成、分配、更新等过程通过使用预分配的密钥来协作完成。而在层次式密钥管理中,节点被划分为若干簇,每个簇拥有一个能力较强的簇头。普通节点的密钥分配、协商、更新等都是通过簇头来完成的。分布式密钥管理的特点是密钥协商通过相邻节点的相互协作来实现,具有较好的分布特性。层次式密钥管理的特点是对普通节点的计算、存储能力要求低,但簇头受损将导致严重的安全威胁。

3. 静态密钥管理与动态密钥管理

根据节点在部署之后密钥是否更新,WSN 密钥管理分为静态密钥管理和动态密钥管理。对于静态密钥管理,节点在部署前预分配一定数量的密钥,部署后通过协商生成通信密钥,通信密钥在整个网络运行期内不考虑密钥更新和撤回;而在动态密钥管理中,密钥的分配、协商、撤回操作周期性进行。

静态密钥管理的特点是通信密钥无需频繁更新,不会导致更多的计算和通信开销,但若存在被捕获节点,则对网络具有安全威胁。动态密钥管理的特点是可以使节点通信密钥处于动态更新状态,攻击者很难通过俘获节点来获取实时的密钥信息,但密钥的动态操作将导致较大的通信和计算开销。

4. 随机型密钥管理与确定型密钥管理

根据节点的密钥分配方法不同,WSN 密钥管理分为随机型密钥管理与确定型密钥管理。在随机密钥管理中,节点的密钥环通过随机方式获取,比如从一个大密钥池里随机选取一部分密钥。而在确定型密钥管理中,密钥环以确定的方式获取,比如利用已知地理信息,或使用对称 BIBD(Balanced Incomplete Block Design)等。从连通概率的角度来看,随机密钥管理的密钥连通概率介于 0 和 1 之间,而确定型密钥管理的连通概率总为1。随机性密钥管理的优点是密钥分配简便,节点的部署方式不受限制;其缺点是密钥的分配具有盲目性,节点可能存储一些无用密钥而浪费存储空间。确定型密钥管理的优点是密钥分配具有较强的针对性,节点的存储空间利用率高,任意两个节点可以直接建立通信密钥;其缺点是使用特殊部署方式会降低灵活性,密钥协商的计算和通信开销较大。

9.3.3　密钥管理的评估指标

在传统网络中,往往通过分析密码管理方案所能提供的安全性来评估一个密钥管理方案的优劣,但是在无线传感器网络中,需要结合无线传感器网络自身的特点和限制进行分析。下面给出了一些具体的评估指标。

1. 安全性

因为密钥管理方案本身就是为了实现安全的目标而设计的,因此其安全性是首要考虑的因素,包括保密性、完整性、可用性等。

2. 抗攻击能力

由于传感器节点的脆弱性,使其容易受到恶意的物理攻击,导致秘密信息泄露。抗攻击能力就是指当一个网络中的部分节点被攻击之后,对其他正常节点之间通信的影响有多大。一个理想的密钥管理方案应该是在部分节点被攻击之后,对其他正常节点之间的安全通信不产生任何影响。

3. 网络的扩展性

在多数实际应用中,网络中部署大量的传感器节点,共同完成要求的任务,所以密钥管理方案必须支持很大的网络规模。这是一个很重要的评估指标,直接关系到一个密钥管理方案的可用性。

4. 负载

对于节点电源能量来说,密钥管理方案必须具有很小的耗电量。另外,节点之间通信消耗的电能远大于计算操作所消耗的电能,因此要求密钥管理方案中的通信负载尽量小。

对于节点的计算能力来说,传统网络中广泛采用的复杂的加密算法、签名算法都不能很好地应用于无线传感器网络中,需要设计计算更简单的密钥管理方案。同样,传感器节点的物理特性还决定了其内存容量的限制,一个节点可以存储的信息有限。而在许多预先分配的方案中,需要传感器节点预先保存一定的信息。一个符合实际应用的密钥管理方案,需要使每个节点预先分配的信息尽可能少。

5. 网络的动态变化

网络的动态变化包括两种情况:节点的动态加入和离开。对于由于遭受攻击、电源耗尽等原因而不能工作的节点,方案必须保证网络的后向安全性,即保证节点离开后不能继续获得网络中的重要数据。同时,有节点的离开,就要求有新节点的加入,方案必须支持网络的扩充,且能够保证网络的前向安全,即新节点不能得到其加入前网络内传输的秘密信息。

6. 认证

认证是无线传感器网络安全要求的一个重要因素,通过节点之间的认证,可以抵御多种攻击,例如复制节点、假冒节点等攻击方式。所以,是否能够实现节点间的认证,也是无线传感器网络密钥管理方案的一个重要评估指标。

9.4　DoS 攻击原理及防御技术

9.4.1　DoS 攻击原理

拒绝服务攻击即攻击者想办法让目标机器停止提供服务,是黑客常用的攻击手段之一。其实对网络带宽进行的消耗性攻击只是拒绝服务攻击的一小部分,只要能够对目标造成麻烦,使某些服务被暂停甚至主机死机,都属于拒绝服务攻击。拒绝服务攻击问题也一直得不到合理的解决,究其原因是由于网络协议本身的安全缺陷造成的,从而拒绝服务攻击成为攻击者的终极手法。攻击者进行拒绝服务攻击,实际上让服务器实现两种效果:一是迫使服务器的缓冲区满,不接收新的请求;二是使用 IP 欺骗,迫使服务器把合法用户的连接复位,影响合法用户的连接。下面简单介绍常见的几种拒绝服务攻击原理。

1. SYN Flood

SYN Flood 是当前最流行的 DoS(拒绝服务攻击)与 DDoS(Distributed Denial Of Service,分布式拒绝服务攻击)的方式之一,这是一种利用 TCP 协议缺陷,发送大量伪造的 TCP 连接请求,使被攻击方资源耗尽(CPU 满负荷或内存不足)的攻击方式。

SYN Flood 攻击的过程在 TCP 协议中被称为三次握手(Three-way Handshake),而 SYN Flood 拒绝服务攻击就是通过三次握手而实现的。

(1) 攻击者向被攻击服务器发送一个包含 SYN 标志的 TCP 报文,SYN (Synchronize)即同步报文。同步报文会指明客户端使用的端口以及 TCP 连接的初始序号。这时,同被攻击服务器建立了第一次握手。

(2) 受害服务器在收到攻击者的 SYN 报文后,将返回一个 SYN+ACK 的报文,表示攻击者的请求被接受,同时 TCP 序号被加 1。ACK(Acknowledgment)即确认。这样,就同被攻击服务器建立了第二次握手。

(3) 攻击者也返回一个确认报文 ACK 给受害服务器,同样,TCP 序列号被加 1。到此,一个 TCP 连接完成,三次握手完成。

典型的分布式拒绝服务攻击网络结构图如图 9.2 所示。具体原理是:TCP 连接的三次握手中,假设一个用户向服务器发送了 SYN 报文后突然死机或掉线,那么服务器在发出 SYN+ACK 应答报文后是无法收到客户端的 ACK 报文的(第三次握手无法完成)。这种情况下,服务器端一般会重试(再次发送 SYN+ACK 给客户端),并等待一段时间后丢弃这个未完成的连接。这段时间的长度称为 SYN Timeout,一般来说,这个时间是分钟的数量级(30 秒~2 分钟);一个用户出现异常导致服务器的一个线程等待 1 分钟并不是什么很大的问题,但如果有一个恶意的攻击者大量模拟这种情况(伪造 IP 地址),服务器端将为了维护一个非常大的半连接列表而消耗非常多的资源。即使是简单地保存并遍历,也会消耗非常多的 CPU 时间和内存,何况还要不断对这个列表中的 IP 进行 SYN+ACK 重试。实际上,如果服务器的 TCP/IP 栈不够强大,最后的结果往往是堆栈溢出崩溃;即使服务器端的系统足够强大,服务器端也将忙于处理攻击者伪造的 TCP 连接请求而无暇理睬客户的正常请求(毕竟客户端的正常请求比率非常之小)。此时,从正常客户的角度看来,服务器失去响应,这种情况称作服务器端受到了 SYN Flood 攻击(SYN 洪水攻击)。

图 9.2 分布式拒绝服务攻击网络结构图

2. IP 欺骗 DoS 攻击

这种攻击利用 RST 位来实现,如图 9.3 所示。

图 9.3　DDoS 攻击

假设现在有一个合法用户(61.61.61.61)已经同服务器建立了正常的连接,攻击者构造攻击的 TCP 数据,伪装自己的 IP 为 61.61.61.61,并向服务器发送一个带有 RST 位的 TCP 数据段。服务器接收到这样的数据后,认为从 61.61.61.61 发送的连接有错误,就会清空缓冲区中建立好的连接。这时,如果合法用户 61.61.61.61 再发送合法数据,服务器已经没有这样的连接了,该用户必须重新建立连接。攻击时,攻击者会伪造大量的 IP 地址,向目标发送 RST 数据,使服务器不对合法用户服务,实现了对受害服务器的拒绝服务攻击。DDoS 攻击给运营商带来的损害如图 9.4 所示。

图 9.4　DDoS 攻击给运营商带来的损害

3. UDP 洪水攻击

攻击者利用简单的 TCP/IP 服务,如 Chargen 和 Echo 来传送毫无用处的占满带宽的数据。通过伪造与某一主机的 Chargen 服务之间的一次的 UDP 连接,回复地址指向开着 Echo 服务的一台主机,将在两台主机之间存在很多的无用数据流,导致带宽的服务攻击。

4. Ping 洪流攻击

由于在早期,路由器对包的最大尺寸都有限制。许多操作系统对 TCP/IP 栈的实现在 ICMP 包上规定为 64KB,并且在对包的标题头读取之后,要根据该标题头里包含的信息来为有效载荷生成缓冲区。当产生畸形的,声称自己的尺寸超过 ICMP 上限的包,也就是加载的尺寸超过 64KB 上限时,会出现内存分配错误,导致 TCP/IP 堆栈崩溃,致使接收方死机。

5. 泪滴(teardrop)攻击

泪滴攻击是利用在 TCP/IP 堆栈中实现信任 IP 碎片中的包的标题头所包含的信息来实现攻击。IP 分段含有指明该分段所包含的是原包的哪一段信息,某些 TCP/IP(包括 service pack 4 以前的 NT)在收到含有重叠偏移的伪造分段时将崩溃。

6. Land 攻击

Land 攻击原理是:用一个特别打造的 SYN 包,它的原地址和目标地址都被设置成某一个服务器地址。此举将导致接收服务器向它自己的地址发送 SYN-ACK 消息,结果这个地址又发回 ACK 消息并创建一个空连接。被攻击的服务器每接收一个这样的连接都将保留,直到超时。对 Land 攻击,反应不同,许多 UNIX 实现将崩溃,NT 变得极其缓慢(大约持续 5 分钟)。

7. Smurf 攻击

一个简单的 Smurf 攻击原理就是:通过使用将回复地址设置成受害网络的广播地址的 ICMP 应答请求(ping)数据包来淹没受害主机。最终导致该网络的所有主机都对此 ICMP 应答请求作出答复,导致网络阻塞。它比 ping of death 洪水的流量高出 1 或 2 个数量级。更加复杂的 Smurf 将源地址改为第三方的受害者,最终导致第三方崩溃。

8. Fraggle 攻击

Fraggle 攻击实际上就是对 Smurf 攻击作了简单的修改,使用的是 UDP 应答消息而非 ICMP。

9.4.2　DoS 攻击属性

J. Mirkovic 和 P. Reiher 提出了拒绝服务攻击的属性分类法,即将攻击属性分为攻击静态属性、攻击动态属性和攻击交互属性三类。凡是在攻击开始前就已经确定,在一次连续的攻击中通常不会再发生改变的属性,称为攻击静态属性。攻击静态属性是由攻击者和攻击本身所确定的,是攻击基本的属性。那些在攻击过程中可以进行动态改变的属性,如攻击的目标选取、时间选择、使用源地址的方式,称为攻击动态属性。那些不仅与攻击者相关而且与具体受害者的配置、检测与服务能力也有关系的属性,称为攻击交互属性。

1. 攻击静态属性(Static)

攻击静态属性主要包括攻击控制模式、攻击通信模式、攻击原理、攻击协议层和攻击协议层等。

(1) 攻击控制方式(ControlMode)

攻击控制方式直接关系到攻击源的隐蔽程度。根据攻击者控制攻击机的方式可以分为以下三个等级:直接控制方式(Direct)、间接控制方式(Indirect)和自动控制方式(Auto)。

(2) 攻击通信方式(CommMode)

在间接控制的攻击中,控制者和攻击机之间可以使用多种通信方式,它们之间使用的通信方式也是影响追踪难度的重要因素之一。攻击通信方式可以分为三种方式:双向通信方式(Bi)、单向通信方式(Mono)和间接通信方式(Indirection)。

① 双向通信方式是指攻击端接收到的控制数据包中包含了控制者的真实 IP 地址,例如,当控制器使用 TCP 与攻击机连接时,该通信方式就是双向通信。采用这种通信方式,可以很容易地从攻击机查找到其上一级的控制器。

② 单向通信方式指的是攻击者向攻击机发送指令时的数据包并不包含发送者的真实地址信息,例如用伪造 IP 地址的 UDP 包向攻击机发送指令。这一类攻击很难从攻击机查找到控制器,只有通过包标记等 IP 追踪手段,才有可能查找到给攻击机发送指令的机器的真实地址。但是,这种通信方式在控制上存在若干局限性,例如控制者难以得到攻击机的信息反馈和状态。

③ 间接通信方式是一种通过第三者进行交换的双向通信方式,这种通信方式具有隐蔽性强、难以追踪、难以监控和过滤等特点,对攻击机的审计和追踪往往只能追溯到某个被用于通信中介的公用服务器上,就难以继续进行。这种通信方式目前已发现的主要是通过 IRC(Internet Relay Chat)通信,从 2000 年 8 月出现的名为 Trinity 的 DDoS 攻击工具开始,已经有多种 DDoS 攻击工具及蠕虫采纳了这种通信方式。

(3) 攻击原理(Principle)

DoS 攻击原理主要分为两种,分别是语义攻击(Semantic)和暴力攻击(Brute)。

① 语义攻击指的是利用目标系统实现时的缺陷和漏洞,对目标主机进行的拒绝服务攻击。这种攻击往往不需要攻击者具有很高的攻击带宽,有时只需要发送 1 个数据包就可以达到攻击目的。对这种攻击的防范只需要修补系统中存在的缺陷即可。

② 暴力攻击指的是不需要目标系统存在漏洞或缺陷,而是仅仅靠发送超过目标系统服务能力的服务请求数量来达到攻击的目的,也就是通常所说的风暴攻击。防御这类攻击,必须借助于受害者上游路由器等的帮助,对攻击数据进行过滤或分流。

(4) 攻击协议层(ProLayer)

攻击所在的 TCP/IP 协议层分为以下四类:数据链路层、网络层、传输层和应用层。

数据链路层的拒绝服务攻击受协议本身限制,只能发生在局域网内部,这种类型的攻击比较少见。针对 IP 层的攻击主要是针对目标系统处理 IP 包时所出现的漏洞进行的,如 IP 碎片攻击；针对传输层的攻击在实际中出现较多，SYN 风暴、ACK 风暴等都是这类攻击；面向应用层的攻击较多，剧毒包攻击中很多利用应用程序漏洞的都属于此类型。

（5）攻击协议（ProName）

攻击所涉及的最高层的具体协议，如 SMTP、ICMP、UDP、HTTP 等。攻击所涉及的协议层越高，受害者对攻击包进行分析所需消耗的计算资源就越大。

2. 攻击动态属性（Dynamic）

攻击动态属性主要包括攻击源地址类型、攻击包数据生成模式和攻击目标类型。

（1）攻击源地址类型（SourceIP）

攻击者在攻击包中使用的源地址类型分为三种：真实地址（True）、伪造合法地址（Forge Legal）和伪造非法地址（Forge Illegal）。

攻击时，攻击者可以使用合法的 IP 地址，也可以使用伪造的 IP 地址。伪造的 IP 地址可以使攻击者更容易逃避追踪，同时增大受害者对攻击包进行鉴别、过滤的难度，但某些类型的攻击必须使用真实的 IP 地址，例如连接耗尽攻击。使用真实 IP 地址的攻击方式由于易被追踪和防御等原因，近些年来使用比例逐渐下降。使用伪造 IP 地址的攻击又分为两种情况：一种是使用网络中已存在的 IP 地址，这种伪造方式也是反射攻击所必需的源地址类型；另外一种是使用网络中尚未分配或者是保留的 IP 地址（例如 192.168.0.0/16、172.16.0.0/12 等内部网络保留地址）。

（2）攻击包数据生成模式（DataMode）

攻击包中包含的数据信息模式主要有 5 种：不需要生成数据（None）、统一生成模式（Unique）、随机生成模式（Random）、字典模式（Dictionary）和生成函数模式（Function）。

在攻击者实施风暴式拒绝服务攻击时，攻击者需要发送大量的数据包到目标主机，这些数据包所包含的数据信息载荷可以有多种生成模式，不同的生成模式对受害者在攻击包的检测和过滤能力方面有很大的影响。某些攻击包不需要包含载荷，或者只需包含适当的固定的载荷，例如 SYN 风暴攻击和 ACK 风暴攻击。这两种攻击发送的数据包中的载荷都是空的，所以这种攻击是无法通过载荷分析的。但是对于另外一些类型的攻击包，就需要携带相应的载荷。

攻击包载荷的生成方式可以分为 4 种：第一种是发送带有相同载荷的包，这样的包由于带有明显的特征，很容易被检测出来。第二种是发送带有随机生成的载荷的包，这种随机生成的载荷虽然难以用模式识别的方式来检测，然而随机生成的载荷在某些应用中可能生成大量没有实际意义的包，这些没有意义的包很容易被过滤掉，但是攻击者仍然可以精心设计载荷的随机生成方式，使得受害者只有解析到应用层协议才能识别出攻击数据包，增加了过滤的困难性。第三种方式是攻击者从若干有意义载荷的集合中按照某种规则每次取出一个填充到攻击包中，这种方式当集合的规模较小时，也比较容易被检测出来。最后一种方式是按照某种规则每次生成不同的载荷，这种方式依生成函数的不同，其检测的难度不同。

（3）攻击目标类型（Target）

攻击目标类型分为以下 6 类：应用程序（Application）、系统（System）、网络关键资源

（Critical）、网络（Network）、网络基础设施（Infrastructure）和因特网（Internet）。

　　针对特定应用程序的攻击是较为常见的攻击方式，其中以剧毒包攻击较多，它包括针对特定程序的，利用应用程序漏洞进行的拒绝服务攻击，以及针对一类应用的，使用连接耗尽方式进行的拒绝服务攻击。针对系统的攻击也很常见，像 SYN 风暴、UDP 风暴以及导致系统崩溃、重启的剧毒包攻击都将导致整个系统难以提供服务。针对网络关键资源的攻击包括对特定 DNS、路由器的攻击。面向网络的攻击指的是将整个局域网的所有主机作为目标进行的攻击。针对网络基础设施的攻击需要攻击者拥有相当的资源和技术，攻击目标是根域名服务器、主干网核心路由器、大型证书服务器等网络基础设施，这种攻击发生次数虽然不多，但一旦攻击成功，造成的损失是难以估量的。针对 Internet 的攻击是指通过蠕虫、病毒发起的，在整个 Internet 上蔓延并导致大量主机、网络拒绝服务的攻击，这种攻击的损失尤为严重。

3. 交互属性（Mutual）

　　攻击的动态属性不仅与攻击者的攻击方式、能力有关，也与受害者的能力有关，主要包括攻击的可检测程度和攻击影响。

　　（1）可检测程度（Detective）

　　根据能否对攻击数据包进行检测和过滤，受害者对攻击数据的检测能力从低到高分为以下三个等级：可过滤（Filterable）、有特征但无法过滤（Unfilterable）和无法识别（Noncharacterizable）。

　　第一种情况是，对于受害者来说，攻击包具有较为明显的可识别特征，而且通过过滤具有这些特征的数据包，可以有效地防御攻击，保证服务的持续进行。第二种情况是，对于受害者来说，攻击包虽然具有较为明显的可识别特征，但是如果过滤具有这些特征的数据包，虽然可以阻断攻击包，但会影响到服务的持续进行，从而无法从根本上防止拒绝服务。第三种情况是，对于受害者来说，攻击包与其他正常的数据包之间没有明显的特征可以区分，也就是说，所有的包在受害者看来，都是正常的。

　　（2）攻击影响（Impact）

　　根据攻击对目标造成的破坏程度，攻击影响自低向高可以分为：无效（None）、服务降低（Degrade）、可自恢复的服务破坏（Self-recoverable）、可人工恢复的服务破坏（Manu-recoverable）以及不可恢复的服务破坏（Non-recoverable）。

　　如果目标系统在拒绝服务攻击发生时，仍然可以提供正常服务，则该攻击是无效的攻击。如果攻击能力不足以导致目标完全拒绝服务，但造成了目标的服务能力降低，这种效果称为服务降低。而当攻击能力达到一定程度时，攻击就可以使目标完全丧失服务能力，称为服务破坏。服务破坏又分为可恢复的服务破坏和不可恢复的服务破坏，目前网络拒绝服务攻击所造成的服务破坏通常都是可恢复的。

9.4.3　预防 DoS 攻击的策略

1. 防火墙防御

　　防火墙是防御 DoS 攻击最有效的办法，目前很多厂商的防火墙中都注入了专门针对

DoS 攻击的功能。现在防火墙中防御 DoS 攻击的主流技术主要有两种：连接监控(TCP Interception)和同步网关(SYN Gateway)。

连接监控方式的工作流如图 9.5 所示，防火墙首先将任何客户机向服务器的连接请求(包括攻击)按照正常连接转发给服务器，再通过判断源 IP 是否收到客户机的 ACK 消息来判断是否是正常连接。如果是攻击请求，立即向服务器发送 RST 消息断开连接。

图 9.5　连接监控方式的防御 DoS 攻击

同步网关的工作顺序刚好与连接监控方式相反，如图 9.6 所示，防火墙首先判断来自客户机的是否是正常连接。如果是，转发连接给服务器；如果不是，立即断开连接。从性能上相比，同步网关方式的防火墙的工作性能相对好些，因此，购买防火墙时可以根据其运作原理来选择。

图 9.6　同步网关方式防御 DoS 攻击

2. 路由器防御

作为整个互联网的组网设备，大部分厂家的路由器都没有直接针对 DoS 的防御功能，Cisco 路由器在 IOS 中添加了上述连接监控功能。但是，可以通过使用路由器的一些访问控制和 QoS 设置功能来达到防御 DoS 的目的。

（1）启用 RPF(Reverse Path Forwarding)反向转发机制。在使用 CEF 的路由器上，RPF 规定路由器收到任何一个数据包时，首先检查返回该数据包的源 IP 的路由是不是从接收到该数据包的接口(Interface)出去。若是，则转发数据包，否则丢弃该数据包，这样可以有效地限制源 IP 是不可达 IP 地址的数据包的转发。

（2）使用 CAR(Control Access Rate)功能限制流速率。若网络中存在 DoS 攻击，并通过 Sniffer 或者其他手段得知发起 DoS 攻击的数据流的类型，然后给该数据流设置一个上限带宽，超过该上限的攻击流量被丢弃，以保证网络带宽不被占满。

（3）过滤流量。网络管理员可以在路由器上使用访问控制列表过滤掉私有源 IP 中规定的私有 IP 的数据流量；另外，还可以设置只允许本公司内部 IP 发起的数据流通过路由器，尽量确保数据流的准确性。

3. 系统防御

每个操作系统都有一些参数用来设置 TCP/IP 的运行性能，修改这些参数用来防御 DoS 也有一定效果，但只是辅助措施。由于操作系统众多，每个操作系统之间的差异很大，对管理员来说，设置内核参数是比较困难的。

9.5　无线传感器网络的安全路由

9.5.1　无线传感器网络几种典型路由协议的安全性分析

在实际的网络应用中，恶意节点的存在会破坏网络的机密性及网络的正常运行，路由协议是最容易遭到攻击的部分。下面分别对几种典型路由协议的安全性进行分析。

1. 对平面路由 Directed Diffusion 的安全性分析

在定向扩散路由 DD 中，一旦源节点开始产生与查询要求匹配的数据结果，攻击者就可以对数据流进行攻击，包括采用虚假的路由信息，阻止数据流传输到 Sink 节点；攻击者声称自己是 Sink 节点，形成 Sinkhole 攻击；处于路由路径中的攻击者可以进行选择重发，修改数据报内容等攻击；攻击者还可以发起 Wormhole 攻击以及 Sybil 攻击等。虽然维持多条路径的方法极大地增强了该协议的健壮性，但由于缺乏必要的安全保护，该协议仍然十分脆弱。

2. 对层次路由 LEACH 的安全性分析

在层次路由中，由于 LEACH 采用的是单跳路径选择模式，即假定所有节点都能与基站直接通信，对虚假路由、槽洞、虫洞、女巫攻击都有防御能力，但由于节点根据信号的强弱来加入相应的簇，因此，恶意攻击者可以轻易地采用 HELLO Flood 攻击以大功率向全网广播，使得大量节点都想加入该簇，然后恶意节点采用其他攻击方法，例如选择性转发、修改数据包等，达到攻击的目的。根据簇头的产生机制，节点可以采用 Sybn 攻击，来增加自己被选择为簇头的机会。

3. 对位置路由 GEAR 的安全性分析

对于 GEAR 路由协议，节点可以使用虚假位置信息、Sybil 攻击，并总是声称自己的能量处于最大状态,来提高自己成为路由路径中节点的概率,然后与选择性转发等攻击相结合,达到攻击的目的。因此,GEAR 不能抵御虚假路由、女巫、选择性转发攻击。对于选择性转发攻击,恶意节点收到数据包后可以恶意丢弃,目前提出的路由协议都不能抵抗这种攻击,GEAR 路由也不例外。GEAR 路由能够抵御槽洞和虫洞攻击:对于槽洞攻击,地理路由都有较强的抵抗能力,因为在地理路由中,流量自然地流向基站的物理位置,并且路由选择与位置信息相关,攻击者需要声明自己的位置,因此攻击者很难在其他地方创建槽洞;而对于虫洞攻击,GEAR 路由也能够抵御,两个节点是不是邻居,可以通过它们的位置信息来确认,当攻击者试图通过虚假链路来吸引流量时,邻居节点将会注意到两者之间距离远远超出正常通信范围,从而发觉该虚假链路。至于 HELLO Flood 攻击,这种攻击对 GEAR 不起作用,因为 GEAR 中的每个节点都知道自己的位置信息,节点根据位置信息可以判断邻居关系。

综合以上分析结果,对无线传感器网络几种典型的路由协议不能抵御的攻击种类总结如表 9.1 所示。

表 9.1　无线传感器网络几种典型路由协议遭受的攻击类型

协议/攻击类型	Bogus Routing Information	Selective Forwarding	Sinkholes	Sybil	Wormholes	HELLO Floods
定向扩展 DD	√	√	√	√	√	√
LEACH/TEEN		√				√
GPSR/GEAR	√	√		√		

针对以上攻击,可以采用一系列反措施,包括链路层加密和认证、多路径路由、身份确认、双向连接确认和广播认证。但需要注意,这些措施只有在路由协议设计完成以前加入协议,对攻击的抵御才有作用。

9.5.2　无线传感器网络安全路由协议

目前,传感器网络的安全路由主要有入侵容忍路由 INTRSN、INSENS、TRANS、SLEACH,安全区域路由 SLRSN、SRD 等,这些安全路由协议大多采用链路层加密和认证、多路径路由、身份认证、双向连接认证和认证广播等安全机制来有效抵御攻击。

1. INSENS 入侵容忍路由协议

INSENS(Intrusion-Toleration Routing in Wireless Sensor Networks)是为无线传感器网络安全路由提出的一个新方案,是在动态源路由 DSR 中加入安全机制形成的,目的是阻止入侵者阻塞 Sensor 采集的正确数据的发送。它的一个重要特点是允许恶意节点(包括误操作节点)威胁它周围的少量节点,但威胁被限制在一定范围内,单个妥协节点只能破坏网络的局部区域,而不能使整个网络崩溃;解决的办法不依赖于检测入侵,而是利用冗余机制,通过建立冗余的多径路由以获得安全路由。INSENS 协议最小化 Sensor 节点的计算、通信、存储和带宽需求,将这些交由基站承担。

2. TRANS 协议

TRANS(Trust Routing for location-aware sensor networks)协议是一个建立在地理路由(如 GPSR)之上的安全机制,为无线传感器网络中隔离恶意节点和建立信任路由提出了一个以位置为中心的体系结构。TRANS 是使用信任概念来选择安全路径和避免不安全位置,假定目标节点使用松散的时间同步机制 μTESLA 来认证所有的请求。每个节点为其邻居位置预置信任值,一个可信任的邻居是指能够解密请求且有足够信任值的节点,这些信任值由基站或其他中间节点负责记录。基站仅将信息发给它可信任的邻居,这些邻居节点转发数据包给它的最靠近目标节点的可信任的邻居,这样,信息包沿着信任节点到达目的地。每一个节点基于信任参数计算其邻居位置的信任值。若某信任值低于指定的信任阈值,在转发信息包时就避过该位置。协议的大部分操作在基站完成,以减轻 Sensor 节点的负担。

3. SLEACH 协议

SLEACH(Secure Low-Energy Adaptive Clustering Hierarchy Protocol)协议是对 SPINS 的安全机制、协议框架简单修改后应用到 LEACH 路由协议中,主要从加密的角度保证 LEACH 协议的安全性,假设网络中的每个节点与基站有唯一的共享密钥。其安全机制与 SPINS 大致相同。

INSENS、TRANS、SLEACH 均假定每个 Sensor 节点都与基站有唯一的共享密钥,并且这种安全密钥已经存在。这种方式过分依赖基站,因此要求基站的物理安全必须有所保证。此外,密钥的管理和散发问题还有待解决。

练习题

1. RFID 技术存在哪些安全问题?
2. 计算机信息安全涉及哪几方面的安全?
3. 信息安全有哪些主要特征?
4. 信息安全包括哪些基本属性?
5. 简述物联网安全特点。
6. 简述物联网的安全层次模型及体系结构。
7. 简述传感器网络特点。
8. 简述无线传感器网络的安全性目标。

第10章

无线传感器网络中间件技术

本章要点

- 无线传感器中间件体系结构及功能
- DisWare 中间件平台软件 MeshIDE
- 基于 Agent 的无线传感器网络中间件和无线多媒体传感器网络中间件技术

10.1　无线传感器中间件体系结构及功能

随着中间件、网格、P2P 等技术的出现，分布式计算取得了很大的发展。中间件作为处于操作系统与应用程序之间的系统软件，通过对底层组件异构性的屏蔽，提供一个统一的运行平台和友好的开发环境，并随着技术的进一步发展，具有动态重配置、可扩展、上下文敏感等特征。无论是节点的物理分布，还是从节点间协同处理及系统资源共享上来看，无线传感器网络都是一个分布式系统，同样适用分布式系统的处理方法，分布式计算中间件也是自然选择。

10.1.1　通用的中间件的定义

中间件是介于操作系统（包括底层通信协议）和各种分布式应用程序之间的一个软件层。其主要作用是建立分布式软件模块之间互操作的机制，屏蔽底层分布式环境的复杂性和异构性，为处于上层的应用软件提供运行与开发环境。无线传感器网络的中间件软件设计必须遵循以下原则：

（1）由于节点能量、计算、存储能力及通信带宽有限，因此无线传感器网络中间件必须是轻量级的，且能够在性能和资源消耗间取得平衡。

（2）传感网环境较为复杂，中间件软件应提供较好的容错机制以及自适应和自维护机制。

（3）中间件软件的下层支撑是各种不同类型的硬件节点和操作系统（TinyOS、MantisOS、SOS），因此其本身必须能够屏蔽网络底层的异构性。

（4）中间件软件的上层是各种应用，因此，需要为各类上层应用提供统一的、可扩展的接口,以便于应用的开发。

10.1.2　无线传感器网络中间件体系

1. 中间件软件的层次

一个完整的无线传感器网络中间件软件应当包含一个运行时环境以支持和协调多个应用,同时,还将提供一系列标准化系统服务,如数据管理、数据融合,应用目标自适应控制等,以延长无线传感器网络的生命周期。

无线传感器网络中间件软件在其整个系统中的位置如图 10.1 所示。可以看出,中间件软件位于底层硬件平台、操作系统与上层应用之间。它为下层提供不同类型的适配接口,并提供面向上层应用的开发接口。

图 10.1　中间件软件在无线传感器网络系统结构中的位置

2. 无线传感器网络中间件的关键技术

无线传感器网络中间件的关键技术至少包含如下几个方面。

(1) 资源调度技术:为用户提供透明统一的资源管理接口,为应用开发提供动态资源分配和优化。

(2) 安全保护技术:在保证无线传感器网络资源充分利用的基础上,为节点及网络提供安全保障。

(3) 异构系统通信技术:在具有不同介质、不同电气特性、不同协议的无线传感器网络业务间,屏蔽底层操作系统的复杂性,实现无缝通信与交互。

(4) 分布式管理技术:在高层交互实现无线传感器网络分布式信息处理和控制,构建面向网络能量管理、拓扑管理、数据管理等。

3. 无线传感器网络中间件体系

典型的无线传感器网络中间件软件体系结构如图 10.2 所示,它主要分为四个层次:网络适配层、基础软件层、应用开发层和应用业务适配层。其中,网络适配层与基础软件层组成无线传感器网络节点嵌入式软件的体系结构,应用开发层和基础软件层组成无线传感器网络应用支撑结构,支持应用业务的开发与实现。

图 10.2 无线传感器网络中间件软件体系结构

(1) 网络适配层

在该层中,网络适配器实现对网络底层(无线传感器网络基础设施、操作系统)的封装。

(2) 基础软件层

基础软件层包含各种无线传感器网络中间件组件,具备灵活性、模块性和可移植性,包括以下内容:

① 网络中间件组件:完成 WSN 的接入、网络生成、网络自愈合、网络连通性服务等。

② 配置中间件组件:完成 WSN 的各种配置工作,如路由配置、拓扑结构调整等。

③ 功能中间件组件:完成 WSN 的各种应用业务的共性功能,提供功能框架接口。

④ 管理中间件组件:为网络应用业务实现各种管理功能,如资源管理、能量管理、生命期管理等。

⑤ 安全中间件组件:为应用业务实现各种安全功能,例如安全管理、安全监控、安全审计等。

(3) 应用开发层

① 应用框架接口:提供 WSN 的各种功能描述和定义,具体的实现由基础软件层提供。

② 开发环境:是 WSN 应用的图形化开发平台,建立在应用框架接口基础上,为应用业务提供更高层次的应用编程接口和设计模式。

③ 工具集：提供各种特制的开发工具，辅助 WSN 各种应用业务的开发与实现。

（4）应用业务适配层

应用业务适配层对各种应用业务进行封装，解决基础软件层的变化和接口的不一致性问题。

10.1.3　无线传感器网络中间件设计方法

1. 无线传感器网络中间件设计方法分类

WSN 中间件支持应用程序的设计、部署、维护及执行。为了更好地实现这些目标，需要在诸如任务与网络的有效交互、任务分解、各节点间协同、数据处理、异构抽象等方面提供各种机制。目前围绕这些目标，提出了不同的设计方法。按 WSN 分布式处理，可分为单节点控制和网络级分布式控制两个层面。根据这一观点，结合 WSN 中间件的底层编程范式，把现有 WSN 中间件方法分为虚拟机（Virtual Machine）、基于数据库（Database）、基于元组空间（Tuple Space）和事件驱动（Event Driven）以及自适应（Adaptive）中间件 5 类。基于数据库和自适应中间件通常使用耦合的通信范式（通常异步通信方式），元组空间和事件驱动中间件通常基于比较灵活的去耦通信范式（通信异步通信方式），如图 10.3 所示。

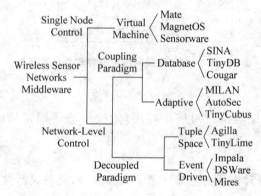

图 10.3　中间件设计方法分类

2. 中间件设计方法的分析

下面对几种典型设计方法从可扩展性、可靠性、自适应性等方面进行了比较。

（1）基于虚拟机的中间件

虚拟机方法的最大特点是具有灵活性，方便程序员开发。通常通过屏蔽底层硬件资源和系统软件间的异构性，提供灵活方便的编程接口。典型例子如 Mate、MagnetOS、SensorWare 等。

Mate、SensorWare、MagnetOS 分别使用字节代码包、TCL 脚本、Java 对象，均可支持代码的移动，进行任务的迁移。Mate 能够对 WSN 的变化提供更好的自适应和交互性，同时使用字节代码包进行网络协议或算法的更新，使网络能够动态、灵活和方便地重配置。但对于复杂应用，指令解释开销较大。MagnetOS 使用 Java 虚拟机，解决 WSN 的异构性问题,自动地分割和分配应用程序代码到网内各个节点,减少了通信开销,系统的 Java 实现也使得开发更加简单。但使用 Java 虚拟机技术,系统开销非常大,对于资源有限的 WSN 不大实用。SensorWare 使用轻量级、移动控制脚本语言,方便应用开发,通过脚本在节点间的复制和迁移,方便地实现了分布式算法在网内的部署,并且实现代码非常小,不足 180KB,适用于多个传感器节点平台。

（2）基于数据库的中间件

此方法把整个网络看作一个分布式数据库,用户使用类似 SQL 的查询命令获取所需的数据。查询通过网络分发到各个节点,节点判定感知数据是否满足查询条件,决定数据的发送与否。典型例子如 Cougar、TinyDB 和 SINA 等。

Cougar、TinyDB 和 SINA 均提供了一个分布式数据库查询接口,用户可以使用熟悉的数据库查询风格,十分方便,并在能量节约上提供了相应的机制;TinyDB 建立和维护一个扩展树,查询广播到叶子节点,叶子节点根据查询条件决定是否转发到父节点,在父节点进行处理和融合,减小了通信开销,节约能量;Cougar 通过把查询分发到各节点来最小化数据搜集和计算带来的能量开销;SINA 使用基于属性的命名机制和位置感知机制,传输协议利用位置信息限制了地理位置邻近的相似信息的重复发送,节约了能量。

（3）自适应中间件

自适应可分为前摄和反射两种方法。前摄方法可由应用具体指定 QoS 需求,根据这些需求主动调整网络相关参数。可使用反射和前摄相结合的方法来更好地调控网络,获取更理想的 QoS 级别。反射方法通常是根据网络环境的变化而被动地作出反应,如网络拓扑、节点功能等发生变化时,调整某些参数,来满足一定的 QoS 需求。

Milan 使用了前摄的方法影响网络。Milan 获取基于状态变化的特殊图形表示 QoS 需求。基于这些信息,Milan 进行如何控制网络和节点平衡应用资源,延长应用程序生存期的决策。TinyCubus 开发了通用重配置系统架构,提供一组标准的、自适应的管理组件,根据系统参数和应用程序需求进行最佳选择,是前摄和反射的结合。此类方法大多采用跨层优化机制,采用前摄或者反射方法适应网络环境的动态变化,满足相应的 QoS 需求,具有良好的自适应性。

（4）基于元组空间中间件

WSN 大部分采用无线通信技术,由于带宽有限、易受干扰,所以请求应答的同步通信模式具有很大的局限性,引入去耦合通信范式——元组空间,更具灵活性。所谓元组空间,就是一个共享存储模型,数据被表示为称为元组的基本数据结构,通过对元组的读、写和移动实现进程的协同。元组空间通信范式在时空上都是去耦的,不需要节点的位置或标志信息,非常适合具有移动特性的 WSN,并具有很好的扩展性,但它的实现对系统资源要求相对较高。

TinyLime 是基于 Lime 的数据共享中间件,结合 WSN 需求修改和扩展了 Lime 中间件,增加了对移动性的支持。

（5）事件驱动中间件

节点一旦检测到事件的发生,立即向相应程序发送通知;应用程序也可指定一个复合事件,只有发生的事件匹配了此复合事件,模式才通知应用程序。这种基于事件通知的通信模式通常采用 publish/subscribe 机制,可提供异步的、多对多的通信模型,非常适合大规模的 WSN。

3. 中间件方法比较

表 10.1 所示的是几种典型中间件的性能对比。

表 10.1　几种典型中间件的对比

中间件/标准	能耗	QoS 支持	可扩展性	可靠性	自适应性	兼容性
TinyDB	支持	不支持	不支持	不支持	部分支持	部分支持
Cougar	部分支持	不支持	不支持	不支持	不支持	不支持
Mate	不支持	不支持	支持	支持	不支持	部分支持
Impala	支持	不支持	支持	部分支持	不支持	支持
Milan	部分支持	支持	支持	支持	支持	不支持
Agilla	支持	不支持	支持	不支持	支持	不支持

从表 10.1 得知,现有中间件产品都或多或少地存在一些缺陷和不足,并且在 QoS 支持和可兼容性等方面的支持均很有限。基于这些考虑,设计一种更为合理和具有一定通用性的中间件框架很有必要。

10.2　基于 Agent 的无线传感器网络中间件 DisWare

移动 Agent 的运行环境即移动 Agent 平台,能实现对 Agent 代码空间的分配和管理,并能扮演虚拟机的角色,运行多种功能的移动 Agent 指令。在运行时,对 Agent 执行资源进行管理。移动 Agent 平台支持在单个节点上运行多个相互协作的 Agent,并且 Agent 和 Agent 之间可以通过访问平台提供的公用内存资源相互交流,还能够在运行中间件的节点间相互迁移。

10.2.1　DisWare 体系结构

DisWare 兼容 Agilla,支持异构无线传感器网络操作系统,由无线传感器网络应用支撑层、无线传感器网络基础设施、基于无线传感器网络应用业务层的一部分共性功能,以及管理、信息安全等部分组成。目前大多无线传感器网络的应用系统直接构建于网络节点硬件及其嵌入式操作系统,整个基础软件体系结构包括节点嵌入式操作系统和蕴含于具体应用系统的各基本功能软件,这些都是无线传感器最底层的东西。越底层,越复杂,在应用开发时面临许多问题,如操作系统的多样性,繁杂的网络功能设计、管理,复杂多变的网络环境、数据分散处理带来的不一致性问题和安全问题等,而无线传感器网络的应用系统面临着许多共性问题,提炼、抽象后,可以形成可复用的组件,这些组件以及特定模型和接口就构成了 DisWare 整个体系结构模型,如图 10.4 所示。

在该体系结构模型中,DisWare 具有可扩展的结构,通过底层系统 Agent 抽象与集成、基于 Agent 的框架接口,Agent 可以在多异构操作系统和硬件平台基础上灵活地在Agent 实现的组件库中选择已有的组件开发和运行无线传感器网络应用系统,并在工作

图 10.4　DisWare 体系结构模型

引擎的判断和分析下,对环境信息和系统决策进行筛选和判断;而且每个 Agent 可密切地与外界环境及其他 Agent 进行信息交互,使自己的建模模块和规划模块及时调整,使之更加适应环境的变化。在基于中间件的无线传感器网络系统中,面向 Agent 的编程模型使 Agent 之间以及 Agent 和环境之间的交互决定整个系统的运作,Agent 可根据需求在统一的框架下选取合适的功能模块接到 Agent 内核上,构成需要的 Agent。在 DisWare 体系结构中,工作引擎是基于 Agent 的无线传感器网络中间件的核心,在底层系统 Agent 抽象与集成的基础上,通过基于 Agent 的框架接口为无线传感器网络应用的开发、维护、部署和运行提供支持。Agent 实现的无线传感器网络中间件组件库由可选择的组件组成,包括各种描述行为的算法组件、功能组件、各类其他可重复利用的服务应用模块以及独立于应用的虚拟机组件。使用 Agent 构建 DisWare 能够提供更高的鲁棒性和可靠性。基于 Agent 的抽象和方法,也将为无线传感器网络提供易用的、有表现力的编程接口,其主要优点如下。

(1) DisWare 将不是被动对象的组合,Agent 间以及 Agent 和环境间的交互决定了整个系统的运作。

(2) Agent 的控制流比对象更具有地域性。在 DisWare 中,Agent 具有明确的分工,控制流只能影响相应的 Agent。Agent 可以利用建模模块、规划模块进行判断和分析,对环境信息进行筛选和判断,减少了控制流的影响。

(3) DisWare 中的每个 Agent 可以密切地与外界环境和其他 Agent 进行信息交互,使自己的建模模块和规划模块及时调整,使之更加适应环境的变化。

(4) DisWare 具有可扩展的结构。Agent 结构中有很多功能模块接口,通过这些接口,Agent 可以灵活地应用已有的面向对象程序和代码,具有很好的兼容性。

(5) Agent 内核和功能组件能够分离,根据需求在统一的框架下选取合适的功能组件接到 Agent 内核上,构成需要的 Agent。

DisWare 以基于 Agent 的计算和以 Agent 为主体的高层交互解决无线传感器网络异构性,以面向 Agent 的编程模型实现易用的、有表现力的编程接口;通过基于 Agent 的框架接口和符合应用需求的、自治模块化的 Agent 组件来满足架构于具有不同介质、不同电气特性、不同协议的基础网络和业务应用之间的无线传感器网络应用系统构建需求。

10.2.2　DisWare 中间件

如图 10.5 所示,基于 Agent 的无线传感器网络中间件 DisWare 系统的实现方案是在 TinyOS 与 MantisOS 等基础上,分别实现 DisWare 工作引擎和 Agent 错误处理组件、Agent 指令管理组件、Agent 管理组件、Agent 指令底层实现组件、Agent 环境管理组件、Agent 邻居信息管理组件、Agent 元组空间管理组件、Agent 网络通信组件等,具体实现过程是不一样的,但其设计目的都是屏蔽原有操作系统,并在原有操作系统之上进行扩展,构建基于 Agent 的框架接口,提供相同的指令集。应用程序层开发者不需要在 TinyOS 平台下使用 nesC 语言编程,也不需要在 MantisOS 平台下采用 C 语言编程,可以使用统一的 Agent 指令编写无线传感器网络应用程序,也可以使用面向 Agent 的编程模型来编写基于 Agent 的无线传感器网络应用程序代码,再通过 Agent 代码编译系统转换为 Agent 程序指令代码。

图 10.5　基于 Agent 的无线传感器网络中间件 DisWare 系统实现方案

在 DisWare 系统中,Agent 包含状态、代码和堆栈等共有的特性,状态控制着 Agent 的整个生命周期;代码部分与状态紧密相连,状态影响代码部分的运行,代码也可以修改 Agent 的状态;堆栈用于模拟虚拟存储器,负责存放代码执行时所产生的临时数据。

Agent 所在节点具有一些基本的参数信息,如位置属性、邻居信息等,同时支持多个 Agent 的运行,并维护一个邻居信息列表。Agent 可以在节点之间迁移。迁移时 Agent 的状态和代码,以及部分 Agent 执行资源都随着 Agent 移动到目的节点。但是,节点的基本属性(如位置及邻居信息列表等)不会随着 Agent 迁移而迁移。另外,Agent 与 Agent 之间可以实现交流和协作,主要通过申请共享的元组空间来完成。对 TinyOS 和 MantisOS,该元组空间大小均是事先预分配的。

10.3　DisWare 中间件平台软件 MeshIDE

无线传感器网络集成开发平台 MeshIDE 是面向 DisWare 中间件所开发的辅助中间件平台软件。它利用 Eclipse 插件开发的优越性,在 Eclipse 环境下采用 Java 语言编制并通过插件方式运行,具有很高的独立性及可移植性。同时,MeshIDE 具有多扩展点,使得扩展用户需求工作变得简单易行。

10.3.1　无线传感器网络集成开发平台 MeshIDE 概述

无线传感器网络集成开发平台 MeshIDE 包括两大部分。第一部分是面向 nesC 无线传感器网络集成开发平台 MeshIDE for TinyOS,它是面对无线传感器网络软件开法语言 nesC 的开发平台,解决了使用 nesC 语言进行无线传感器网络编程的问题。第二部分是面向 DisWare 中间件的无线传感器网络集成开发平台 MeshIDE for DisWare,主要为中间件代理编程提供平台,解决了支持的中间件控制语言编程的问题。

由于该插件是用 Java 编制的,所以平台的可移植性比较好,能够在多种平台下运行。同时,Eclipse 本身定义了工作环境的许多扩展点,用户可以扩展和平台并行的功能,以增大平台对无线传感器网络中间件的支持能力。

在面向 nesC 的无线传感器集成开发平台 MeshIDE for TinyOS 中,用户可以方便地新建应用项目。它具有平台定制的编辑器,提供特定于应用程序的语义,更方便地实现用户编程。该平台为用户提供节点代码的导入、编写、开发、运行和编译等功能。MeshIDE for TinyOS 平台除了提供了良好的用户开发界面之外,还实现了可视化烧写,无需用户打开 Cygwin,只需选定相应选项,即可完成通过串口烧写代码入节点的功能。

面向中间件的无线传感器集成开发平台 MeshIDE for DisWare 给用户提供了一个真正的无线传感器网络代理平台,支持 DisWare 中间件。在 MeshIDE for TinyOS 实现 DisWare,可以直接调用该平台,该平台集控制向导、代码编辑、控制视图于一体,提供了良好的图形界面和辅助编辑器,方便了用户基于无线传感器网络中间件的编程,具有普通平台的扩展特性,同时兼有无线传感器网络中间件代理编程功能,是新型的无线传感器网络中间件代理平台。下面简单介绍 MeshIDE for TinyOS 集成开发平台。

10.3.2　无线传感器网络集成开发平台 MeshIDE for TinyOS

无线传感器网络集成开发平台 MeshIDE for TinyOS 使用项目方式管理 nesC 应用开发,并提供了定制的 nesC 文本编辑器。

　　无线传感器网络集成开发平台 MeshIDE for TinyOS 主要具有以下 3 个优点。

　　① 缩短无线传感器网络软件开发流程：一般的无线传感器网络软件开发没有定制的 nesC 编辑器，采用 Cygwin 的命令行方式进行代码编译发布，开发效率低。MeshIDE for TinyOS 使用项目开发模式，具有定制的 nesC 编辑器，可以方便地实现用户编程。MeshIDE for TinyOS 能够实现代码在平台中直接进行编译发布，简化了用户测试代码的过程。

　　② 可视化代码编译和发布功能：一般的无线传感器网络软件开发用命令行在模拟 UNIX 的 Cygwin 环境下进行编译和发布，MeshIDE for TinyOS 能直接在平台上执行代码编译发布过程。

　　③ 良好的用户界面和可用性：无线传感器网络集成开发平台 MeshIDE for TinyOS 是构建 Eclipse 平台上的，具有良好的用户界面和可用性，熟悉 Eclipse 的应用程序开发人员更加容易上手。

1. 平台设计目标和功能

　　传感器网络按其功能抽象成 5 个层次，包括基础层（传感器集合）、网络层（通信网络）、中间件层、数据处理和管理层、应用开发层。其中，无线传感器网络的中间件 DisWare 作为应用程序员和无线传感器网络硬件之间的桥梁；面向 nesC 的集成开发平台 MeshIDE forTinyOS 需要为应用程序员提供一个友好的集成开发平台，产生节点代码的统一编译格式，并完成代码编辑、编译和发布处理功能。

　　MeshIDE for TinyOS 在 Eclipse 平台环境上，利用插件开发的方法实现了一个项目生成向导。该平台是一个具有代码编辑功能的、多视图的集成开发平台，能形成一个友好的交互式的用户平台界面，并能向用户提供些有效的信息。另外，需要将 MeshIDE 插件程序与 TinyOSCygwin 环境结合起来，实现在 Eclipse 平台下进行代码编译的功能，即 make 的过程能提供编译好的代码发送到传感器节点的功能。

2. 项目生成和属性

　　(1) 项目生成和属性

　　提供一个项目（Project）生成向导，能够生成一个 MeshIDE 项目，并能同时生成相关文档与文件；同时提供一个应用（Application）的生成向导，能够生成一组 nesC 的样本（Sample）文件。生成 Project 向导时，除了可以定义项目名称等属性外，还对应该项目生成一个 Target，显示在 Make Option for TinyOS 视图当中。此外，还需制作一个项目的首选项，提供修改 nesC 文件的选项和自定义文档模板的功能。

　　(2) 代码的编辑与管理

　　代码的编辑与管理主要由编辑器来完成，最基本的功能有代码的编辑、打开与保存。为了增强代码的可读性，可为编辑器增加代码分区、括号配对、不同区域、不同性质单词（token）配色标记等功能，实现了词法分析的功能。

　　(3) 代码的编译与发布

　　为完成代码的编译和发布，需建立 TinyOS Environment 模块。这个模块可以对 TinyOSCygwin 进行操作。直接通过视图中的按钮来选择编译或是发布的功能，不必通过打开 Cygwin 来将代码烧写到传感器节点中，实现可视化烧写。除平台中的 make 视图看到项目对应的 target 之外，还需提供可以修改生成哪类节点，对应哪类节点，对应发布的端口号等选项，这些选项和 TinyOSCygwin 的节点发布功能中的选项是完全对应的。在菜单栏中也提供一个弹出的 Cygwin 窗口按钮，可以直接启动 Cygwin，提供给熟悉 Cygwin 的高级用户进行代码发布和完成其他高级操作。

3. MeshIDE for TinyOS 模块设计

无线传感器集成开发平台 MeshIDE for TinyOS 插件主程序部分实现了在 Eclipse 平台下用插件开发 nesC 项目的用户平台，主要由下面几个重要模块组成。

（1）项目生成向导模块

项目生成向导模块的功能是引导用户输入 MeshIDE for TinyOS 新的基本信息，并选择开发所需要使用的节点环境。可以选择创建新项目或打开一个已存在的项目。

（2）编辑器模块

编辑器模块的功能是在透视图中提供一个文本编辑区域，允许用户在工作台中编辑 nesC 代码。同时，它作为一般文本编辑器以普通文本的方式打开，如 .project 或 .makefile 之类的 ASCII 文件。

（3）透视图模块

透视图在工作台窗口内部提供附加组织层。当用户在任务之间移动时，它们可以在透视图之间切换。透视图定义视图集合、视图布局和用户首次打开透视图时使用的可视操作集。为了方便用户使用 MeshIDE for TinyOS 进行项目开发，需提供一个 MeshIDE for TinyOS 任务的透视图，其中包括编辑器和 Make Option 视图等。

（4）编译模块

编译模块是进行代码编译操作启动的模块，它监听用户单击 Make 动作，并获取 Make 的参数，通过 IEnvironment 接口与 TinyOSEnvironment 进行信息交互。它主要包括 Make Option 视图中的 Make、Install、Reinstall 等按钮和 make 的各种参数选项下拉菜单。

（5）配置模块

配置模块包括配置编译环境的属性页和项目首选项两部分。首选项扩展点允许插件 Eclipse 首选项机制添加新的首选项作用域和指定要运行的类，以便在运行时初始化默认首选项值。

4. TinyOSEnvironment 编译环境模块设计

TinyOSEnvironment 模块的主要功能是与 MeshIDE for TinyOS 和 TinyOSCygwin 的环境进行交互，提供代码编译和发布的功能。在编译或发布代码时，将使用一个执行模块，通过使用操作系统进程来操作 TinyOSCygwin。这个执行模块同时通过执行 TinyOSCygwin 来获取相应的平台和 make 操作的 extra 选项信息。TinyOSEnvironment 模块主要包括环境模块和执行模块。

（1）环境模块

环境模块是 MeshIDE for TinyOS 与 TinyOSEnvironment 的接口，实现了 meshIDE.ep

包中的 3 个接口。通过这个模块,可以实现 MeshIDE for TinyOS 和 TinyOSEnvironment 环境的信息交互。无论在编译代码、发布代码或者在获得节点编译参数的过程中,都需要环境模块和 MeshIDE for TinyOS 中的接口进行数据传递,这些功能都是由该模块实现的。

（2）执行模块

执行模块的主要功能是执行节点编译和发布的具体操作,即主要用于执行 make 操作。该模块控制了 make 操作中的主要过程,提供异常处理和编译信息返回。该模块由编译引擎启动,用操作系统进程 TinyOSCygwin 控制,发送编译所需的命令行至 TinyOSCygwin 环境中进行编译和发布。

5. MeshIDE for TinyOS 平台运行

MeshIDE for TinyOS 集成开发环境作为 Eclipse 的插件,在执行开发任务时必须启动 Eclipse 平台。MeshIDE for TinyOS 集成在 Eclipse 当中,具有良好的用户界面,熟悉 Eclipse 的开发人员更加容易使用。在使用 MeshIDE for TinyOS 时,需要打开 MeshIDE 透视图。

（1）创建 MeshIDE 工程

单击"文件"→"新建"→"项目",然后选择 MeshIDE Wizard→New MeshIDE Project Wizard。新建 MeshIDE 项目后,项目中自动生成. project 和. makefile 文件。注意,不生成. nc 文件。用户可自己创建 nesC 文件,也可从文件系统中导入一个 nesC 应用。导入 nesC 文件到工程中的过程为:单击"文件"→"导入"→"文件系统",然后选择路径 \DisWareNesC_vl. O\DisWare,将 DisWare_NesC 中的文件导入该项目中。

（2）查看项目属性和首选项

在所建项目上右击,在弹出的菜单中选择"属性"选项,然后在属性框中选择 MeshIDE -Environment,再选择项目所使用的环境。单击"文件"→"窗口"→"首选项",然后选择 MeshIDEEditor Preference,可以调整 MeshIDE 的首选项,有基本选项、背景着色方案、文本着色方案、doc 文本模板 4 个页面。

DisWare for TinyOS 平台的详细介绍可参考其他文献。

10.4　无线多媒体传感器网络中间件技术

10.4.1　无线多媒体传感器网络的概述

广义上说,无线多媒体传感器网络涵盖了传统数值传感器网络（Traditional Scalar Sensornetworks）、图像传感器网络（Image Sensor Networks）、音视频传感器网络（Audio and Videosensor Networks）、可视传感器网络（Visual Sensor Networks）,以及以上单类型传感器网络的混合。

无线多媒体传感器网络（Wireless MultimediaSensor Networks,WMSN）能将信息量丰富的图像、音频、视频等多媒体引入以传感器网络中,对其进行监测、计算、存储,能与具有通信能力的多媒体传感器节点（装备有摄像头、麦克风和其他传感器）通过自组织方式形成分布式感知网络,具备协作感知、采集、处理和传输网络覆盖区域内音频、视频、静态图像、数值数据等多媒体信息的能力。

10.4.2　无线多媒体传感器网络中间件的特点

无线多媒体传感器网络中间件是介于无线多媒体传感器网络操作系统(包括底层通信协议)和各种分布式应用程序之间的一个软件层。其主要作用是建立多媒体节点分布式软件模块之间互操作的机制,屏蔽节点底层分布式环境的复杂性和异构性,为处于上层的多媒体节点应用软件提供运行与开发环境。其中间件技术应具备如下特点。

(1) 由于节点的能量、计算、存储能力和通信带宽资源有限,因此多媒体传感器网络中间件必须是轻量级的。另外,考虑到节点与网络的实际资源调度情况,中间件应该提供优化整个系统性能的资源分配机制,并在性能和资源消耗之间获取合适的平衡。

(2) 由于加入了多媒体传感信息元素,使网络的总体规模和节点个体的功能相应地得到了增强,在很大程度上增加了网络的部署、配置、维护的开销。因此,面向无线多媒体传感器网络的中间件技术将为上层应用提供更为强大的容错、自适应和自维护能力。

(3) 由于需要获取连续、实时的多媒体数据流及多元信息的需要,相比一般的无线传感器网络而言,无线多媒体传感器网络对 QoS 有着更高的需求。因此,迫切要求中间件软件能够提供高效、可靠的 QoS 保障机制,以适应网络的需求。

(4) 无线多媒体传感器网络的数据收集和处理能力需要更加完善和强大。多媒体传感器网络的中间件软件需要在原有的无线传感器网络基础上,进一步实现节点与网络冗余信息的压缩,完善多类型传感数据的融合与聚合机制,以达到减少网络通信代价与降低能耗。

(5) 由于引入多媒体传感器后的网络不确定性因素将进一步提高,因此面向无线多媒体传感器网络的中间件还需要进一步加强网络的自适应能力,支持网络的动态扩展,并提供容错性支撑,以保证多媒体传感器网络的健壮性和鲁棒性。

(6) 考虑到网络节点的多样性,为方便多媒体传感器网络的应用开发,中间件软件还应为开发者针对各种各样的异构计算设备提供一个统一的系统视图,提供多媒体节点编程抽象或者系统服务,单个节点设备仅保留最小功能。

由此,只有构建于强大而灵活的中间件之上的无线多媒体传感器网络,才能最大可能地屏蔽网络底层细节,使其在多类型数据传感、短距离无线通信、自组织成网及多元数据协同处理等方面把技术优势充分发挥出来。

10.4.3　基于 Agent 的无线多媒体传感器网络中间件体系结构

多样异构的多媒体信息、大数据量的图像和音视频、复杂多样的数据格式、高速流媒体传输需求、无线多媒体传感器网络节点,以及网络资源和能力严重受限都大大增加了无线多媒体传感器网络应用系统开发的复杂度和难度。因此,必须开发灵活的、开放的,具有根据应用需求和网络状态进行自配置、自愈合和自适应能力的无线多媒体传感器网络中间件。

基于 Agent 的无线多媒体传感器网络反射中间件体系结构的参考模型如图 10.6 所

示。在该模型中，基于 Agent 的无线多媒体传感器网络中间件具有反射型工作机制和可扩展的结构，通过底层系统 Agent 抽象与集成、面向应用的服务组件业务适配、面向 Agent 的应用编程接口库，Agent 可以在无线多媒体传感器网络底层硬件和软件平台上，灵活地在中间件提供的系统抽象与服务组件库中选择合适的组件开发无线多媒体传感器网络应用系统，并在工作引擎的反射工作模式的支持下，对网络环境、应用需求进行判断和分析，完成无线多媒体传感器网络中间件面对动态环境和多样应用需求的自配置、自适应优化。基于 Agent 的无线多媒体传感器网络中间件系统抽象与服务组件库由可选择的组件组成，包括描述中间件和系统行为的算法组件、功能组件、多媒体数据处理服务组件、网络资源管理服务组件及各类其他可重用的服务应用模块等。

图 10.6　基于 Agent 的无线多媒体传感器网络反射中间件体系结构参考模型

　　面向应用的 WMSN 中间件反射工作模式与虚拟机组件抽象主要体现在以下 3 个方面。

　　(1) 面向应用的 WMSN 中间件反射工作模式与虚拟机组件抽象。面向应用的无线多媒体传感器网络中间件不仅需要保证节点和网络的透明性，负责传感器节点和网络系统的资源管理、多媒体数据的处理、动态环境的分析，以及支持普遍适用的分布式应用；还需要有一定的开放性，保证无线多媒体传感器网络中间件自身功能对网络环境改变和多样的无线多媒体传感器网络应用需求具有自适应能力，解决无线多媒体传感器网络大规模分布式环境中的可伸缩性、异构性和动态性问题。面向应用的无线多媒体传感器网络中间件反射工作模式与虚拟机组件抽象将维护和操作中间件虚拟机内部结构的抽象和显式表示，并根据网络状态和环境以及多样的应用需求对中间件自身进行操作和推理，完成中间件反射形式的自适应优化。面向应用的无线多媒体传感器网络中间件反射工作模式与虚拟机组件抽象将会基于 Agent 的结构特点和本体论的理论构建中间件虚拟机组件的元数据模型，使中间件能够被形式化描述与理解，从而为中间件根据网络环境和状态以及应用需求进行形式化推理和反射自适应优化提供先决条件。

（2）WMSN 中间件 Agent 运行环境支撑技术。无线多媒体传感器网络中间件 Agent 运行环境支撑技术提供支撑 Agent 运行和基于 Agent 的中间件反射推理自适应优化的轻量级平台，主要包括 Agent 的运行引擎、Agent 管理、Agent 上下文管理、Agent 发送和接收、Agent 通信与交互、基于 Agent 和上下文感知的反射推理技术。

（3）WMSN 中间件基于 Agent 的编程模型与应用开发方法。基于 Agent 的无线多媒体传感器网络编程模型包括全新的软件设计框架和方法，将在开放、可扩展、自适应、自配置、自整合的无线多媒体传感器网络环境中，整合新的业务模式；根据分布式网络特性，实现更符合实际的应用软件。在基于 Agent 的无线多媒体传感器网络编程模型中，无线多媒体传感器网络是由具有特定信念、期望、意图和能力的 Agent 组成的，每一节点在部署后通过自身或与其他节点交互，决策在特定情形下的行为。在无线多媒体传感器网络中，对应于不同的应用、网络协议、算法及个体的能力，一些 Agent 能够清晰地建立其模型，并对有关的模型进行推理；另一些 Agent 的模型可能与硬件相联系且分布于整个 Agent 的网络体系结构中。可以将无线多媒体传感器网络的组成 Agent 视为由状态、控制逻辑、感知器和效应器 4 部分组成。每个 Agent 都有自己的状态；每个 Agent 都拥有一个控制逻辑，即构成自己的行为意识，现有的无线多媒体传感器网络节点都是自治的计算实体；每个 Agent 都拥有一个感知器来感知环境，即根据环境的状态来改变自己状态的方法，无线多媒体传感器网络节点利用多媒体传感器来感知环境信息，或者通过无线通信模块接收控制消息和其他节点的环境信息；每个 Agent 都拥有一个效应器作用于环境，即用来改变环境状态的方法。

10.5　支持多应用任务的 WSN 中间件的设计

随着 WSN 应用技术的不断发展，系统的复杂性不断增加，呈现出一个 WSN 上承载多种应用任务的趋势，简单的 WSN 应用已不能满足综合应用部署的需求。因此，需要设计并实现一种可支持多应用任务同时运行的中间件平台，动态承载各种应用任务。

10.5.1　多应用任务的 WSN 中间件系统架构设计

1. 多应用任务的 WSN 中间件系统模型

WSN 系统通常包括硬件、操作系统和应用程序。硬件包括感知模块、MCU 模块和通信模块。操作系统和应用程序是软件，而中间件是运行在操作系统和应用程序之间的一种系统软件。系统模型如图 10.7 所示。

图 10.7　多应用任务的 WSN 中间件系统模型

WSN 中间件是由许多组件构成的，它们为应用程序提供相应的服务功能。可以一个组件提供一个服务，也可以多个组件合起来提供一个服务，或者一个组件提供多个服务。最后，通过统一的应用程序开发接口（API）提供给用户。

2. 系统架构设计

在整个 WSN 系统中,WSN 节点主要是为基站或网关实现数据的感知和采集功能,并且在整个 WSN 系统运行中,为用户消息提供相应的支持。因此,可以在 WSN 节点上建立相应的功能组件,协调完成中间件平台的功能,为应用任务的执行提供服务。根据 WSN 中间件平台的这些特点,将中间件分成两个子系统:控制管理子系统和应用运行子系统。整体系统、各子系统以及子系统内部各组件的架构关系如图 10.8 所示。

图 10.8　多应用任务的 WSN 中间件的架构设计

多应用任务的 WSN 中间件各组件的功能如下。

(1) 消息接收组件。接收来自基站或网关的用户消息,这些消息包括两类:对节点进行控制的节点级消息,对应用任务进行控制的应用任务级消息。对这些消息进行优先级的划分,分别是高优先级和普通级。将高优先级的消息直接发送给应用管理组件,而将普通级的消息送入缓存排队,等待逐个处理。

(2) 消息缓存组件。缓存普通级的消息,节点只有一个 MCU,同一时间仅能处理一个消息。将陆续到达的消息进行缓存,以保障消息的可靠处理;按照先来先服务的原则,等待应用管理组件分发消息给应用任务,或进行节点控制。

(3) 应用管理组件。负责对接收到的消息进行处理与分发。收到高优先级的消息时,中断当前的处理工作,立即响应高优先级消息,其消息的分发方式是对应用任务产生中断处理请求。通过对状态查询组件进行操作,可获得整个节点的应用任务信息,从而对节点和应用任务进行管理操作。

(4) 消息分发组件。通过标准的应用程序编程接口,将消息转交给应用任务。在应用任务的开发过程中,必须事先引入接收中间件消息的接口。参数格式在中间件开发手册中都已预先定义,使得消息可以准确接收。

(5) 应用程序编程接口(API)。中间件平台必须为应用任务提供统一、易用和标准的开发接口,以使应用任务开发更为便利,提高开发效率。

(6) 状态查询组件。为应用管理组件提供当前节点上应用任务的状态信息,通过查询应用任务信息表,获得应用任务的状态。每一个应用任务的启动、关闭和运行都会在应用任务信息表中保留状态信息。

（7）应用任务信息表。维护节点上应用任务的启动、关闭和运行的相关状态信息,记录应用任务启动时的注册信息、关闭时的取消信息和运行时的采样频率等信息。

（8）状态注册组件。为应用任务提供标准的开发 API。在应用任务启动、关闭和运行时,都可以通过相应的 API 在应用任务信息表中修改和维护自身的信息。

（9）数据采集组件。负责屏蔽底层传感器的感知数据的读操作。传感器的类型、产品和型号较多,在这里主要以感知数据的类型进行分类封装,如温度、湿度、光度等。将这些感知数据的读操作封装成统一接口,供应用任务开发使用。

（10）数据缓存组件。在数据发送过程中,缓存应用任务感知完成后等待发送的数据。节点只有一个通信模块,同一时间仅能处理一个感知数据的传送。将产生的感知数据进行缓存,以保障数据通过网络进行可靠的传输。

（11）数据发送组件。负责屏蔽底层的 WSN 传输协议,将不同网络路由协议的数据发送接口进行封装。WSN 存在许多路由通信协议,且使用方式和数据发送接口等均不同。这些在这里都进行统一封装和管理,以便于数据根据需求进行发送。

10.5.2　多应用任务的 WSN 中间件系统实现

1. 系统整体实现

WSN 中间件的内部组件与应用任务协作完成工作。首先,接收并缓存基站或网关发来的消息,应用管理组件从缓存中取出消息,根据消息内容进行节点级和应用任务级的分类处理。如果是节点消息,根据消息的需求进行节点的动态配置、应用任务调整和控制管理等操作;如果是应用任务级,则分发给相应的应用任务自行操作。然后,各应用任务组件根据消息的要求,实现相应的采集功能,并通过发送组件将感知到的数据发送给基站或网关。WSN 中间件的工作流程如图 10.9 所示。

图 10.9　多应用任务的 WSN 中间件的工作流程

节点开机时,首先初始化和启动一些默认的应用任务集,如温度感知应用任务等。当没有基站或网关发来消息时,根据默认的配置,采集相关的数据,然后发送到网关,或者将节点设置成休眠等待状态,不进行任务工作。当收到来自基站或网关消息时,按照消息进行相关功能调整,打开、关闭或重编程应用任务,根据要求执行不同的操作。

2. 各子系统实现

(1) 控制管理子系统

控制管理子系统的主要功能是接收和响应来自基站或网关的消息。WSN 系统需要支持不同用户的多种需要,节点根据不同需求调整功能。

其设计思想是:由消息接收组件接收来自基站或网关的消息,并根据处理时效,将其分为高优先级和普通级消息。普通级消息存入消息缓存,高优先级需立即处理。缓存的消息由应用管理组件根据先到先服务原则分发给相应任务处理;对于高优先级消息,则立刻根据消息需求进行相应操作。如在接收的消息中,有一种消息是融合消息,具有高优先级,需要及时处理,因此不进入消息缓冲组件,直接分发给应用任务组件。

系统启动后,首先初始化消息接收组件和消息缓存组件,然后等待来自基站或网关的消息。在控制管理子系统中,根据消息处理对象,又将消息分为两类:节点级和应用任务级消息。节点级的消息主要是根据节点运行情况决定哪些应用任务打开和关闭,应用任务级的消息主要根据用户需求进行自定义。图 10.10 显示了整个控制管理子系统的工作流程。

图 10.10 控制管理子系统的工作流程

首先判断消息的时效级别,将普通级消息存储在消息缓冲中,将高优先级消息直接发送到应用管理组件,然后决定是节点控制处理,还是分发给相应的应用任务处理。应用管理组件从消息缓冲中取出普通级消息。如果是节点级的消息,如打开和关闭某一个或某几个应用任务,则调用相应功能实现打开与关闭的操作;如果是某个应用任务级的指令,则将其分发给相应的应用任务,待处理后将产生的感知数据发往基站或网关。

（2）应用运行子系统

应用运行子系统的主要功能是承载执行数据感知功能的应用任务。由于 WSN 应用的多样化,并且只有一个通信单元,无法同时发送到来的多份感知数据,因此必须进行缓存再发送。应用任务是并发运行的,对通信单元产生资源竞争,所以消息缓存以队列的方式工作,将产生的数据进行排队,然后数据发送组件按照先来先服务原则,通过通信单元发送出去。

应用任务有许多种,如温度、湿度、光度等感知应用任务,它们可以组合使用,也可以将几个感知应用任务融合成一个应用任务。发送组件屏蔽掉底层的硬件平台及使用的网络协议,应用任务的开发可以不管底层硬件使用的是哪种硬件节点,也不管使用的网络协议。图 10.11 显示了应用运行子系统的工作流程。

图 10.11　应用运行子系统的工作流程

系统启动后,首先初始化默认的采集应用任务,如温度感知应用任务等,应用任务采集感知数据,然后通过路由协议发送到基站或者网关。控制管理子系统可以根据来自基站或网关的用户消息调整某些应用任务,打开、关闭和重编程某些应用任务。所有的应用任务将感知到的数据存入缓存,然后发送到远程基站或网关。

练习题

1. 什么是中间件?
2. 无线传感器网络的中间件软件设计必须遵循哪些基本原则?
3. 中间件软件的层次由哪几部分组成?
4. 无线传感器网络中间件的有哪些主要关键技术?
5. 简述无线传感器网络中间件软件体系结构。
6. 在有的文献中提出,WSN 分布式处理分为单节点控制和网络级分布式控制两个层面。根据这一观点,结合 WSN 中间件的底层编程范式,无线传感网中间件设计方法有哪几类?

7. 简述无线多媒体传感器网络中间件。

8. 无线多媒体传感器网络中间件应具备哪些基本特点?

9. 基于应用分类的分层定制中间件框架设计中,常见的 WSN 应用的分类有哪几类? 将中间件进行逻辑上的分层有哪几层?

10. 多应用任务的 WSN 中间件的各组件应具备哪些基本功能?

第11章

无线传感器网络数据融合与管理技术

本章要点

- 数据融合技术与算法、传感器网络数据传输及融合技术
- 多传感器数据融合算法、传感器网络数据融合路由算法
- 无线传感器网络的数据管理技术、数据管理系统、数据模型及存储查询

11.1 无线传感器网络的数据融合概述

11.1.1 无线传感器网络中的数据融合

数据融合概念是针对多传感器系统而提出的。在多传感器系统中，由于信息表现形式的多样性，数据量的巨大性，数据关系的复杂性，以及要求数据处理的实时性、准确性和可靠性，大大超出了人脑的信息综合处理能力，在这种情况下，多传感器数据融合技术应运而生。多传感器数据融合（Multi-Sensor Data Fusion，MSDF）简称数据融合，也称为多传感器信息融合（Multi-Sensor Information Fusion，MSIF），它由美国国防部在 20 世纪 70 年代最先提出，之后英、法、日、俄等国做了大量的研究。近 40 年来数据融合技术得到了巨大的发展，同时伴随着电子技术、信号检测与处理技术、计算机技术、网络通信技术以及控制技术的飞速发展，数据融合应用在多个领域，在现代科学技术中的地位日渐突出。

数据融合定义可以简洁地表述为：数据融合是利用计算机技术对时序获得的若干感知数据，在一定准则下加以分析、综合，以完成所需决策和评估任务而进行的数据处理过程。

数据融合这一技术有 3 层含义：①数据的全空间，即数据包括确定的和模糊的、全空间的和子空间的、同步的和异步的、数字的和非数字的，它是复杂的多维多源的，覆盖全频段；②数据的融合不同于组合，组合指的是外部特性，融合指的是内部特性，它是系统动态过程中的一种数据综合加工处理；③数据的互补过程，数据表达方式的互补、结构上的互补、功能上的互补、不同层次的互补，是数据融合的核心，只有互补数据的融合才可以使系统发生质的飞跃。数据融合示意图如图 11.1 所示。

图 11.1 数据融合示意图

数据融合的实质是针对多维数据进行关联或综合分析,进而选取适当的融合模式和处理算法,用以提高数据的质量,为知识提取奠定基础。

11.1.2 无线传感器网络中数据融合的层次结构

通过对多感知节点信息的协调优化,数据融合技术可以有效地减少整个网络中不必要的通信开销,提高数据的准确度和收集效率。因此,传送已融合的数据要比未经处理的数据节省能量,延长网络的生存周期。

1. 传感器网络节点的部署

在传感器网络数据融合结构中,比较重要的问题是如何部署感知节点。目前,传感器网络感知节点的部署方式一般有 3 种类型,最常用的拓扑结构是并行拓扑。在这种部署方式中,各种类型的感知节点同时工作。另一种类型是串行拓扑,在这种结构中,感知节点检测数据信息具有暂时性。实际上,SAR(Synthetic Aperture Radar)图像就属于此结构。还有一种类型是混合拓扑,即树状拓扑。

2. 数据融合的层次划分

数据融合大部分是根据具体问题及其特定对象来建立自己的融合层次。例如,有些应用将数据融合划分为检测层、位置层、属性层、态势评估和威胁评估;有的根据输入/输出数据的特征提出了基于输入/输出特征的融合层次化描述。数据融合层次的划分目前还没有统一标准。

根据多传感器数据融合模型定义和传感器网络的自身特点,通常按照节点处理层次、融合前后的数据量变化、信息抽象的层次来划分传感器网络数据融合的层次结构。数据融合的一般模型如图 11.2 所示。

11.1.3 基于信息抽象层次的数据融合模型

基于信息抽象层次的数据融合方法分为三类:基于像素(Pixel)级的融合、基于特征(Feature)级的融合、基于决策(Decision)级的融合。融合的水平依次从低到高。

1. 像素级融合

像素级融合的流程为:经传感器获取数据→数据融合→特征提取→融合属性说明。像素级融合模型如图 11.3 所示。

图 11.2　数据融合的一般模型

图 11.3　像素级融合模型

2. 特征级融合

特征级融合的流程为：经传感器获取数据→特征提取→特征级融合→（融合）属性说明。特征级融合模型如图 11.4 所示。

图 11.4　特征级融合模型

3. 决策级融合

决策级融合的流程：经传感器获取数据→特征提取→属性说明→属性融合→融合属性说明。决策级融合模型如图 11.5 所示。

图 11.5　决策级融合模型

11.2　无线传感器网络的数据融合技术与算法

数据融合技术涉及复杂的融合算法、实时图像数据库技术和高速、大吞吐量数据处理等支撑技术。数据融合算法是融合处理的基本内容,它是将多维输入数据在不同融合层次上运用不同的数学方法,对数据进行聚类处理的方法。就多传感器数据融合而言,虽然还未形成完整的理论体系和有效的融合算法,但有不少应用领域根据各自的具体应用背景,已经提出了许多成熟并且有效的融合算法。针对传感器网络的具体应用,有许多具有实用价值的数据融合技术与算法。

11.2.1　传感器网络数据传输及融合技术

如今无线传感器网络已经成为一种极具潜力的测量工具。它是一个由微型、廉价、能量受限的传感器节点所组成,通过无线方式通信的多跳网络,其目的是对所覆盖区域内的信息进行采集、处理和传递。然而,传感器节点体积小,依靠电池供电,且更换电池不便,因此如何高效使用能量,提高节点生命周期,是传感器网络面临的首要问题。

1. 传统的无线传感器网络数据传输

（1）直接传输模型

直接传输模型是指传感器节点将采集到的数据通过较大的功率直接一跳传输到Sink 节点上,进行集中式处理,如图 11.6 所示。这种方法的缺点在于:距离 Sink 节点较远的传感器节点需要很大的发送功率才可以达到与 Sink 节点通信的目的,而传感器节点的通信距离有限,因此距离 Sink 较远的节点往往无法与 Sink 节点可靠通信,这是不能被接受的;且在较大通信距离上的节点需耗费很大的能量才能完成与 Sink 节点的通信,容易造成有关节点的能量很快耗尽,这样的传感器网络在实际中难以应用。

（2）多跳传输模型

这种方式类似于 Ad Hoc 网络模型,如图 11.7 所示。每个节点自身不对数据进行任何处理,而是调整发送功率,以较小功率经过多跳将测量数据传输到 Sink 节点中再集中处理。多跳传输模型很好地改善了直接传输的缺陷,使能量得到了较有效的利用,这是传感器网络广泛应用的前提。

图 11.6　直接传输模型

图 11.7　多跳传输模型

该方法的缺点在于：当网络规模较大时，位于两条或多条路径交叉处的节点，以及距离 Sink 节点一跳的节点（称为瓶颈节点），如图 11.7 中的 N_1、N_2、N_3、N_4、N_5，它们除了自身的传输之外，还要在多跳传递中充当中介。在这种情况下，这些节点的能量将很快耗尽。对于以节能为前提的传感器网络而言，这显然不是一种很有效的方式。

2. 无线传感器网络数据融合技术

在大规模的无线传感器网络中，由于每个传感器的监测范围以及可靠性都是有限的，在放置传感器节点时，有时要使传感器节点的监测范围互相交叠，以增强整个网络所采集的信息的鲁棒性和准确性。那么，在无线传感器网络中的感测数据就会具有一定的空间相关性，即距离相近的节点所传输的数据具有一定的冗余度。在传统的数据传输模式下，每个节点都将传输全部的感测信息，其中包含大量的冗余信息，即有相当一部分能量用于不必要的数据传输。而传感器网络中传输数据的能耗远大于处理数据的能耗。因此，在大规模无线传感器网络中，使各个节点多跳传输感测数据到 Sink 节点前，先对数据进行融合处理是非常有必要的，数据融合技术应运而生。

（1）集中式数据融合算法

① 分簇模型的 LEACH 算法

分簇模型的 LEACH 算法是通过某种方式周期性地随机选举簇头，簇头在无线信道中广播信息，其余节点检测信号并选择信号最强的簇头加入，从而形成不同的簇。簇头之间的连接构成上层骨干网，所有簇间通信都通过骨干网转发。簇内成员将数据传输给簇头节点，簇头节点再向上一级簇头传输，直至 Sink 节点。图 11.8 所示为两层分簇结构。这种方式降低了节点发送功率，减少了不必要的链路，减少节点间干扰，达到保持网络内部能量消耗的均衡，延长网络寿命的目的。

② PEGASIS 算法

PEGASIS 算法是假定网络中的每个节点都是同构的且静止不动，节点通过通信来获得与其他节点之间的位置关系。每个节点通过贪婪算法找到与其最近的邻居并连接，从而整个网络形成一个链。同时设定一个距离 Sink 最近的节点为链头节点，它与 Sink 进行一跳通信。数据总是在某个节点与其邻居之间传输，节点通过多跳方式轮流传输数据到 Sink 处，如图 11.9 所示。

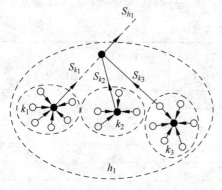

图 11.8　LEACH 算法　　　　　　图 11.9　PEGASIS 算法

（2）分布式数据融合算法

可以将一个规则传感器网络拓扑图等效于一幅图像，获得一种将小波变换应用到无线传感器网络中的分布式数据融合技术。

① 规则网络情况

南加州大学的 A. Ciancio 引入 Lifting 变换，提出一种基于 Lifting 的规则网络中分布式小波变换数据融合算法（DWT_RE），并将其应用于规则网络中。

DWT_RE 算法的实现分为两步。第一步，奇数节点接收到来自偶数邻居节点的感测数据，经过计算得出细节小波系数；第二步，奇数节点把这些系数送至偶数邻居节点以及 Sink 节点，偶数邻居节点利用这些信息计算出近似小波系数，也将这些系数送至 Sink 节点。

小波变换在规则分布网络中的应用是数据融合算法的重要突破，但是实际应用中，节点分布是不规则的，因此需要找到一种算法解决不规则网络的数据融合问题。

② 不规则网络情况

莱斯大学的 R. Wagner 提出了一种不规则网络环境下的分布式小波变换方案，即 Distributed Wavelet Transform_IRR（DWT_IRR），并将其扩展到三维情况。莱斯大学的 COMPASS 项目组已经对此算法进行了检验。DWT_IRR 算法建立在 Lifting 算法的基础上，其具体思想分成三步：分裂、预测和更新。

该算法依靠节点与一定范围内的邻居进行通信。经过多次迭代后，节点之间的距离进一步扩大，小波也由精细尺度变换到了粗糙尺度，近似信息被集中在少数节点中，细节信息被集中在多数节点中，从而实现网络数据的稀疏变换。通过对小波系数筛选，将所需信息进行 Lifting 逆变换，可以应用于有损压缩处理。它的优点是：充分利用感测数据的相关性，进行有效的压缩变换；分布式计算，无中心节点，避免热点问题；将原来网络中的瓶颈节点以及簇头节点的能量平均到整个网络中，充分起到节能作用，延长了整个网络的寿命。

在此基础上，南加州大学的 Godwin Shen 考虑到 DWT_IRR 算法中没有讨论的关于计算反向链路所需的开销，对该算法进行了优化。由于反向链路加重了不必要的通信开销，Godwin Shen 提出预先为整个网络建立一棵最优路由树，使节点记录通信路由，从而消除反向链路开销。基于应用领域的不同，以上算法各有优缺点，如表 11.1 所示。

表 11.1　各类算法比较

算　法	分布式	无须预知位置信息	可扩展性良好	传输时延较短	消除反向链接	是否节能
直跳传输	√	√			√	
多跳传输		√			√	
LEACH		√			√	√
PEGASIS		√			√	√
DWT_RE	√	√	√	√		√
DWT_IRR	√	√	√	√		
优化的 DWT_IRR	√		√	√	√	√

11.2.2　多传感器数据融合算法

多传感器数据融合技术是近几年来发展起来的一门实践性较强的应用技术,是多学科交叉的新技术,涉及信号处理、概率统计、信息论、模式识别、人工智能、模糊数学等理论。多传感器融合技术已成为军事、工业和高技术开发等多方面关心的问题。这一技术广泛应用于 C3I(Command,Control,Communication and Intelligence)系统、复杂工业过程控制、机器人、自动目标识别、交通管制、惯性导航、海洋监视和管理、农业、遥感、医疗诊断、图像处理、模式识别等领域。

1. 多传感器数据融合原理

(1) 多传感器数据融合概念

数据融合又称作信息融合或多传感器数据融合。多传感器数据融合比较确切的定义可概括为:充分利用不同时间与空间的多传感器数据资源,采用计算机技术对按时间序列获得的多传感器观测数据,在一定准则下进行分析、综合、支配和使用,获得对被测对象的一致性解释与描述,进而实现相应的决策和估计,使系统获得比它的各组成部分更充分的信息。

(2) 多传感器数据融合原理

多传感器数据融合技术的基本原理就像人脑综合处理信息一样,充分利用多个传感器资源,通过对多传感器及其观测信息的合理支配和使用,把多传感器在空间或时间上冗余或互补的信息依据某种准则进行组合,以获得被测对象的一致性解释或描述。具体地说,多传感器数据融合原理如下。

① N 个不同类型的传感器(有源或无源的)收集观测目标的数据。

② 对传感器的输出数据(离散的或连续的时间函数数据、输出矢量、成像数据或一个直接的属性说明)进行特征提取的变换,提取代表观测数据的特征矢量 Y_i。

③ 对特征矢量 Y_i 进行模式识别处理(如聚类算法、自适应神经网络或其他能将特征矢量 Y_i 变换成目标属性判决的统计模式识别法等),完成各传感器关于目标的说明。

④ 将各传感器关于目标的说明数据按同一目标进行分组,即关联。

⑤ 利用融合算法,将每一目标各传感器数据进行合成,得到该目标的一致性解释与描述。

2. 多传感器数据融合方法

利用多个传感器所获取的关于对象和环境的全面、完整的信息,主要体现在融合算法上。对于多传感器系统来说,信息具有多样性和复杂性,因此,对信息融合方法的基本要求是具有鲁棒性和并行处理能力。此外,还有方法的运算速度和精度;与前续预处理系统和后续信息识别系统的接口性能;与不同技术和方法的协调能力;对信息样本的要求等。一般情况下,基于非线性的数学方法,如果它具有容错性、自适应性、联想记忆和并行处理能力,都可以用来作为融合方法。

多传感器数据融合虽然未形成完整的理论体系和有效的融合算法,但在不少应用领域根据各自的具体应用背景,已经提出了许多成熟并且有效的融合方法。多传感器数据融合的常用方法基本上概括为随机和人工智能两大类。随机类方法有加权平均法、卡尔曼滤波法、贝叶斯估计法、Dempster-Shafer(D-S)证据推理、产生式规则等；人工智能类有模糊逻辑理论、神经网络、粗集理论、专家系统等。可以预见，神经网络和人工智能等新概念、新技术在多传感器数据融合中将起到越来越重要的作用。

(1) 随机类方法

① 加权平均法

信号级融合方法中最简单、最直观的是加权平均法。该方法将一组传感器提供的冗余信息进行加权平均，结果作为融合值。这是一种直接对数据源进行操作的方法。

② 卡尔曼滤波法

卡尔曼滤波主要用于融合低层次实时动态多传感器冗余数据。该方法用测量模型的统计特性递推，决定统计意义上的最优融合和数据估计。如果系统具有线性动力学模型，且系统与传感器的误差符合高斯白噪声模型，则卡尔曼滤波将为融合数据提供唯一统计意义上的最优估计。卡尔曼滤波的递推特性使系统处理不需要大量的数据存储和计算。

③ 贝叶斯估计法

贝叶斯估计为数据融合提供了一种手段，是融合静环境中多传感器高层信息的常用方法。它使传感器信息依据概率原则进行组合，测量不确定性，以条件概率表示。当传感器组的观测坐标一致时，可以直接对传感器的数据进行融合，但大多数情况下，传感器测量数据要以间接方式采用贝叶斯估计进行数据融合。

多贝叶斯估计将每一个传感器作为一个贝叶斯估计，将各个单独物体的关联概率分布合成一个联合的后验的概率分布函数，通过使用联合分布函数的似然函数为最小，提供多传感器信息的最终融合值，融合信息与环境的一个先验模型，提供整个环境的特征描述。

④ D-S证据推理方法

D-S证据推理是贝叶斯推理的扩充，其3个基本要点是：基本概率赋值函数、信任函数和似然函数。D-S方法的推理结构是自上而下的，分3级。第1级为目标合成，其作用是把来自独立传感器的观测结果合成为一个总的输出结果；第2级为推断，其作用是获得传感器的观测结果并进行推断，将传感器观测结果扩展成目标报告。这种推理的基础是：一定的传感器报告以某种可信度在逻辑上会产生可信的某些目标报告；第3级为更新，各种传感器一般都存在随机误差，所以在时间上充分独立地来自同一传感器的一组连续报告比任何单一报告可靠。因此，在推理和多传感器合成之前，要先组合(更新)传感器的观测数据。

⑤ 产生式规则

产生式规则采用符号表示目标特征和相应传感器信息之间的联系，与每一个规则相联系的置信因子表示它的不确定性程度。当在同一个逻辑推理过程中，2个或多个规则形成一个联合规则时，可以产生融合。应用产生式规则进行融合的主要问题是每个规则的置信因子的定义与系统中其他规则的置信因子相关。如果系统中引入新的传感器，需要加入相应的附加规则。

（2）人工智能类方法

① 模糊逻辑推理

模糊逻辑是多值逻辑,通过指定一个 0～1 的实数表示真实度,相当于隐含算子的前提,允许将多个传感器信息融合过程中的不确定性直接表示在推理过程中。如果采用某种系统化的方法对融合过程中的不确定性进行推理建模,可以产生一致性模糊推理。与概率统计方法相比,逻辑推理存在许多优点,它在一定程度上克服了概率论所面临的问题,它对信息的表示和处理更加接近人类的思维方式,一般比较适合于在高层次上的应用（如决策）,但是逻辑推理本身还不够成熟和系统化。此外,由于逻辑推理对信息的描述存在很大的主观因素,所以,信息的表示和处理缺乏客观性。

模糊集合理论对于数据融合的实际价值在于它外延的模糊逻辑。模糊逻辑是一种多值逻辑,隶属度可视为一个数据真值的不精确表示。在模糊逻辑推理过程中,存在的不确定性可以直接用模糊逻辑表示。然后,使用多值逻辑推理,根据模糊集合理论的各种演算对各种命题进行合并,进而实现数据融合。

② 人工神经网络法

神经网络具有很强的容错性以及自学习、自组织及自适应能力,能够模拟复杂的非线性映射。神经网络的这些特性和强大的非线性处理能力,恰好满足了多传感器数据融合技术处理的要求。在多传感器系统中,各信息源所提供的环境信息都具有一定程度的不确定性,对这些不确定信息的融合过程实际上是一个不确定性推理过程。神经网络根据当前系统所接受的样本相似性确定分类标准,这种确定方法主要表现在网络的权值分布上。同时,可以采用经网络特定的学习算法来获取知识,得到不确定性推理机制。利用神经网络的信号处理能力和自动推理功能,即实现了多传感器数据融合。

常用的数据融合方法及特性如表 11.2 所示。

表 11.2　常用的数据融合方法比较

融合方法	运行环境	信息类型	信息表示	不确定性	融合技术	适用范围
加权平均	动态	冗余	原始读数值		加权平均	低层数据融合
卡尔曼滤波	动态	冗余	概率分布	高斯噪声	系统模型滤波	低层数据融合
贝叶斯估计	静态	冗余	概率分布	高斯噪声	贝叶斯估计	高层数据融合
统计决策理论	静态	冗余	概率分布	高斯噪声	极值决策	高层数据融合
证据推理	静态	冗余/互补	命题		逻辑推理	高层数据融合
模糊推理	静态	冗余/互补	命题	隶属度	逻辑推理	高层数据融合
神经元网络	动/静态	冗余/互补	神经元输入	学习误差	神经元网络	低/高层
产生式规则	动/静态	冗余/互补	命题	置信因子	逻辑推理	高层数据融合

11.2.3　传感器网络数据融合路由算法

1. 无线传感器网络中的路由协议概述

（1）无线传感器网络的特点

无线传感器网络因为其与正常通信网络和 Ad Hoc 网络有较大不同,所以对网络协议提出了许多新的挑战。

①　由于无线传感器网络中节点众多,无法为每一个节点建立一个能在网络中唯一区别的身份,所以典型的基于 IP 的协议无法应用于无线传感器网络。

②　与典型通信网络的区别是:无线传感器网络需从多个源节点向一个汇聚节点传送数据。

③　在传输过程中,很多节点发送的数据具有相似部分,所以需要过滤掉这些冗余信息,从而保证能量和带宽的有效利用。

④　传感器节点的传输能力、能量、处理能力和内存都非常有限,网络又具有节点数量众多、动态性强、感知数据量大等特点,所以需要很好地对网络资源进行管理。

根据这些区别,产生了很多新的无线传感器网络路由算法,这些算法都是针对网络的应用与构成来研究的。几乎所有的路由协议都以数据为中心进行工作。

(2) 以数据为中心的路由

传统的路由协议通常以地址作为节点标志和路由的依据,而在无线传感器网络中,大量节点随机部署,所关注的是监测区域的感知数据,而不是具体哪个节点获取的信息,不依赖于全网唯一的标识。当有事件发生时,在特定感知范围内的节点会检测到并开始收集数据,这些数据将被发送到汇聚节点做进一步处理,以上描述称为事件驱动的应用。在这种应用当中,传感器用来检测特定的事件。当特定事件发生时,收集原始数据,并在发送之前对其进一步处理。首先把本地的原始数据融合在一起,然后把融合后的数据发送给汇聚节点。在反向组播树里,每个非叶子节点都具有数据融合的功能。这个过程称为以数据为中心的路由。

(3) 数据融合

在以数据为中心的路由里,数据融合技术利用抑制冗余、最小、最大和平均计算等操作,将来自不同源点的相似数据结合起来,通过数据的简化,实现传输数量的减少,从而节约能源、延长传感器网络的生存时间。在数据融合中,节点不仅能使数据简化,还可以针对特定的应用环境,将多个传感器节点所产生的数据按照数据的特点综合成有意义的信息,从而提高了感知信息的准确性,增强了系统的鲁棒性。

2. 几种基于数据融合的路由算法

下面对近几年比较新型的、基于数据融合的路由算法 MLR、GRAN、MFST 和GROUP 等进行详细分析。

(1) MLR

MLR(Maximum Lifetime Routing)是基于地理位置的路由协议。每个节点将自己的邻居节点分为上游邻居节点(离 Sink 节点较远的邻居节点)和下游邻居节点(离 Sink节点较近的邻居节点)。节点的下跳路由只能是其下游邻居节点。

在此模型中,节点 i 对上游邻居节点 j 传送的信息进行两种处理:如果是上游产生的源信息,用本地信息对其进行融合处理;如果是已经融合处理过的信息,选择直接发送到下一跳,即每个节点产生的信息只经过其下游邻居节点的 1 次融合处理。

MLR 中将数据融合与最优化路由算法结合到一起,减少了数据通信量,一定程度上改善了传感器网络的有效性。其不足之处是:在传感器网络中,每个节点均具有数据融合功能,但数据融合仅存在于邻居节点的一跳路由中,而且不能对数据进行重复融合。当传感器网络中数据量增大时,其融合效率不高。

(2) GRAN

GRAN(Geographical Routing with Aggregation Nodes)算法也将数据融合应用到地址路由协议中,而且假设每个节点都具有数据融合功能,不同之处在于数据融合方法的实现。MLR 中的数据融合在下一跳中进行,而该算法另外运行一个选取融合节点的算法 DDAP(Distributed Data Aggregation Protocol),随机选取融合节点。GRAN 算法通过在路由协议中另外运行选取数据融合点的算法,兼顾了数据量的减少和能耗的均匀分布,较好地达到了延长传感器网络生存时间的目的,但其 DDAP 算法的运行,一定程度上影响了路由算法的收敛速度,不适合实时性要求较高的传感器网络。

(3) MFST

MFST(Minimum Fusion Steiner Tree)路由算法将数据融合与树状路由结合起来,数据融合仅在父节点处进行,且可以对数据重复融合。由于子节点可能在不同时间向父节点发送数据,如父节点在时刻 1 收到子节点 A 发送的数据,用本地数据对其进行数据融合处理;在时刻 2 收到子点 B 发送数据,对其进行再次融合。MFST 算法有效地减少了数据通信量。

(4) GROUP

GROUP(Gird-Clustering Routing Protocol)是一种网格状的虚拟分层路由协议。其实现过程为:由汇聚节点(假设居于网络中间)发起,周期性地动态选举产生呈网格状分布的簇,并逐步在网络中扩散,直到覆盖整个网络。在此路由协议基础上设计了一种基于神经网络的数据融合算法 NNBA。该数据融合模型是以火灾实时监控网为实例设计的。由于是在分簇网络中,数据融合模型被设计成三层神经网络模型,其中输入层和第一隐层位于簇成员节点,输出层和第二隐层位于簇头节点。

根据这样一种三层感知器神经网络模型,NNBA 数据融合算法首先在每个传感器节点对所有采集到的数据按照第一隐层神经元函数进行初步处理,然后将处理结果发送给其所在簇的簇头节点;簇头节点再根据第二隐层神经元函数和输出层神经元函数进行进一步处理;最后,由簇头节点将处理结果发送给汇聚节点。

11.3　无线传感器网络数据管理技术

11.3.1　传感器网络中的数据管理概述

1. 以数据为中心的无线传感器网络数据库

在传感器网络中,各个分布的节点通过监测周围环境不断产生大量的感知数据。而传感器节点一般比较简单,存在通信能力低、计算存储能力低、能量受限等特点,无法像传统的分布式数据库那样管理数据。如何存储、传输和访问这些数据,成为制约传感器网络应用的关键。

对于用户来说,传感器网络的核心是感知数据,而不是网络硬件。用户感兴趣的是传感器产生的数据,而不是传感器本身。用户经常会提出如下的查询:"网络覆盖区域中哪些地区出现毒气","某个区域的温度是多少",而不是:"如何建立从 A 节点到 B 节点的连接","第 27 号传感器的温度是多少"。

综上所述,传感器网络是一种以数据为中心的网络,不同于以传输数据为目的的通信网络。对数据的管理和操作,成为传感器网络的核心技术。

2. 数据管理的概念

以数据为中心的传感器网络,其基本思想是把传感器视为感知数据流或感知数据源,把传感器网络视为感知数据空间或感知数据库,把数据管理和处理作为网络的应用目标。

数据管理主要包括对感知数据的获取、存储、查询、挖掘和操作,目的就是把传感器网络上数据的逻辑视图和网络的物理实现分离开来,使用户和应用程序只需关心查询的逻辑结构,无须关心传感器网络的实现细节。

对数据的管理贯穿于传感器网络设计的各个层面,从传感器节点设计到网络层路由协议实现以及应用层数据处理,必须把数据管理技术和传感器网络技术结合起来,才能实现一个高效率的传感器网络,它不同于传统网络采用分而治之的策略。

3. 传感器网络数据管理系统结构

目前,针对传感器网络的数据管理系统结构主要有集中式结构、半分布式结构、分布式结构和层次式结构 4 种类型。

(1) 集中式结构。在集中式结构中,节点首先将感知数据按事先指定的方式传送到中心节点,统一由中心节点处理。这种方法简单,但中心节点会成为系统性能的瓶颈,而且容错性较差。

(2) 半分布式结构。利用节点自身具有的计算和存储能力,对原始数据进行一定的处理,然后传送到中心节点。

(3) 分布式结构。每个节点独立处理数据查询命令。显然,分布式结构是建立在所有感知节点都具有较强的通信、存储与计算能力基础之上的。

(4) 层次式结构。无线传感器网络中间件和平台软件体系结构主要分为四个层次:网络适配层、基础软件层、应用开发层和应用业务适配层。其中,网络适配层和基础软件层组成无线传感器网络节点嵌入式软件(部署在无线传感器网络节点中)的体系结构,应用开发层和基础软件层组成无线传感器网络应用支撑结构(支持应用业务的开发与实现)。在网络适配层中,网络适配器是对无线传感器网络底层(无线传感器网络基础设施、无线传感器操作系统)的封装。基础软件层包含无线传感器网络各种中间件。这些中间件构成无线传感器网络平台软件的公共基础,并提供了高度的灵活性、模块性和可移植性。

11.3.2　无线传感器网络数据管理的关键技术

1. 基于感知数据模型的数据获取技术

在传感器网络中对数据建模,主要用于解决以下四个问题。

(1) 感知数据具有不确定性。节点产生的测量值由于存在误差,并不能真实反映物理世界,而是分布在真值附近的某个范围内。这种分布可用连续概率分布函数来描述。

(2) 利用感知数据的空间相关性进行数据融合,减少冗余数据的发送,从而延长网络生命周期。同时,当节点损坏或数据丢失时,可以利用周围邻居节点的数据相关性特点,在一定概率范围内正确发送查询结果。

(3) 节点能量受限,必须提高能量利用效率。根据建立的数据模型,可以调节传感器节点工作模式,降低节点采样频率和通信量,达到延长网络生命周期的目的。

(4) 方便查询和数据分布管理。

2. 数据模型及存储查询

数据管理主要包括对感知数据的获取、存储、查询、挖掘和操作,目的就是把传感器网络上数据的逻辑视图和网络的物理实现分离开来,使用户和应用程序只需关心查询的逻辑结构,无须关心传感器网络的实现细节。

在传感器网络中进行数据管理,有以下几个方面的问题。

① 感知数据如何真实反映物理世界;

② 节点产生的大量感知数据如何存放;

③ 查询请求如何通过路由到达目标节点;

④ 查询结果存在大量冗余数据,如何进行数据融合;

⑤ 如何表示、查询,并进行优化。

因而,传感器网络中的数据管理研究内容主要包括数据获取技术、存储技术、查询处理技术、分析挖掘技术以及数据管理系统的研究。

数据获取技术主要涉及传感器网络和感知数据模型、元数据管理技术、传感器数据处理策略、面向应用的感知数据管理技术。

数据存储技术主要涉及数据存储策略、存取方法和索引技术。

数据查询技术主要包括查询语言、数据融合方法、查询优化技术和数据查询分布式处理技术。

数据分析挖掘技术主要包括 OLAP 分析处理技术、统计分析技术、相关规则等传统类型知识挖掘、与感知数据相关的新知识模型及其挖掘技术、数据分布式挖掘技术。

数据管理系统主要包括数据管理系统的体系结构和数据管理系统的实现技术。

(1) 数据存储与索引技术

数据存储策略按数据存储的分布情况分为以下三类。

① 集中式存储。节点产生的感知数据都发送到基站节点,在基站处集中存储和处理。这种策略获得的数据比较详细、完整,可以进行复杂的查询和处理,但是节点通信开销大,只适合于节点数目比较小的应用场合。加州大学伯克利分校在大鸭岛上建立的海鸟监测试验平台就是采用这种策略。

② 分布式存储和索引。感知数据按数据名分布存储在传感器网络中,通过提取数据索引进行高效查询,相应的存储机制有 DIMENSIONS、DIFS、DIM 等。

* DIMENSIONS 采用小波编码技术处理大规模数据集上的近似查询,有效地以分布式方式计算和存储感知数据的小波系数,但是存在单一树根的通信瓶颈问题。

* DIFS 使用感知数据的键属性,采用散列函数和空间分解技术构造多根层次结构

树,同时数据沿结构树向上传播,防止了不必要的树遍历。DIFS 是一维分布式索引。

- DIM(Distributed Index for Multidimensional data)是多维查询处理的分布式索引结构,使用地理散列函数实现数据存储的局域性,把属性值相近的感知数据存储在邻近节点上,减少计算开销,提高查询效率。

③ 本地化存储。数据完全保存在本地节点,数据存储的通信开销最小,但查询效率低下,一般采用泛洪式查询。当查询频繁时,网络的通信开销极大,并且存在热点问题。

(2) 数据查询处理

传感器网络中的数据查询主要分为快照查询和连续查询。快照查询是对传感器网络某一时间点状况的查询,连续查询则主要关注某段时间间隔内网络数据的变化情况。查询处理与路由策略、感知数据模型和数据存储策略紧密相关,不可分割。当前的研究方向主要集中在以下几个方面。

① 查询语言研究。这方面的研究目前比较少,主要是基于 SQL 语言的扩展和改进。TinyDB 系统的查询语言是基于 SQL 的,康奈尔大学的 Cougar 系统提供了一种类似于 SQL 的查询语言,但是其信息交换采用 XML 格式。

② 连续查询技术。在传感器网络中,用户的查询对象是大量的无限实时数据流,连续查询被分解为一系列子查询提交到局部节点进行执行。子查询也是连续查询,需要扫描、过滤、综合数据流,产生部分的查询结果流,经过全局综合处理后返回给用户。局部查询是连续查询技术的关键,由于节点数据和环境情况动态变化,局部查询必须具有自适应性。

③ 近似查询技术。感知数据本身存在不确定性,用户对查询结果的要求也是在一定精度范围内的。采用基于概率的近似查询技术,充分利用已有信息和模型信息,在满足用户查询精度要求下减少不必要的数据采集和数据传输,将会提高查询效率,减少数据传输开销。

④ 多查询优化技术。在传感器网络中,一段时间间隔内可能进行多个连续查询,多查询优化就是对各个查询结果进行判别,减少重叠部分的传输次数,以减少数据传输量。

3. 无线传感器网络数据存储结构

(1) 网外集中式存储方案

网外集中式存储方案是将所有数据完全传送到基站端存储,其网内处理简单,将查询工作的重心放到了网外。感知数据从数据普通节点通过无线多跳传送到网关节点,再通过网关传送到网外的基站节点,由基站保存到感知数据库中。由于基站能源充足,存储和计算能力强,因此可在基站上对这些已存数据实现复杂的查询处理,并可利用传统的本地数据库查询技术。

网外集中式数据存储结构的特点是:感知数据的处理和查询访问相对独立,可以在指定的传感器节点上定制长期的感知任务,让数据周期性地传回基站处理,复杂的数据管理决策完全在基站端执行。其优点是网内处理简单,适合于查询内容稳定不变且需要原始感知数据的应用系统(某些应用需要全部的历史数据才能进行详细分析)。对于实时查询来说,查询数据量不大,查询时效性较好。

考虑到传感器网络节点的大规模分布,大量冗余信息传输可能造成大量的能耗损失,而且容易引起通信瓶颈,造成传输延迟。因此,这种存储结构很少得到应用。

(2) 网内分层存储方案

层簇式无线传感器网络可以采用分层存储方案。这种网络中有两类传感器节点:一类是大量的普通节点;另一类是少量的有充足资源的簇头节点(可采用动态轮换算法将本簇能量最充足的节点作为簇头,一段时间替换一次),用于管理簇内节点和数据。簇头之间可以对等通信,基站节点是簇头节点的根节点,其他簇头都作为它的子节点处理。

分层存储方案的基本思想是:将原始的感知数据存放在普通节点上,在簇头节点上处理簇内节点的数据融合和数据摘要,在根节点上(网关节点)形成一个对网内数据的整体视图。执行查询时,利用根节点的全局数据摘要决定查询在哪些簇上执行,簇头节点接收到根节点传来的查询任务后,根据簇内数据视图决定融合哪些节点上的数据。这种存储、查询方案称为推拉结合式(Push-and-Pull)存取方案,即将普通节点上的数据“推”到簇头节点上进行处理;而当查询执行时,将簇头节点上的数据“拉”到网关上执行进一步处理。美国康奈尔大学计算机系的 Cougar 查询系统首先采用了这种存储及查询方案。

分层存储方案的优点是:查询时效性好,数据存储的可靠性好(因为采取多方位存储,即使普通节点失效,其数据仍可能在簇头节点上保存着)。分层存储方案的缺点是:必须采用特殊的固定簇头节点或采用有效的簇头轮换算法来保证簇头稳定运行,靠近簇头处也存在一定程度的通信集中现象,只能用于层簇式网络,有一定的应用局限性。

(3) 网内本地存储方案

采用网内本地存储方案时,数据源节点将其获取的感知数据就地存储。基站发出查询后向网内广播查询请求,所有节点均接收到请求,满足查询条件的普通节点沿融合路由树将数据送回到根节点,即与基站相连的网关节点。美国加州大学伯克利分校的 TinyDB 数据库系统采用了这种本地存储方案。网内本地存储方案的存储几乎不耗费资源和时间,但执行查询时需要将查询请求洪泛到所有节点;将查询结果数据沿路由树向基站送的过程中,由于经过网内处理,使数据量在传送过程中不断压缩,所需的数据传输成本大大下降,但是回送过程中复杂的网内查询优化处理使得这种系统的查询时效性稍差。

网内本地存储方案的主要优点是:数据存储充分利用了网内节点的分布式存储资源;采用数据融合和数据压缩技术减少了数据通信量;数据没有集中化存储,确保网内不会出现严重的通信集中现象。主要缺点是:需要将查询请求洪泛到整个网内的各个角落,网内融合处理复杂度较高,增加了延时。

(4) 以数据为中心的网内存储方案

以数据为中心的网内存储方案采用以数据中心的思想,将网络中的数据(或感知事件)按内容命名,并路由到与名称相关的位置(如根据以名称为参数的哈希函数计算出来的位置)。采用该方案时,需要和以数据为中心的路由协议相配合(常见的以数据为中心的 WSN 路由机制有定向扩散、GPSR、GEAR 等)。存储数据的节点除负担数据存储任务外,还要完成数据压缩和融合处理操作。

4. 数据压缩技术

在传感器网络中,由于受噪声、节点失效、无线通信的不可靠性以及能量约束等因素的影响,感知数据的获取、处理和传输等常存在一定的误差,感知数据具有一定程度的不确定性。在某些应用中并不一定要求非常精确的结果,常允许存在一定的误差。在保证用户要求的前提下,常用降低数据精度来降低网络中的能量消耗。数据压缩是传感器网络数据处理的一项关键技术。

近几年,传感器网络中的数据压缩技术得到了广泛应用,其中主要的研究成果包括基于时间序列数据压缩方法、基于数据相关性压缩方法、分布式小波压缩方法等。

(1) 基于时间序列数据压缩方法

在无线传感器网络中,传感器节点周期性产生的连续数据可以表示为时间序列。传感器节点产生的时间序列并不是完全随机的,数据间存在着冗余,因此可以将这样的时间序列进行压缩。

Eamonn Keogh 等提出分段常量近似(Piecewise Constant Approximation, PCA)的压缩时间序列技术。PCA 技术的主要思想是将时间序列表示为多个分段,每个分段由两个元组组成:数值常量和结束时间。其值分别为该分段对应的子序列中所有数据的均值和最后一个数据的采样时间。

基于 PCA 技术,Losif Lazaridis 等提出了 PMC_ mean 压缩方法。PMC_mean 是一种压缩时间序列的在线方法,该方法的思想是将时间序列中每个分段内的所有数据均值作为该分段的常量。每采集到一个周期数据,计算当前压缩的时间序列内所有数据的均值。若该均值与当前时间序列的最大值或最小值的差值超过阈值 s,即停止采样,将满足条件的时间序列压缩为一个分段。

(2) 基于数据相关性压缩方法

Jim Chou 等提出了传感器网络的分布式压缩数据传输模型。其主要思想是在所有的传感器节点中,选择一个节点发送完整的数据到汇聚节点,其他节点只发送压缩后的信息。汇聚节点收到数据后,通过压缩数据和未压缩数据之间的相关性进行解压缩,从而恢复原始数据。实现该方法的关键问题在于需要一个低复杂度、支持多压缩率的压缩算法和一种简单、高效的相关性跟踪算法。进一步地,Jim Chou 等提出了一个简单的预测模型,用于跟踪和确定节点数据之间的相关性。

Sundeep Pattem 等讨论了相关性对数据压缩效果的影响。采用联合熵、位及跳值分别度量被压缩信息的大小和数据传输的总能耗,对比分析了 DSC(Distributed Source Coding)、RDC(Routing-Driven Compression)和 CDR(Compression-Driven Routing)这3 种不同处理策略下的能耗情况。理论分析结果表明,相关性较低时,没有信息可以压缩,RDC 方法能耗较低;相关性较高时,通过压缩可以节省大量能耗,CDR 节能效果较好。另外,在相关性处于中等范围时,RDC 和 CDR 两者性能相当,这表明可以采用一种混合式方法进行处理。传感器节点形成较小的集群,集群内的数据在集群首领处聚合,集群首领沿着最短路径向 Sink 节点传输聚合结果。

(3) 分布式小波压缩方法

在传感器网络监测的实际环境中,传感器节点采集的很多监测属性值,如温度、湿度、露点温度和振动等在连续时间内的变化较小,多数邻近的数据相同或者近似。小波变换是一种能同时表征信号时域和频域行为的数学工具,具有多分辨分析的特性,在不同的尺度或者压缩比下仍然能保持信号的统计特性,对压缩阵发性数据流非常有效。将传感器网络中采集到的原始数据变换到小波域来处理,以实现对原始数据的压缩,是传感器网络中一种有效的数据处理方法。

基于区间小波变换的数据压缩算法,利用小波理论中的快速 Mallat 分解算法,对采样的传感数据进行小波分解。在量化阶段,对小波变换后得到的高频系数和低频系数进行阈值处理,根据量化级,将小波系数映射到某个整数区间。由于分解后的传感信号能量集中在低频系数上,小波系数按一定的规律出现,应用游程编码(即对数据流中连续出现多次相同数值的数据以个数和数值的形式来表示),以取得进一步的压缩效果。

Ciancio 等基于小波变换中的提升因数分解方法,提出了无线传感器网络中的分布式小波数据压缩算法。该算法将小波系数重定义为通往中心节点的数据流,通过计算部分小波系数,利用网络中的自然数据流来聚集数据。

传感器网络中的单向提升小波变换,是当数据沿着传感器网络路由向簇头节点传送时,路由节点使用该数据和邻居节点的广播数据计算小波变换。此外,考虑到对非规则分布的传感器网络数据处理问题,在传感器网络的小波数据处理中应用非规则小波数据处理,构造新的小波变换基函数。以上这些压缩方法是改进型小波变换的数据压缩算法。实践证明,这些算法均能取得较好的数据压缩效果。

5. 数据融合技术

数据融合是针对一个系统中使用多种传感器(多个或多类)这一特定问题而展开的一种信息处理的新研究方向,因此数据融合又称为信息融合、多传感器融合。多传感器系统是数据融合的硬件基础,多源信息是数据融合的加工对象,协调优化和综合处理是数据融合的核心。数据融合技术是无线传感器网络数据管理的关键技术之一,详细内容参见本章的 11.1 节和 11.2 节。

11.4　基于策略和代理的无线传感器网络数据管理架构

基于策略的数据管理(PBDM),是指在网络中搜集数据时,能够根据用户制订的策略,优化信息的搜集和传输,以减少整个网络中的数据流量。

移动代理(MA)技术有自主性、可移动性、智能性等特点,它更适合于分布式系统的实现。把 MA 用到无线传感器网络中的数据管理,可以最大限度地减少网络中的数据冗余,从而降低网络负荷,延长整个网络的生命周期。

把策略和代理技术用于无线传感器网络的数据管理,能够进行优势互补。每个节点上都有一个策略库和一个策略代理。策略库用于存放用户的决策信息,策略代理用于执行策略库中相应的策略规则。而 MA 的应用,可以使管理员的决策信息方便、迅速地传到相应的节点。两者结合后,可以对无线传感器网络中的数据进行有效管理。

1. 基于策略和代理的数据管理结构模型

提出了基本的无线传感器网络数据管理模型,分析了代理和策略技术在数据管理过程中的具体应用。

无线传感器网络数据管理系统的结构模型如图 11.10 所示。

图 11.10　无线传感器网络中的数据管理结构模型

用户图形界面是连接用户和无线传感器网络的接口,用户可以通过此界面发送策略信息并接收返回的信息。

无线传感器网络数据管理中心模块驻留在 Sink 节点上,它需要编译相应的决策信息,生成移动代理,将其发送到离 Sink 节点最近的簇头节点上;然后,根据一定的路由协议,使用户的策略信息迅速通过移动代理传到其他簇头节点上。此时,每个簇头节点上的策略仓库开始更新。移动代理通过自我复制,移动到簇内所有的节点上。簇内节点根据相应的策略信息搜集数据,然后把搜集好的数据传给簇头节点。簇头节点用两种方法把数据传回到 Sink 节点。

(1) 源数据直接从簇头节点传到 Sink 节点。在这种情况下,假设簇头节点上采集的源数据的大小为 N_s,在网络中传输所消耗的能量为 W_s。

(2) 源数据在簇头节点根据策略处理后,由移动代理(MA)传输这些数据。假定 MA 的大小是近似相等的,定为 N_A,传输时所需要的能量为 W_A,经过处理后的数据的大小为 N_R,传输时所需要的能量为 W_R。由于节点在运算时所消耗的能量很小,所以处理数据所消耗的能量可以忽略不计。在这种情况下,传输数据所需要的能量为 $W_{Agent} = W_A + W_R$。

簇头在传送数据之前,先根据以上情况计算传输的代价,若 $W_{Agent} > W_s$,就直接把源数据传到 Sink 节点,否则就由簇头节点生成相应的 MA,把数据传给 Sink 节点。

2. 移动代理和策略代理简介

在本数据管理模型中用了两种代理:一种是移动代理(MA),一种是策略代理(PA)。移动代理用于节点间信息的传输;策略代理存在于每个节点上,用于执行策略信息。下面分别简要介绍这两种代理。

（1）移动代理的结构及功能描述

利用移动代理把用户制订的策略信息传送给簇头节点,也可用于簇头间进行协作或协商时传送交换信息,从而增加了数据管理的灵活性。

每个移动代理都可以被它的身份识别符作为唯一标志。目标区域信息描述包括用户要查询的区域信息,以及用于数据搜集的策略信息。通信模块用于各个移动代理之间交换信息,或者和移动代理服务器交换信息。控制模块是移动代理的中心模块,它支配着代理的行为方式。数据空间用于存放迁移过程中得到的局部融合结果或用户策略信息的数据缓冲区,如图 11.11 所示。

身份标识符		
目标区域信息描述		数据空间
通信模块	控制模块	

图 11.11　移动代理内部结构

（2）策略代理功能描述

策略代理驻留在簇头节点和簇内节点上,没有移动性。它能根据用户的要求在本地策略库搜索相关的策略并执行,也可以对本地的策略库进行更新。策略代理相当于节点上策略的执行点。

（3）策略技术在数据管理各个模块中的具体应用

图 11.12 所示为策略技术在数据管理中的应用。

图 11.12　策略技术在数据管理中的应用

用户图形界面中的策略管理工具包括策略编辑器、策略编译器、策略存取器三个部分。其中,策略编辑器用于用户编辑策略信息;策略编译器用来把用户输入的策略编译成可执行的形式,然后存入策略仓库;策略存取器用于存取编译后的策略。策略决策中心模块根据用户或节点的请求从策略仓库中取出策略,并决定采取何种策略。策略消息处理模块用于接收簇头的策略请求信息,经过处理后,由策略决策中心进行策略决策,最后由移动代理传送到请求的簇头节点。策略仓库是用于存储可执行的策略信息。其中的本地策略仓库相当于一个本地缓存,用于存储少量的策略信息。当节点需要某种策略时,先从本策略库进行查找。如果存在,就直接执行,否则向上一级节点发出策略请求信息。移动代理服务环境用于移动代理的生成、接收、销毁等操作。

对无线传感器网络中收集到的数据进行有效管理,不但能减少网络中的数据流量,而且可以使用户方便、及时地采集数据。把策略技术和代理技术用到无线传感器网络的数据管理中,不仅把计算移动到数据源上执行,并且通过策略技术的运用,在一定程度上减少了移动代理代码的长度,从而进一步减少网络中的数据流量。

11.5　现有传感器网络数据管理系统简介

传感器网络数据管理系统是一个提取、存储、管理传感器网络数据的系统,核心是传感器网络数据查询的优化与处理。目前具有代表性的传感器网络数据管理模型主要包括 TinyDB、Cougar 和 Dimension 系统。

1. TinyDB 系统

TinyDB 系统是由加州伯克利分校开发的,它为用户提供了一个类似于 SQL 的应用程序接口。TinyDB 系统主要由客户端、TinyDB 服务器、传感器网络三部分组成,如图 11.13 所示。TinyDB 系统的软件主要分为两大部分:第一部分是传感器网络软件,运行在每个传感器节点上;第二部分是客户端软件,运行在客户端和 TinyDB 服务器上。

图 11.13　TinyDB 系统的结构

TinyDB 系统的客户端软件主要包括两个部分:第一部分实现类似于 SQL 语言的 TinySQL 查询语言;第二部分提供基于 Java 的应用程序组成,能够支持用户在 TinyDB 系统的基础上开发应用程序。

TinyDB 系统的传感器网络软件包括四个组件,分别为网络拓扑管理器、存储管理器、查询管理器、节点目录和模式管理器。

（1）网络拓扑管理器：管理所有节点之间的拓扑结构和路由信息。

（2）存储管理器：存储管理器使用了一种小型的、基于句柄的动态内存管理方式。它负责分配存储单元和压缩存储数据。

（3）查询管理器：负责处理查询请求。它使用节点目录中的信息获得节点的测量数据的属性，负责接收邻居节点的测量数据，过滤并且聚集数据，然后将部分处理结果传送给父节点。

（4）节点目录和模式管理器：负责管理传感器节点目录和数据模式。节点目录记录每个节点的属性，例如测量数据的类型（声、光、电压等）和节点 ID 等。传感器网络中的异构节点具有不同的节点目录。模式管理器负责管理 TinyDB 的数据模式，而 TinyDB 系统采用虚拟的关系表作为传感器网络的数据模式。

2. Cougar 系统

Cougar 系统是由康奈尔大学开发的。它将传感器网络的节点划分为簇，每个簇包含多个节点，其中一个作为簇头。Cougar 系统使用定向扩散路由算法在传感器网络中传输数据，信息交换的格式为 XML。

Cougar 系统由三个部分组成：第一部分是图形用户界面 GUI，运行在用户计算机上；第二部分是查询代理 QueryProxy，运行在每个传感器节点上；第三部分是客户前端 FrontEnd，运行在选定的传感器节点上。图 11.14 显示了 Cougar 系统的结构。

图 11.14　Cougar 系统结构

客户前端负责与用户计算机和簇头通信，它是 GUI 和查询代理之间的界面，相当于传感器网络和用户计算机之间的网关。客户前端和 GUI 之间使用 TCP/IP 协议通信，将从 GUI 获取的查询请求发给簇头上运行的查询代理，并从簇头接收查询结果，还对查询结果进行相关处理（如过滤或聚集数据），然后将处理结果发给 GUI。客户前端也可以把查询结果传输到远程 MySQL 数据库中。

图形用户界面 GUI 是基于 Java 开发的，它允许用户通过可视化方式或输入 SQL 语言发出查询请求,也允许用户以可视化方式观察查询结果。GUI 中的 Map 组件可以使用户浏览传感器网络的拓扑结构。

查询代理由设备管理器、节点层软件和簇头层软件三部分组成。簇头层软件只在簇头中运行,设备管理器负责执行感知测量任务;节点层软件负责执行查询任务。当收到查询请求时,节点层软件从设备管理器获得需要的测量数据,然后对这些数据进行处理,最后将结果传送到簇头。在簇头中运行的簇头层软件负责接收来自簇内成员的数据,然后进行相关的处理,例如过滤或聚集数据,最后把结果传送到发出查询的客户前端。

3. Dimensions 系统

Dimension 系统是由加州大学洛杉矶分校开发的。它的设计目标是提供灵活的时域和空域结合的查询。这种查询的灵活性表现在,用户可以对传感器网络中的数据进行时域和空域的多分辨率查询。用户可以指定在时域和空域内的查询精度,Dimensions 系统按照指定精度进行查询。这种查询提供了一种针对细节的数据挖掘功能。

为了实现以上设计目标,Dimensions 系统主要采用了层次索引和基于小波变换的关键技术。这种关键技术能够使传感器网络合理地使用能量,计算和存储资源。

练习题

1. 简述数据融合的定义及特点。
2. 简述数据融合的分类及方法。
3. 简述数据融合的一般模型结构。
4. 基于信息抽象层次的数据融合方法有哪几种? 分别简述。
5. 常用的多传感器数据融合方法有哪几种?
6. 简述传感网数据管理系统结构。
7. 何为基于策略的数据管理(PBDM)?
8. 移动代理(MA)技术有哪些主要特点?
9. 数据存储策略按数据存储的分布情况可分为哪几类?
10. TinyDB 系统的传感器网络软件包括四个组件,分别为网络拓扑管理器、存储管理器、查询管理器、节点目录和模式管理器。试分别对这四个组件进行简要说明。

第 12 章

无线传感器网络应用系统典型案例详解

本章要点
- 基于无线传感器网络的远程医疗监护系统设计
- 基于无线传感器网络的光强环境监测系统设计

12.1 基于无线传感器网络的远程医疗监护系统设计

本系统由监护基站设备和 ZigBee 传感器节点构成一个微型监护网络,传感器节点上使用中央控制器对所需要监测的生命指标传感器进行控制来采集数据。通过 ZigBee 无线通信方式,将数据发送至监护基站设备,并由该基站装置将数据传输至所连接的 PC 或者其他网络设备,通过 Internet 网络将数据传输至远程医疗监护中心,由专业医疗人员对数据进行统计观察,提供必要的咨询服务,实现远程医疗。在救护车中的急救人员还可通过 GPRS 实现将急救病人的情况实时传送,以利于医院抢救室及时地做好准备工作。医疗传感器节点可以根据不同的需要而设置,因此该系统具有极大的灵活性和扩展性。同时,将该系统接入 Internet 网络,可以形成更大的社区医疗监护网络、医院网络,乃至整个城市和全国的医疗监护网络,其结构示意图如图 12.1 所示。

12.1.1 无线传感器网络的远程医疗监护系统概述

远程监护可以定义为通过通信网络将远端的生理信息和医学信号传送到监护中心进行分析并给出诊断意见的一种技术手段,因此远程监护系统一般包括三个部分:监护中心、远端监护设备和联系两者的通信网络。图 12.2 所示为一个简化的远程监护系统结构图。

1. 远端监护设备

根据监护对象和监护目的的不同,远端监护设备有多种类型,按用途可分为三类:一类为生理参数检测和遥测监护系统,这类设备的使用范围最为广泛,能帮助医生掌握监护对象的病情,并提供及时的医疗指导。检测的生理信息主要包括:心电图、脑电图、心率、血

图 12.1　无线传感网络与远程监护示意图

图 12.2　远程监护系统结构图

压、脉搏、呼吸、血气、血氧饱和度、体温、血糖等。第二类为日常活动监测设备,如监护对象的坐卧行走等活动状态和监护对象的日常生活设施使用情况,主要应用于儿童、老年人和残疾人。第三类是用于病人护理的检测设备,如瘫痪病人尿监测设备,可以降低护理人员的劳动强度。

2. 监护中心

监护中心可以位于急救中心、社区医院、中心医院或其他医护人员集中的场所,其功能为接收远端监护设备传送的医学信息,为远地患者提供多种医疗服务。

3. 通信系统

连接远端监护设备和监护中心的通信方式主要包括程控电话(PSTN)、交互电视、综合服务数字网(ISDN)、非对称数字用户线环路(ASDL)、光纤网(ATM)、微波通信、卫星通信、无线蜂窝通信(移动电话 GSM)等。

无线传感器网络的远程监护的支撑技术包括传感器技术、医学遥测技术、电子技术、通信技术、计算机技术及信息学等多个方面。

12.1.2　无线传感器网络的远程医疗监护系统硬件设计

本系统的设计和实现采用了模块化设计的思想。从功能模块上,该系统可分为数据采集模块、无线收发模块和通用串行总线接口传输模块。系统的硬件结构由两部分组成:一部分是数据采集和无线数据发射电路;另一部分是无线数据接收和通用串行总线接口电路。系统的总硬件结构如图 12.3 所示。

图 12.3　系统的总硬件结构

1. 无线监护传感器节点的设计

无线传感器网络节点的主要功能是采集人体生理指标数据,或者对某些医疗设备的状况或者治疗过程进行动态监测,并通过射频通信的方式,将数据传输至监护基站设备。其节点主要包括 5 部分:中央处理器模块(CPU)、无线数据通信模块、传感器、A/D 转换及相关调理电路、电源模块。节点框图和处理器单元如图 12.4 所示。

图 12.4　监护传感器节点结构

2. MSP430 系列单片机及其外围电路

处理器模块硬件系统包括处理器模块(16 位单片机 MSP430F149、存储器及外围芯片)、A/D 转换模块、串行端口、存储器模块。下面详细介绍各个组成部分。

(1) MSP430 系列单片机

MSP430F1×× 单片机采用 16 位 RISC 结构,其丰富的寻址方式、简洁的内核指令、较高的处理速度(8M 晶体驱动,指令周期 125ns)、大量的寄存器以及片内数据存储器,使之具有强大的处理能力。该系列单片机最显著的特点就是超低功耗,在 $1.8 \sim 3.6V$ 电压、1MHz 的时钟条件下运行,耗电电流为 $0.1 \sim 400\mu A$,RAM 保持的节电模式为 $0.1\mu A$,待机模式仅为 $0.7\mu A$。另外,工作环境温度范围为 $-40 \sim +85℃$,可以适应各种恶劣的环境。综合考虑处理器的性价比,在传感器节点设计中选用 MSP430F149,内嵌 8KB 的

Flash 和 256B 的 RAM。

微控制器实现功能如下。

① 操作无线收发芯片,为无线数传模块提供工作状态控制线和双向串行传输数据线。

② 实现传感器的数据采集、加速度、温度、声音和感光强度探测。

③ 数据处理,剔除冗余数据,以减小网络传输的负载和实现无线传输数据的封装与验证。

④ 应答远控中心查询,完成数据的转发与存储。

⑤ 区域内节点的路由维护功能。

⑥ 节点电源管理,合理地设置待机状态,以节省能量,延长节点使用寿命。

(2) 外围电路

复位电路如图 12.5 所示,采用二极管、电阻、电容构成低电平复位电路。

JATG 及 BSL 接口电路如图 12.6 所示,通过符合 IEEE 1149.1 的 JTAG 边界扫描技术,分别采用 TMS、TCK、TDI、TDO 模式选择、时钟、数据输入和数据输出线,可用于芯片测试仿真、在线编程,从而大大加快了工程进度。Pin12、Pin14 分别连接单片机的 P2.2 和 P1.1 脚,构成 BSL 电路,可以烧断熔丝保护程序,提高系统安全性。单片机采用低速晶振 32768Hz 和高速晶振 8MHz。

图 12.5　复位电路

图 12.6　JTAG 及 BSL 接口电路

(3) 实时时钟 SD2003A

SD2003A 是一种具有内置晶振、支持 PC 总线接口的高精度实时时钟芯片。该系列芯片可保证时钟精度为 ±4ppm(在 25±1℃下),即年误差小于 2 分钟。该系列芯片可满足对实时时钟芯片的各种需要及低廉的价格,比较适合本平台的使用。

该芯片功耗低,小于 $1.0\mu A$;工作电压为 $1.7\sim5.5V$;具有年、月、日、星期、时、分、秒的 BCD 码输入/输出;可以设定两路闹钟;内置电源检测电路、高精度晶振。引脚说明如表 12.1 所示。具体硬件连接图如图 12.7 所示。它采用纽扣电池 CR2032 供电,SDA、SCL、INT1 通过上拉电阻与单片机相连。

(4) 硬件节点物理索引号(ID)电路

DS2401 芯片是一个包含 48 位随机数的芯片,达拉斯公司承诺其生产的任何两片 DS2401 中包含的 48 位随机码都是不相同的。在无线传感器网络中,它既可以作为硬件

图 12.7　实时时钟芯片 SD2003A 硬件连接图

节点的唯一标识号,还可以作为无线通信的 MAC 层地址。SD2003 引脚功能如表 12.1 所示。

表 12.1　SD2003A 引脚功能

管脚	名称	功　　能	特　　征
1	$\overline{INT1}$	报警中断,输出脚,根据中断寄存器与状态寄存器来设置其工作的模式。当定时时间到达时,输出低电平或时钟信号。它可通过重写状态寄存器来禁止	N 沟道开路输出(与 V_{DD} 端之间无保护二极管)
2,3	NC	没有与芯片内部连接	悬空或接地
4	V_{SS}	负电源(GND)	
5	$\overline{INT2}$	报警中断 2 输出脚,根据中断寄存器与状态寄存器来设置其工作的模式。当定时时间到达时,输出低电平或时钟信号。它可通过重写状态寄存器来禁止	N 沟道开路输出(与 V_{DD} 端之间无保护二极管)
6	SCL	串行时钟输入脚,由于在 SCL 上升/下降沿处理信号,要特别注意 SCL 信号的上升/下降时间,应严格遵守说明书	CMOS 输入(与 V_{DD} 间无保护二极管)
7	SDA	串行数据输入/输出脚,此引脚通常用一个电阻上拉至 V_{DD},并与其他漏极开路或集电器开路输出的器件通过线与方式连接	N 沟道开路输出(与 V_{DD} 间无保护二极管) CMOS 输入
8	V_{DD}	正电源	

DS2401 芯片除了地引脚,只有一根功能引脚,芯片的供电、输入和输出都是同一引脚完成。

3. 脉搏测量电路的设计

对于透过型的脉搏传感器,其结构简洁,由红外发光二极管、光敏二极管和圆筒组成,如图 12.8 所示。本章选用对血流敏感的红外发光二极管作为光源,相应的光敏二极管也应选用中心频率与之配对的红外光敏二极管,且要选择暗电流小的管子,这样可以减少噪

图 12.8　脉搏传感器示意图

声干扰。在一个圆筒壁上挖两个小孔(两个孔与圆筒截面的圆心在一条直线上),一侧放红外发光二极管,另一侧放光敏二极管。当手指放入圆筒时,由于心脏压送血液的不同,手指上通过的血流量不同,其透光率不同。光敏二极管对不同的透光率有敏感的反映,通过的电流随血流量而变化,把电流的变化再转换成电压的变化,然后进行测量。这个电信号经过前置电路的处理,就可以进行计数测量了。前置电路由光电转换器、低通滤波器、同相放大器、施密特触发器和单稳态触发器等几部分组成。脉搏测量电路原理图如图 12.9 所示。

图 12.9　脉搏测量电路原理图

图中,光电转换器实际上是一个电流/电压转换器,它把光电二极管 VD1 的电流变化转换成电压的变化。当有红外光穿过时,VD1 导通,IC1A 就有变化的输出送至 IC14B;当手指遮住光线,没有红外光穿过时,VD1 截止,IC1A 没有输出。IC14B 组成低通滤波器电路,用以滤除干扰信号。IC14B 的输出信号经电容 C_{10} 耦合至 IC14A 组成的交流同相放大器,其电压增益为 $AF = 1 + 47/1 = 48$。IC14B 为一个施密特触发器,它是一个接正反馈的运放电路,R_{20} 为反馈电阻。只要输入信号有一点变化,在其输出端即可获得较大的电压摆动。IC13、IC13A 构成单稳态发生器,以保证单一脉冲的输出,脉冲宽度在 80ms 左右。将此脉冲信号送入单片机的 P3.4 口作为计数信号,每检测到一个脉冲计数器加1,从而得到脉搏数。

4. 通用模拟信号处理接口

在实际电路应用中,模拟信号采集是一个重要环节。通用模拟信号处理接口能够处理一些标准电压和电流信号(0～5V, 1～10V,0～10mA, 4～20mA),同时将微信号及差分信号做出精确的转换。该设计采用了 MSP430F149 中的 1 路 12 位 A/D 转换、Mrcrochip 公司的可编程增益放大器(Programmable Gain Amplifier AGP) MCP6S28 及简单的滤波保护电路来采集 8 路模拟信号,电路图如图 12.10 所示。

图中,精密电阻用来分压和将电流信号转换成电压信号,其电阻值可以根据需要做出

图 12.10　12 位精度 A/D 转换通用模拟信号采集电路

修改,只要保证 $CH_0 \sim CH_7$ 的电压不超过 2.5V(MSP430 单片机采用的参考电压为 2.5V)即可。稳压二极 BZX84BSV6LT1 用来保护意外干扰信号超过芯片 MCP6S28 引脚极限电压造成芯片损坏。电容和电阻组成简单的阻容式低通滤波器。MCP6S28 将放大器、MUX 和利用 SPI 总线选择的增益控制器整合在一起,从而有效提升系统的数码仿真控制效能。通过有效地控制增益和选择输入信道,得到更大的设计灵活性。同时,PGA 不需要反馈和输入电阻,可以大幅度减低成本并节省空间。

为了使系统能够测量差分信号且精度更高,采用 16 位自校准 0-E 模/数转换器 ADS 1100,该芯片带有差分输入和高达 16 位的分辨率,封装为小型 SOT23-6。转换按比例进行,以电源作为基准电压,ADS1100 使用可兼容的 I^2C 串行接口。

ADS1100 集成了自校准电路,对调节器的增益和偏移误差进行补偿,具体数据见电特性表。ADS1100 采用开关电容器输入级。对外部电路而言类似电阻,电阻值取决于电容器的值和电容的开关频率。对于 PGA 的增益而言,差分输入阻抗的典型值为 2.4M/PGA。共模阻抗的典型值为 $8M\Omega$。输入阻抗的典型值不能忽视,除非输入源为低阻抗,否则会影响测量精度。

ADS1100 的 SCL、SDA 引脚通过上拉电阻与时钟芯片及智能电池接口复用连接到单片机的 P6.3、P6.4 口上。

ADS1100 内有两个寄存器:输出寄存器和配置寄存器,它们均可通过 I^2C 端口访问。输出寄存器内含上一次 A/D 转换的结果;配置寄存器允许用户改变 ADS1100 的工作方式并查询电路的状态。

(1) 输出寄存器:16 位输出寄存器中含有上一次 A/D 转换的结果,该结果采取二进制的补码格式。在复位或上电之后,输出寄存器被清零,并保持为 0,直到第一次 A/D 转换完成。

(2) 配置寄存器:8 位配置寄存器用来控制 ADS1100 的工作方式、数据速率和可编程增益放大器(PGA)设置。配置寄存器的默认设置是 8CH,具体模式如表 12.2 所示。

表 12.2　配置寄存器

BIT	7	6	5	4
NAME	ST/BSY	0	0	SC
BIT	3	2	1	0
NAME	DR1	DR0	PGA1	PGA0

其中,ST/BSY 位表示它是被写入还是被读出。在单周期转换方式中,写 1 到 ST/BSY 位,导致转换开始;写 0,则无影响。在连续方式中,ADS1100 将忽略 ST/BSY 的值。

在单周期转换方式中读地,ST/BSY 表明模/数转换器是否忙于进行一次转换。如果 ST/BSY 被读作 1,表明目前模/数转换器忙,转换正在进行;如果被读作 0,表明目前没有进行转换,且上一次的转换结果存于输出寄存器中。在连续方式中,ST/BSY 总是被读作 1。

位 6 和位 5 为保留位,必须被置为 0。

SC 位用于控制 ADS1100 的工作方式。当 SC 为 1 时,ADS1100 以单周期转换方式工作;当 SC 为 0 时,ADS1100 以连续转换方式工作。该位的默认设置为 0。

位 3 和位 2(DR 位)用于控制 ADS1100 的数据速率,其控制方式如表 12.3 所示。位 1 和 0(PGA 位)用于控制 ADS1100 的增益设置,控制方式如表 12.4 所示。

表 12.3　DR 位

DR1	DR2	DATA RATE
0	0	128S/S
0	1	32S/S
1	0	16S/S
1	1	8S/S

表 12.4　PGA 位

PGA1	PGA0	GAIN
0	0	1
1	0	1
0	1	2
1	0	4
1	1	8

(1) ADS1100 的读操作:用户可从 ADS1100 中读出输出寄存器和配置寄存器的内容。但为此要对 ADS1100 寻址,并从器件中读出 3 个字节。前面的 2 个字节是输出寄存器的内容,第三个字节是配置寄存器的内容。从 AD1100 中读取多于 3 个字节的值是无效的。从第四个字节开始的所有字节将为 FFH。

(2) ADS1100 的写操作:用户可写新的内容至配置寄存器(但不能更改输出寄存器的内容)。为了做到这一点,要对 ADS1100 寻址,以进行写操作,并对 ADS1100 配置寄存器写入一个字节。

5. ZigBee 无线数据通信模块

(1) 2.4GHz 无线收发芯片 CC2420

CC2420 是 Chipcon 公司推出的一款符合 IEEE 802.15.4 规范的 2.4GHz 射频芯片,已经被用来开发工业无线传感及家庭组网等 PAN 网络的 ZigBee 设备和产品。该器件包括众多额外功能,是第一款适用于 ZigBee 产品的 RF 器件。它基于 Chipcon 公司的

SmartRF03 技术，以 $0.18\mu m$ CBIOS 工艺制成，只需极少外部元器件，性能稳定且功耗极低。CC2420 的选择性和敏感性指数超过了 IEEE 802.15.4 标准的要求，可确保短距离通信的有效性和可靠性。利用此芯片开发的无线通信设备支持数据传输率高达 250Kbps，可以实现多点对多点的快速组网。

（2）CC2420 芯片内部结构

CC2420 芯片的内部天线接收的射频信号经过低噪声放大器和 I/Q 下变频处理后，中频信号只有 2MHz。此混合 I/Q 信号经过滤波、放大、AD 变换、自动增益控制、数字解调和解扩，最终恢复出传输的正确数据。

发射机部分基于直接上变频。要发送的数据先被送入 128 字节的发送缓存器中，头帧和起始帧是通过硬件自动产生的。根据 IEEE 802.15.4 标准，所要发送的数据流的每 4 个比特被 32 码片的扩频序列扩频后送到 D/A 变换器。然后，经过低通滤波和上变频混频后的射频信号最终被调制到 2.4GHz，经放大后送到天线发射出去。

（3）配置 IEEE 802.15.4 工作模式

CC2420 先将要传输的数据流进行变换，每个字节被分组为两个符号，每个符号包括 4 个比特 LSB 优先传输。每个被分组的符号用 32 码片的伪随机序列表示，共有 16 个不同的 32 码片伪随机序列。经过 DSSS 扩频变换后，码片速率达到 2Mchip/s，此码片序列再经过 O-QPSK 调制，每个码片被调制为半个周期的正弦波。码片流通过 I/Q 通道交替传输，两通道延时为半个码片周期。

CC2420 为 IEEE 802.15.4 的数据帧格式提供硬件支持。其 MAC 层的帧格式为头帧＋数据帧＋校验帧；PHY 层的帧格式为同步帧＋PHY 头帧＋MAC 帧，帧头序列的长度可以通过寄存器的设置来改变。可以采用 16 位 CRC 校验来提高数据传输的可靠性。发送或接收的数据帧被送入 RAM 中的 128 字节缓存区进行相应的帧打包和拆包操作。

（4）CC2420 与 MSP430 单片机的连接

CC2420 与处理器的连接非常方便。它使用 SFD、FIFO、FIFOP 和 CCA 四个引脚表示收发数据的状态；处理器通过 SPI 接口与 CC2420 交换数据、发送命令等，如图 12.11 所示。

图 12.11　CC2420 与 MSP430 的 SPI 接口

CC2420 采用 SPI 接口，该接口由以下四线组成：SCLK、CS、SI、SO。片选信号低电平有效，也就是说，该信号被驱动成逻辑低电平时有效。相反，复位信号是高电平有效。该接口的使用步骤如下：

① 使 CS 变低，这是为了告知 CC2420，新的 SPI 通信周期开始了。

② 在芯片"被选"以后，开始驱动 SCLK 时钟信号。SCLK 不需要用固定频率驱动，并且可以有一个可变的服务周期。在 SCLK 信号上升沿，CC2420 对 SI、SO 上的数据进行取样。在 SCLK 信号下降沿，如果 SO 的操作模式是输出，CC2420 将改变 SO 上的数据。

当这一周期完成时，停止 SCLK 的驱动，并将 CS 信号变高。

当 CC2420 的 SFD 引脚为低电平时，表示接收到了物理帧的 SFD 字节。接收到的数据存放在 128 字节的接收 FIFO 缓存区中，帧的 CRC 校验由硬件完成。

CC2420 的 FIFO 缓存区保存 MAC 帧的长度、MAC 帧头和 MAC 帧负载数据三个部分，不保存帧校验码。CC2420 发送数据时，数据帧的前导序列、帧起始分隔符以及帧检验序列可设置由硬件产生；接收数据时，这些部分只用于帧同步和 CRC 校验，不会保存到接收 FIFO 缓存区。

6. 键盘、显示接口电路设计

无线传感器网络节点对功耗要求比较高，系统中设计了几个按键和 LED 状态显示。由于上位机软件还未得以开发完全，为了调试方便，采用 16 个按键和 LCD 显示，接口可以随意插拔，主要用于初期设置参数，在具体工作时不使用。当上位机软件开发完毕后，可以通过串口或无线的方式设置参数。

(1) A/D 转换 16 个按键

该设计采用单片机的一通道 12 位 A/D 转换器来测量扫描 16 个按键的动作，只支持单个按键。如果同时按下两个或两个以上的按键，A/D 会采集到错误的电压值，程序不响应，或者给出错误的键值。按键、输入电压及 A/D 转换值的理论对应关系如表 12.5 所示。

键盘接口电路图如图 12.12 所示，当不同的按键被按下时，A/D 转换器的电压不同，通过 A/D 转换值可以判断出哪个按键被按下。A/D 转换结果共有 12 位，采用高 8 位为判定标准。图 12.12 所示是近似理论值，在实际中不可能得到很准确的 A/D 转换值，存在以下几种误差。

① 对于同一个电压值，A/D 多次转换的结果不可能完全相同。

② 电阻的误差。电阻由于工艺及其温度的原因，存在不稳定误差，所以不能得到很准确的分压。本设计中采用电阻精度为 1‰，能够很好地完成按键辨识工作。

本设计中采用 12 位 A/D 转换数据中的前 8 位，允许误差是 ±4，将其如下换算。

每个按键输入电压允许误差：$\pm (4/256) \times 2.5 = +0.039$(V)。

每个按键分压电阻允许误差：$\pm [0.039/(3/200000)] = +2600$(Ω)。

因此，经过 A/D 转换，实际转换值在允许误差之内：(理论值－4)＜实际转换值(高 8

位)<(理论值＋4)，则认为按键被按下，否则程序不响应。

表 12.5　按键、输入电压及 A/D 转换值对应关系表

按　键	转换电压/V	A/D 转换结果	判断有效值
无	0	000H	00H
K0	0.15	0F6H	0FH
K1	0.30	1ECH	1EH
K2	0.45	2E1H	2EH
K3	0.60	3D7H	3DH
K4	0.75	4CDH	4CH
K5	0.90	5C3H	5CH
K6	1.05	68BH	68H
K7	1.20	7AEH	7AH
K8	1.35	8A4H	8AH
K9	1.50	99AH	99H
K10	1.65	A8FH	A8H
K11	1.80	B85H	B8H
K12	1.95	C7BH	C7H
K13	2.10	D71H	D7H
K14	2.25	E66H	E6H
K15	2.40	F5CH	F5H

　　在电阻选用上，要注意电阻的累积误差。在图 12.12 中，采用精度为 1% 的电阻，远远满足对电阻误差的要求，电阻值不会超出允许范围，采集到错误的电压值。在按键消抖方面，当检测到按键被按下后，开始读取键值，每隔 8ms 读一次键值，直到连续 4 次读取的键值完全相同，则认为抖动已经消除，消抖时间为 8ms×4＝32ms。

图 12.12　A/D 转换按键图

（2）液晶显示

　　液晶采用北京青云科技公司的 LCM12832ZK，按照每个中文字符 16×16 点阵将显示屏分为 2 行 8 列，共 16 个区，每个区可显示 1 个中文字符或 2 个 16×8 点整全高

ASCII 码字符,即每屏最多可实现 16 个中文字符或 32 个 ASCII 码字符显示。内部提供 128×2 字节的字符显示 RAM 缓冲区(DDRAM)。字符显示是通过将字符显示编码写入该字符显示 RAM 实现的。根据写入的内容不同,分别在液晶屏上显示 CGROM(中文字库)、HCGROM (ASCII 码字库)及 CGRAM(自定义字形)的内容。三种不同字符/字形的选择编码范围为:0000H~0006H 显示自定义字形,0002H~007FH 显示 ASCII 码字符,A1A0H~F7FFH 显示 8192 种 GB2312 中文字库字形。字符显示 RAM 在液晶模块中的地址为 80H~97H。字符显示的 RAM 的地址与 16 个字符显示区域有着一一对应的关系。

12.1.3　无线监护传感器节点的底层代码设计

1. 底层软件整体构架

系统使用三种频率,按照需要作为时钟:手表晶振 32768Hz(f_{low})、内部 1MHz(f_{DCO})具体分频外部高频晶振 8MHz(f_{high}),补偿及安排在下面的章节详细介绍。本系统占用资源和安排如下。

(1) 测频率及计数

占用单片机 16 位定时器 Timer_A,采用捕获触发系统来计算频率,TSL230B、测频通道 1、2 连接到单片机的 P1.1~P1.3 用来作为 Timer_A 的 CCI 0~2A 的捕获输入端。测量时采用主频率为 f_{high},以满足系统高频率测量。测量方式可以是被动的 I/O 口外部中断,或是系统按一定的时间间隔进行相关测量。

(2) 12 位 A/D 转换

外部 8 通道的模拟输入通道占用系统 12 位 A/D 转换的一个输入引脚,电池电压和 16 个按键各占用一个 I/O 口(A_0、A_1、A_2),系统主频采用 f_{high},以提高系统速度。参考电压采用内部 2.5V 参考电压。

(3) SPI 接口

MSP430F149 具有两个硬件 SPI 接口。同时,由于引脚的复用,可以用软件模拟的方法处理。存储器 FM25C256、MCP6S28 共用一个 SPIO 接口,无线模块及以太网芯片 ENC28J60(预留本系统未用)占用另一个 SPI1 接口。使用 SPI 接口时,主系统频率采用 f_{DCO}。

(4) 1-Wire 接口

设计中,DS2401 连接到单片机引脚中,采用软件模拟时序的方法进行通信。主系统频率采用 f_{DCO}。

(5) I²C 接口

SD2003、ADS1100 共用一个 I²C 接口,SHT 11 由于要保护数据,将数据线分开。液晶 LCM 12832ZK 采用的类似于 I²C 接口。由于时序及通信协议不太一样,所以另外占用三个引脚,其中一个为使能端。FG439 单片机没有硬 I²C 接口,所有的程序采用软件模拟进行通信。主系统频率采用 f_{DCO}。

(6) USART 接口

单片机的两个串口分别为无线模块和 RS-232 电平转换芯片所用。系统主频为精度

更高的 f_{high}，以降低波特率的误差。

其他通用 I/O 用于器件的设置及电源的管理。MSP430F149 内部除了比较器之外，所有的资源都在设计中得到应用。

主程序设计思路为系统在初始化以后（所有器件处于休眠模式）打开全局中断_EINT，进入超低功耗模式 LPM3，系统按照初始设计的内容进行操作，通过中断的方式唤醒系统来执行相关任务。

2. 底层代码设计

IAR 的 Enbedded Workbench 为开发不同的 MSP430 目标处理项目提供了强有力的开发环境，并为每一种目标处理器提供工具选择。为开发和管理 MSP430 嵌入式应用提供了极大的便利。

在程序设计中，采用模块化设计。低功耗软件设计为整个程序设计的主要思想，是指在程序中，系统不工作时处于低功耗状态，采用时钟和其他中断来唤醒系统进行测量工作，以降低能量损耗。下面详细介绍底层代码的设计。

(1) 时钟系统的设置

单片机系统的基础时钟模块有 3 个时钟源，目前系统中都运用到。f_{low}、f_{DCO}、f_{high} 都可以用作系统的主系统时钟（MCLK），用于 CPU 和系统。f_{low}、f_{DCO} 可通过选择应用于辅助时钟（ACLK），f_{DCO}、f_{high} 可用作子系统时钟（SMCLK），ACLK、SMCLK 都可由软件选择应用于各外围模块。所有的信号都可以经过 1、2、4、8 分频做出应用，在整个软件设计中可以根据需要做合适的设置。主系统工作主要是用内部振荡器产生的频率（DCO），在低功耗模式中采用的是低频晶振，其他的频率安排在上节中已经说明。以下程序为 DCO 的设置，并对当前频率进行检测补偿，弥补 DCO 输出频率不准的缺点。

单片机时钟系统 DCO 的设置程序如下。

```
void Set_DCO (void)                  //设置 DCO 为 1MHz,并作频率补偿,提高精度
{
    unsigned int Compare, Oldcapture = 0;
    CCTL2 = CM_1 + CCIS_1 + CAP;     //计时器为捕获模式
    TACTL = TASSEL_2 + MC_2 + TACLR;
    while (1)                        //采用计数器计算当前时钟频率
    {
        while (!(CCIFG & CCTL2));     //等待捕捉模式
        CCTL2& = ~CCIFG;             //清除捕捉中断标记
        Compare = CCR2;
        Compare = Compare - Oldcapture;
        Oldcapture = CCR2;
        if (DELTA == Compare)   break;
        else if (DELTA < Compare)
        {
            DCOCTL -- ;
            if (DCOCTL == 0xFF)          //频率过高
            {
                if (!(BCSCTLI == (XT2OFF + DIVA_3)))
                    BCSCTLI -- ;
```

```
            }
        }
        Else
        {
            DCOCTL++;                                  //频率过低
            if (DCOCTL = 0x00)
            {
                if (!(BCSCTLI = (XT2OFF + DIVA_3 + 0x07)))
                    BCSCTLI++;
            }
        }
    }
    CCTL2 = 0;                                         //清除 CCR2
    TACTL = 0;                                         //关闭 Timer_A
}
```

（2）通用软件包的设计及应用

在本系统中有很多器件采用相同的接口，具有相同的通信时序。在程序设计中，建立了不同的头文件和驱动程序，相同接口的器件可以调用相关的头文件和驱动程序，以减少系统的代码量，简化程序设计。SPI 接口的主要程序如下。

```
SPI0Hardware.c
void Init_SPI0()
{
    P3SEL = 0x0e;                          //设置 P3 为 SPI 模式
    P3OUT == 0x20;
    U0CTL = CHAR + SYNC + MM + SWRST;      //8 位数据模式,主机方式
    U0TCTL = CKPL + SSEL1 + STC;           //3 线方式
    U0BR0 = 0x002;                         //SPICLK = SMCLK/2,波特率设置
    U0BR1 = 0x000;
    U0MCTL = 0x000;
    ME 1 = USPIE0;
    U0CTL& = ～SWRST;                      //允许 SPI 通信
    IE1| = URXIE0;
}
Void   SendByteSPI0(unsigned char n, unsigned char * p)   //n 为数据个数
{
    for (;n! = 0;n-- )
    {
        TXBUF0 = * p;
        P++;
    }
}
# pragma vector = USARTORX_VECTOR       //中断接收数据程序
__nterrupt void SPI0 - RX(void)
{...}
```

（3）模拟量、开关量测量的代码设计

模拟量采集采用 1 路 12 位 A/D 转换，1 路 SPI 接口（采用三线制）构成 12 位 A/D。

在数据采集时,需要先设置 MCP6S28,然后进行转换。

设置 MCP6S28 的指令寄存器:000× ×××0,增益寄存器:×××× ×000,通道寄存器:×××× ×000。直接调用 SPIOHardware.c 中的函数,发送 16 位数据进行设置。系统内部需要 12 位 A/D 转换的 A0(按键读数,中断方式读数)、A1(电池电压读数)、A2(传感器模拟量数据测量)。其中 A0、A2 需要对单通道重复测量,以多次测量求平均。A1 只需单通道单次测量即可。A2 测量初始化函数如下所示,所测量的数据在中断函数中的 ADC 12MEM0 中读取:

```
void A2ADC 12Iintal (void)
{
    P6SEL| = BIT2;                      //选取复用 I/O 口第二功能
    ADCI2CTL0 = ADC 12ON + SHT0_ 8 + MSC;   //打开 A/D 转换
    ADCI2CTL1 = SHP + CONSEQ_ 2;         //采样时间设置
    ADC12IE = 0x01;                     //允许中断 ADC 12IFG.0
    ADC12CTL0| = ENC;                   //允许转换
    ADC12CTL0| = ADC12SC;               //开始转换
}
```

(4) 串口通信程序设计

这里的串口通信程序主要是 MSP430 与 PC 之间的通信,也可以用于单片机与 PC 之间的通信。串口通信是 MCLK 选用 XT2,ACLK 选用 LFXT 1,串行通信模块使用 USARTO,波特率时钟采用 ACLK,波特率为 9600bps,串行通信模式为 1 位起始位＋＋g 位数据位＋＋1 位奇校验位＋＋1 位停止位。将串行通信接收中断打开,在中断函数中将收到的数据放入缓冲区。发送不要中断,每发送一个字节后,通过查询标志位的方式判断是否发送完毕。程序流程图如图 12.13 所示。

串口初始化及数据发送程序如下:

图 12.13　程序流程图

```
void  UartInit()                        //串口初始化程序
{
    USART_SEL | = UTXD0 + URXD0;        //选择引脚的第二功能
    UCTL0 = CHAR + PENA + SWRST;
    UTCTL0 = SSEL0;
    UBR00 = 0x03;                       //设置波特率为 9600bit/s
    UBR 10 = 0;
    UMCTL0 = 0x4a;
    UCTL0& = ～SWRST;
    ME1| = UTXE0 + URXE0;
    IE1| = URXIE0;                      //打开接收中断
}
void  USART0_Sendbyte(unsigned char * pbuff, unsigned char n)  //发送数据
{
    unsigned char i;
```

```
for (i = 0;i < n, i++)
{
        while ((IFG1&UTIFG0) == 0);          //判断是否发送完毕
        TXBUF0 = * pbuff;
        pbuff++;
}
}
```

3. 无线传感器网络通信协议

本设计采用 ZigBee 实现图 12.14 和图 12.15 所示的两种网络。对 ZigBee 编程时，需要注意接收、发送、休眠模式之间需要一定的稳定时间；在发射增益、帧听周期、休眠切换、数据速率之间获取能量、距离、速度最优。通过串口 2 收发数据。

图 12.14　星状网络　　　　　　　　　　图 12.15　网状网络

为了实现两种结构，需要专门定制通信协议；同时，由于无线部分在硬件上不具备自动唤醒功能，为了达到节能目的，必须通过软件方式，采用合理的通信协议来保证节能的同时不丢失数据。协议的第一件事就是识别噪声和有效数据。通过测试和实验发现，0xFF 后跟 0xAA、0x55 在噪声中不容易发生，通信协议应该在数据包之前加开始字节，于是将通信数据包格式制定为如表 12.6 所示。

表 12.6　无线传感器数据包格式

Header1	Header2	Header3	Length	Mode	HostID	LocalID	DestID	Data n	CheckSum
0xFF	0xAA	0x55	1byte	1byte	1byte	1byte	1byte	n byte	1byte

Length 为数据包的长度；Mode 是传输模式：数据、命令、应答、星状传输或点到点转发；HostID 为主机地址；LocalID 为本机地址；DesID 为目标地址；Data n 为传输的数据或指令（$n<20$）；Checksum 为数据校验和防止数据出错。该数据包可以修改，以适应不同的应用。

（1）星状网络拓扑的实现

在星状网络中，NC 负责维护网络，$N_1 \sim N_4$ 所有数据必须通过 NC 节点进行通信，所有节点必须在 NC 的覆盖范围内部，对 NC 节点的要求比较高。

在 NC 向 $N_1 \sim N_4$ 通信时，只需要知道 HostID 和 DesID 地址即可。在 $N_1 \sim N_4$ 向 NC 同时发数据时，会出现同频干扰现象，系统采用时分 TDMA(Time Division Multiple Access)技术，把 NC 与任意 N 节点的通信采用时分的方式分开，NC 通过扫描的方式与

各台节点进行单个通信,这样,系统中 NC 与子节点成为点对点
通信方式。这种网络方式的实现比较简单,也是目前比较常用
的拓扑结构,其主程序流程图如图 12.16 所示。

协议主要把数据分割成一定格式的数据,并增加一些额外
的信息,形成打包过程,同时在接收端去掉额外信息,完成解包
过程。下面是请求握手函数:

```
void Handshake (unsigned char uint)
{
    unsigned char buff[8];
    buff [0] = 0xff;
    buff[1] = 0xaa;
    buff[2] = 0x55;
    buff[3] = 0x05;            //长度为 5
    buff[4] = 0x01;            //模式设置定义为请求握手包
    buff[5] = 0x00;            //主机地址
    buff[6] =  uint;           //目标地址
    buff[7] = (buff[3] + buff[4] + buff[5] + buff[6]);
    USART1_ Sendbyte(buff,8);  //发送数据包子程序
}
```

图 12.16　主程序流程图

其他数据包或应答包的组成与上述程序类似。其解包的过程将所获的数据进行分析
比较,并发送应答。由于代码比较长,这里不再列出。

(2) 自组织网状网络通信协议

目前关于无线传感器网络的通信协议研究得比较多,已经取得一定的成果,但很多通
信协议在资源受限的无线传感器网络节点中很难实现,只局限于 NS2/OPNET 等仿真平
台的实现。这里针对网状网络提出了一套用于实现节点自组织和数据多点跳传的通信协
议。网状网络是真正意义上的无线传感器网络的通信协议之一,虽然有一定的缺点,但比
较适合本平台应用的拓扑结构。在点对点转发模式下,程序流程图如图 12.17 所示。

数据包还是采用表 12.6 的定义。在模式中,高 3 位表示级别,低 5 位是模式位。
Data n 高 4 位为中转次数,低 4 位为有效数据长度。数据校验采用数据和校验方式。数
据包中转数据次数有限,最多为 16 次。当超过这个次数而且没有达到最终地址时,该数
据包会被自动丢弃。

在节点自组织前,它们的路由表都是空白的。自组织过程中,只能用广播的方式联系
其他节点。广播的数据包格式如下:

0xff	0xaa	0x55	0xff	DestID	HostID	0x00

由于目的和最终地址未知,所以用 FFH 表示更新路由命令,HostID 表示本次广播的
地址。00H 表示数据包无中转,无有效数据。收到该广播的节点可以根据广播者的地址
更新自己的路由表。应答广播时的应答数据包格式如下:

0xff	0xaa	0x55	0xff	HostID	0x00

图 12.17　整体程序流程图

其中，DestID 表示应答对象的地址，FF 表示更新路由命令，HostID 表示应答者的地址。收到应答的节点可以根据应答者的地址更新自己的路由表。

现打开各个传感器节点的电源，使它们均处于帧听状态。然后，将这些节点随机地分布在待监测区域，但必须保证至少有一个节点处在基站节点的信息范围内，随机分布如图 12.18 所示，大圆表示对节点的通信范围。N_4 为基站，N_1 就处于基站节点的信号范围内。

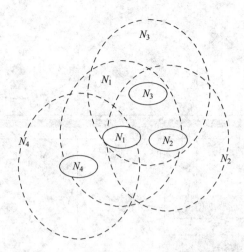

图 12.18　传感器节点和基站节点随机分布图

节点布置以后,由基站 N_4 发起自组织开始命令,基站节点广播(默认基站节点级别为 0)。N_1 收到该广播后作出应答,并定义自己的级别为 1,基站节点根据收到的应答更新其路由表。N_1 节点收到基站节点的应答信号后,开始广播。N_2、N_3 收到广播信号并应答,并将自己定义为 2 级节点。这样,每个传感器节点会得到一张路由表。这张表把能与自己直接通信的节点按类别保存,如表 12.7 所示。

表 12.7　基站节点的路由表

节点	地址编号	地址级别	上级节点	同级节点	下级节点
N_4	4	0	...	...	N_1
N_1	1	1	N_4	...	N_2,N_3
N_2	2	2	N_1	N_3	...
N_3	3	2	N_1		...

在自组织过程中,某些节点可能会收到来自不同级别的其他节点的广播。根据上面的规则,节点会定义自己为几个不同的级别,程序取其最小的作为自己的级别。为了避免多个应答信号造成链路堵塞,节点发出应答信号前要有一段延时。延时应答的时间是根据广播者编号和本机编号的乘积决定的。通过路由表实现网状网络。

4. 系统设计方案

(1) 医院监护网络体系方案

医院监护系统由有线网络(局域网)和无线网络两部分组成,如图 12.19 所示。患者身上佩戴的 ZigBee 终端与邻近的 ZigBee 接入点建立无线链路和逻辑连接,将采集到的生理信息数据(体温、脉搏、血压等)发送到 AP(Access Point)。AP 通过医院的局域网,将数据转发到监护服务器上,由服务器端的软件对数据进行分析和处理。

工作流程如下所述:AP 上电后,立即尝试连接局域网上的服务器,服务器的 IP 和端口号以及 AP 的网络配置都写在配置文件中,用户可以手动修改,连接成功后进入就绪状态。

图 12.19   医院无线监护系统结构

如果有携带 ZigBee 移动监护设备的患者进入 AP 的覆盖区域,ZigBee 移动监护设备将会查询到 AP 并与之建立 ACL 链路。AP 接受连接,将会进行主从切换,保证 AP 作为传感器网络的主单元可以继续被其他 ZigBee 移动监护设备发现和建链。之后,ZigBee 移动监护设备和 AP 之间进行 SDP、L2CAP、RFCOMM 连接。AP 向服务器报告有 ZigBee 移动监护设备进入该区域。此后,AP 将透明地转发 AP 和 ZigBee 移动监护设备之间的双向数据。主机可以通过 AP 和 ZigBee 移动监护设备的串口替代功能完成控制、数据采集的功能。当患者离开此 AP 的覆盖范围后,链路中断,AP 向服务器报告 ZigBee 移动监护设备离开该区域,同时患者携带的 ZigBee 移动监护设备开始搜索新的 AP。医护人员根据 ZigBee 移动监护设备与哪一个 AP 相连,可以获知患者在整个病区内的活动情况。

（2）家庭监护网络体系方案

远程家庭监护网络体系结构如图 12.20 所示。ZigBee 无线系统主要由 ZigBee 无线传感器节点(脉搏传感器节点)、若干个具有路由功能的无线节点和 ZigBee 中心网络协调器(监护基站设备)组成。监护基站设备连接 ZigBee 无线网络与以太网,是家庭无线网络的核心部分,负责无线传感器网络节点和设备节点的管理。脉搏生理数据经过家庭网关传输到远程监护服务器。远程监护服务器负责脉搏生理数据的实时采集、显示和保存。其他的监护信息,如体温、血压、血氧等也可以传输到服务器。医院监护中心和医生可以登录监护服务器,查看被监护者的生理信息;也可以远程控制家庭 ZigBee 无线网络中的传感器和设备,从而在被监护病人出现异常时,能及时检测到并采取抢救措施。被监护者的亲属等也可以登录监护服务器,随时了解被监护者的健康状况。

总之,本章在介绍无线传感器网络概念与应用的基础上,研究和探讨了将无线传感器网络运用到医疗监护领域的背景和可行性,重点介绍了监护传感器节点的硬件设计及底层代码的编制,并对整体设计进行了实验调试,得到不错的效果和数据。

当无线远程医疗系统发展成为一个成熟的医疗产品时,传统的医疗模式将被打破,一种全新的基于互联网的医疗监护体系将会形成。它以医院为核心,面向社区、家庭与个

图 12.20 远程家庭监护网络体系结构

人,通过互联网联系组成一个有机整体,保证人们无论在医院内、外,甚至偏远地区,均能得到及时、有效、专业的医疗诊断和治疗,从而大大提高医疗水平,使人们的生活质量越来越好。

12.2 基于无线传感器网络的光强环境监测系统设计

近年来,随着人们对环境问题的关注程度越来越高,所需要知道的环境数据越来越多,国家和各级地方针对环境问题所制定的政策、法律、规定和标准也越来越多,环境监测的重要性随之体现出来。环境监测的核心目标是采集能够代表环境质量现状及其发展变化趋势的数据,并通过这些数据判断环境质量,评价当前环境所存在的主要问题,为环境管理服务。在环境监测方面主要有有线监测和无线监测两大类主要的监测方式。

随着无线传感器网络的出现及大规模普及,为环境监测随机而高效地获取节点数据提供了可能,同时可以避免由于采集数据而对环境造成的破坏。利用无线传感器网络,可以将大量的传感器节点通过飞机散播等方式随机部署在监测区域内,既实用又便捷,采集的信息可靠性又高。

12.2.1 环境监测系统需求分析

环境监测是环境保护的重点,其目的是要准确、及时、全面地反映环境现状,为环境管理、控制污染、环境规划、环境保护等提供科学的依据。和传统的环境监测相比,使用无线传感器网络进行环境监测有以下三个显著的优点:首先是无线传感器节点体积小、方便部署,可以极大地减少部署节点时人为因素对所要监测的环境区域的影响、破坏。其次是传感器节点数量众多、分布广,可以全面地采集被监测区域的数据。大量的监测数据为后续的分析工作减少了误差,提供了更加科学的依据。最后,无线传感器节点本身具有一定的数据计算能力和数据存储能力,可根据需要进行较为复杂的、有计算和存储要求的监控。另一方面,节点的无线通信能力使得节点间的协同工作成为现实。

本系统的总体目标如下。

（1）裁减操作系统的核心代码量，以弥补由于节点的小体积所带来的内存空间有限的影响，使其在有限的空间中可以高效地管理硬件。

（2）针对本系统应用特点，选择与之相匹配的硬件平台。

（3）由于本应用系统的节点数量众多且其分布的环境不利于随意地补充节点的能量，所以要求节点具有一定的持续性和稳定性，并且应具有低功耗的性能。

（4）传感器节点数量众多以及运行环境的特殊性，要求运行在单个节点上的操作系统具有健壮性。

（5）无线传感器网络中的节点由于受到周围环境或电源耗尽等原因的影响而失效并且维护困难。这就要求无线传感器网络操作系统必须具有很强的容错性，以保证系统具有高强壮性。当网络的软、硬件出现故障时，系统能够通过自动调整或自动重构纠正错误，保证网络正常工作。

12.2.2　系统结构体系设计

本设计采用层次型的体系结构，如图 12.21 所示。

图 12.21　系统体系结构

每一个节点都将自己采集的环境监测数据发送到汇聚节点；汇聚节点将收集到的传感器节点数据集中后，经由网关发送到与 Internet 直接相连的基站计算机上；基站计算机将汇聚节点发送过来的数据通过 Internet 发往数据库服务器；此时，远程用户就可以通过网络访问数据中心的数据，达到监测环境的目的。

由于传感器节点具有一定的数据计算和通信能力，因此在将数据传送到网关前可以对数据进行初步的、简单的处理，以减轻网络的传送负担，节省节点能量，延长节点使用寿命。

12.2.3　系统功能模块设计

系统设计主要分为硬件平台设计和软件设计两大部分。

1. 系统硬件模块设计

结合系统的实际应用及需求，选用由 U. C. Berkeley 大学研制，Crossbow 公司生产的 Mica 系列节点，传感器节点的硬件构架如图 12.22 所示，节点实物图如图 12.23 所示。

图 12.22　传感器节点硬件架构　　　　图 12.23　节点实物图

（1）微控制器模块

本设计采用的节点微控制器是 Atmel 公司的 ATmega128L 单片机，其主要特点如下：

① 先进的 RISC 精简指令集结构。大部分指令是单时钟周期指令；拥有 32 个 8 位通用工作寄存器和外围接口控制寄存器；采用全静态操作的工作方式；微控制器工作在 16MHz 下；片内带有两个时钟周期的硬件乘法器。

② 非易失性程序和数据存储器。内部拥有 128KB 的在线可重复编程 Flash 和 4KB EEPROM，擦写次数均可达到 10 000 次；BOOT 区独立的加密位使得写操作真正可读，并且实现了片内引导程序的系统编程；拥有 4KB 内部的 SRAM 和在线可编程 SPI 接口。

③ 带有符合 IEEE std. 1149.1 标准的 JTAG 接口，便于节点调试。通过 JTAG 接口连接 JTAG 仿真器，可方便地实现程序的在线调试和仿真。调试过后的正确代码又可通过 JTAG 接口写入 ATmega128L 的 Flash 代码区。

④ 外设特点。拥有 2 个 8 位定时器/计数器、2 个扩充的 16 位定时器/计数器；片内模拟比较器、1 个实时计数器、2 通道 8 位 PWM、6 通道 PWM、输出比较调节器、8 通道 10 位 A/D 转换、8 个单端通道、7 个微分通道、2 个增益的微分通道；两线（I^2C）串行接口、二路可编程串行 UART 接口、主/从 SPI 串行接口、可编程看门狗定时器。

⑤ 特别的 MCU 特点。具有五种睡眠模式：空闲模式、ADC 噪声抑制模式、省电模式、掉电模式、待命模式、扩展待命模式；可通过软件编程的方式来选择时钟频率；具有多种内外中断模式，可极大地减少系统设计时的查询需要，方便地设计出上电复位和可编程的低电压检测。

⑥ 拥有 53 个可编程的 I/O 端口和 64 个引脚的 TQFP 和 MLF 封装。

⑦ 工作电压为 2.7～5.5V。电压动态范围较大，可适应各种恶劣的工作环境。

（2）通信模块

通信模块使用 Chipcon 公司推出的符合 2.4GHz IEEE 802.15.4 标准的射频收发器——CC2420。CC2420 的主要特性如下。

工作频带范围为 2.400～2.4835GHz；所采用的直接序列扩频方式符合 IEEE 802.15.4 规范要求；数据速率可达 250Kbps，码片速率可达 2Mchip/s；调制方式为 O-QPSK；超低电流消耗和高接收灵敏度；抗邻频道干扰能力强；内部集成有 VCO、LNA、PA 以及电源整流器，采用低电压供电，可编程控制输出功率；符合 IEEE 802.15.4 标准的 MAC 层硬件可自动生成帧格式、同步插入与检测和电源检测；提供完全自动的 MAC 层安全保护；易配置与控制微处理器的接口；采用 QLP-48 封装。

CC2420 接收数据时，从无线接收到射频信号后，经过低噪声放大器，在正交下将频率变更为 2MHz 的中频，形成同相分量和正交分量。同相分量信号和正交分量信号经过滤波、放大后，直接通过模/数转换器转换成数字信号，最后按需求对数字信号进行后续的处理。CC2420 发送数据时，使用正交上变频。基带信号直接被数/模转换器转换为模拟信号，通过低频滤波器，直接变频到事先设定的信道上。

CC2420 内部使用 1.8V 工作电压，适合任何由电池供电的设备；外部数字接口使用 3.3V 电压，可保持和 3.3V 逻辑器件的兼容性。其片上集成了一个直流稳压器，能够把 3.3V 电压转化成 1.8V 电压，保证只有 3.3V 的电源设备在不需额外变压器的前提下能够正常地工作。

（3）传感器模块

本设计采用的光热传感器如图 12.24 所示，其电路图如图 12.25 所示。

图 12.24　光热传感器实物图

图 12.25　光热传感器电路图

该光热传感器可与本设计所用节点相配合,适用于良好环境下的温度及光强监测。

（4）电源

该节点使用两节 5 号电池供电,成本低、购买方便。

2. 系统软件模块设计

系统软件设计的流程图如图 12.26 所示。

系统开始工作后,首先调用函数,完成硬件引脚初始化和节点硬件初始电压的设置、相关组件的初始化工作。初始化工作结束后,节点就开始采集数据的工作了;环境监测数据采集成功后,开始进行数据的接收工作;在确定数据全部接收完毕后,节点进入休眠状态,此时打开定时器、中断,在定时器定时时间到了之后,节点的这一轮工作告一段落,开始进入下一轮新的工作。

12.2.4　系统实现

本节是在前面系统分析与设计的基础上,实现了系统的硬件功能模块和软件功能模块。

软件功能模块主要实现了基于 TinyOS 的调度机制和消息通信机制,利用 TinyOS 自带的模拟仿真软件 TOSSIM 对程序进行调试,并通过模拟得到节点采集光强测量值的数据及曲线。

图 12.26　系统软件设计
流程图

1. 系统硬件功能模块实现

本设计所选用的传感器节点由传感器模块、处理器模块、无线通信模块和能量供应模块这四个部分组成,如图 12.27 所示。

图 12.27　无线传感器节点结构

传感器模块的主要责任是采集被监测区域内的光强信息并进行一定的数据处理;处理器模块主要负责处理传感器节点采集的数据信息。对自身采集的数据以及其他节点发来的数据进行存储和处理;无线通信模块负责传感器节点之间的无线通信工作;能量供应模块为传感器节点提供保证正常运行所需的能量。

这四个模块之间都各自预留有接口,这样做的好处是可以为系统升级和维护提供便利,并且降低维护成本。

采用这种分模块设计的方法可以有效地提高系统的扩展性和灵活性。由于无线传感器节点定义有统一、完整的接口,当需要添加新的传感器节点或其他硬件部件时,可以在

现有的无线传感器网络中直接添加,不需要重新建立无线传感器网络;也可根据在不同
应用环境下选择不同的组件进行自由配置,形成系统。

2. 系统软件模块实现

(1) 基于 TinyOS 的调度机制

TinyOS 采用"任务＋事件"的二级调度机制。

① TinyOS 的任务调度机制实现 TinyOS 将全部要执行的任务放在一个任务队列
中。在该任务队列中的任务依照 FIFS(First In First Service)的原则,按照进入任务队列
的先后次序依次执行。在程序执行的过程中,任务被依次执行,而不允许相互抢占其他任
务的执行;但是在遇到硬件中断事件的时候,能够被打断。在进行事件处理的时候,程序
可通过使用关键字 post 声明该程序即将把一个需要执行的任务通过调用任务声明函数
TOS_post 添加到任务队列当中。当该任务执行完成后,需要从任务队列中撤出时,可以
调用函数 TOSH_run_task 将该任务从队列中撤出。当队列中没有任务时,处理器将进
入睡眠状态,直到有其他事件进入队列时才被再次激活,并重新开始执行新的工作。
TinyOS 的任务调度机制实现过程如图 12.28 所示。

图 12.28　TinyOS 的任务调度机制实现过程示意图

② TinyOS 的事件驱动机制

事件驱动机制完成的是一整套符合无线传感器网络特点、满足无线传感器网络要求
的操作,如命令的调用、事件的通知、任务的生成、任务调度机制的协同等功能。

在前面的任务调度机制的实现中已经分析了,当没有事件需要处理的时候,处理器处
于休眠状态。只有当有事件需要处理时,处理器才会被唤醒,且当处理器被唤醒后,一切
与事件相关联的操作都会在极短的时间内被处理完毕。TinyOS 的这种特性可以最大限
度地限制能量消耗,有效地延长系统的使用寿命。

TinyOS 事件驱动机制的流程示意图如图 12.29 所示。硬件中断是被最底层的那些
组件直接处理的。在执行完中断处理函数后,会触发一系列其他指令、事件,这些指令和
事件随后生成任务。生成任务后,事件的处理要在中断处理函数完成后才会被处理。全
部处理完成后,处理器又被置于睡眠状态,直到有新的事件需要处理时,才会再次被唤醒。

程序通过 OscilloscopeM. StdControl. start()调用 TimerM. Timer. start()开启了一
个定时器。该定时器设定每隔 125 个时间单位产生一次时钟硬件中断。每当发生硬件中
断时,处理器的程序指针会自动地跳转到该硬件中断所对应的中断向量处,并开始执行该

图 12.29　TinyOS 事件驱动机制流程图

指令地址处存放的指令。与此同时，根据连接情况，下层组件逐步地调用上层组件，以实现事件处理程序，从而实现 TinyOS 的事件驱动机制。

（2）基于 TinyOS 的消息通信机制

TinyOS 所采用的通信方式是主动消息通信。主动消息模式是面向消息通信（Messaged-based Communication）的高性能通信模式。

TinyOS 的消息由默认的 40 个字节组成，并用一个结构体对象对消息进行维护，因为消息中包含了 addr、type、group 等信息，故被称为主动消息（Active Message，AM）。消息的定义如下：

```
typedef struct TOS_Msg
{
    uint16_t addr;
    uint8_t type;
    uint8_t group;
    uint8_t length;
    int8_t data[TOSH_DATA_LENGTH];
    uint16_t crc;
    uint16_t strength;
    uint8_t ack;
    uint16_t time;
    uint8_t sendSecurityMode;
    uint8_t receiveSecurityMode;
} TOS_Msg;
```

TOSH_DATA_LENGTH 是指 TinyOS 消息的数据部分的长度，其默认值为 29 个字节，但该长度值并不是不可改变的，可以通过修改 Makefile 文件中 MSG_SIZE 的大小使其达到最大值为 36。

消息主要由三部分组成——帧头、数据和 CRC 校验，如表 12.8 所示。

表 12.8　消息的构成

组成部分	帧头	数据	CRC 校验
所占字节数	5	29	

完整的消息格式如表 12.9 所示。其中,数据部分不得超过 29 字节。

表 12.9　完整的消息结构

域		所占字节数
目标地址		2
主动消息句柄 ID		1
组群 ID		1
数据长度		1
数据	目标节点 ID	2
	计数器	2
	ADC 通道	2
	ADC 数据	每 2 个字节 10 个数据

系统发送和接收消息的主要过程如图 12.30 所示。

(a) 消息发送过程

(b) 消息接收过程

图 12.30　系统发送和接收消息的过程

在消息的产生、接收、发送过程中,有用户接口组件(GenericComm)、消息分类组件(AMStandard)、CRC 校验组件(CRCPacket、NoCRCPacket、MicaHighSpeedRadioM)、消息收发组件(FramerM,包括收消息组件 ReceivMsg 和发消息组件 SendMsg)、数据收发组件(SecDedRadioByteSignal,包括字节收发接口 ByteComm 和位收发接口 Radio)等多个组件参与。每个组件都需要完成不同的功能,各组件之间相互协作,共同完成消息的产生、接收和发送任务。

用户接口组件 GenericComm 是由系统提供给用户的、标准的使用接口。然而,有些时候为了最大限度地提高使用上的灵活性,在实际应用的过程中,也可以采用选取栈中层组件提供的接口的方法。当然,并不是所有的组件都必须使用用户接口组件提供的接口。对于那些没有使用用户接口组件提供接口的组件,直接从用户接口组件下层的组件中抽取接口,达到完成数据接收、发送的功能。

TinyOS 操作系统针对无线通信技术,实现从位到字节层次的收发任务,是通过使用数据收发组件来实现的。消息收发组件负责消息的收发,并将收到的字节组合成主动消息。在 CRC 校验层,完成消息中所包含数据的校验工作。在这一层,有三个实现组件:

CRCPacket、NoCRCPacket、MicaHighSpeedRadioM。在实际应用过程中,需要针对每个具体的应用有针对性地选择不同的实现组件。

发送数据时,程序调用了带有目的地址、消息大小和消息数据这三个参数的 send()命令。消息数据的目的地址 TOS_BCAST_ADDR(0x0fff)表示是无线广播,TOS_UABT_ADDR(0x007e)表示是用于将消息发送到串行端口。

当消息发送完成时,SendMsg.send()命令触发 SendMsg.sendDone()事件。若 send()命令能够被成功地执行,消息会用等待的方式将排队发送出去;若执行失败,消息发送组件将不能接收到任何消息。

为了避免因为内存管理而消耗大量的资源,TinyOS 活动消息缓冲区严格地在执行并发操作的同时,执行交互所有者协议。当消息层接收到 send()命令时,它将拥有发送缓冲区的使用权,并且能够请求组件等到 sendDone()事件发生完毕后,再对缓冲区进行修改。

(3) 节点任务的实现

在本设计中,传感器节点需要完成的主要任务包括: 采集被监测范围内的环境数据,并将这些数据进行一定的处理后发往汇聚节点。在对节点程序编写代码的过程,选用了 nesC 语言,其代码包括模块部分和配件部分。其中,配件部分的代码如下:

```nesc
configuration Oscilloscope { } //配件 Oscilloscope 是顶层配件,不提供和使用任何接口
implementation
{
    //声明 Oscilloscope 配件所用到的组件
    components Main, OscilloscopeM, TimerC, LedsC, DemoSensorC as Sensor,
    UARTComm as Comm;
    /* 列出了 Oscilloscope 配件中各组件间的调用关系。其中,箭头左侧使用的接口是由箭头
        右侧的组件提供的 */
    Main.StdControl -> OscilloscopeM;
    Main.StdControl -> TimerC;
    OscilloscopeM.Timer -> TimerC.Timer[unique("Timer")];
    OscilloscopeM.Leds -> LedsC;
    OscilloscopeM.SensorControl -> Sensor;
    OscilloscopeM.ADC -> Sensor;
    OscilloscopeM.ADC -> Comm;
    OscilloscopeM.ResetCounterMsg ->
    Comm.ReceiveMsg[AM_OSCOPERESETMSG];
    OscilloscopeM.ResetCounterMsg -> Comm.SendMsg[AM_OSCOPEMSG];
}
```

Oscilloscope 配件描述了 Oscilloscope 程序的顶层配置结构,如图 12.31 所示。图中的箭头代表调用关系,箭头起始端的配件为接口使用者,终止端的配件为接口提供者。

在模块部分,Oscilloscope 提供了 StdControl 接口供其他组件调用。使用了 Timer、Leds、ADC、StdControl、SendMsg、ReceiveMsg 等接口对节点进行控制。Main 使用的 StdControl 接口有两个实现途径:由 OscilloscopeM 和 TimerC 提供的 StdControl 接口实现。OscilloscopeM 使用的 Timer 接口由 TimerC 提供的 Timer[unique("Timer")]接

图 12.31　程序的顶层配置结构图

口实现。OscilloscopeM 使用的 Leds 接口由 LedsC 提供的 Leds 接口实现。

OscilloscopeM 使用的 SensorControl 接口由 LedsC 提供的 SensorControl 接口实现。

OscilloscopeM 使用的 ADC 接口有两个实现途径：由 Sensor 和 Comm 提供的 ADC 接口实现。OscilloscopeM 使用的 ResetCounterMsg 接口由 Comm 提供的 ReceiveMsg［AM_OSCOPERESETMSG］和 SendMsg［AM_OSCOPEMSG］实现。

这里具体地分析程序的启动过程。

Oscilloscope 程序是在模块 RealMain 被编译后开始运行的。RealMain 的配件结构图如图 12.32 所示。在 RealMain 模块中实现了函数 int main( )_attribute_((C, spontaneous))，其作用是为 Oscilloscope 提供启动的执行函数，即类似于 C 语言里面的 int main()函数。RealMain 的 hardwareInit()接口调用 HPLInit 的 init()接口，后者又直接调用一个初始化硬件电路引脚的宏函数，从而达到初始化硬件引脚的作用。同样的道理，RealMain 的 Pot 接口的 init()函数调用 PotM 的 Pot 接口的 init()函数，后者根据实际需要进一步调用相关函数，完成设置节点硬件初始电压的任务。完成了硬件的相关初始化和设置后，还需要对该程序的相关组件进行相应的初始化工作。在程序设计的时候，通过 RealMain 的 StdControl 接口的 init()函数调用 TimerM 和 OscilloscopeM 的相应的接口和函数，实现初始化组件的目标。

软、硬件的初始化工作都完成后，就可以循环地从任务队列中按照"先进先服务"的原则执行任务，开始节点数据采集的工作了。采集工作结束后，节点会将采集到的数据通过多跳的方式发送到汇聚节点。随后，节点的定时器功能将被开启，并判断节点是否进入中断的状态，如此反复地执行监测工作。

（4）TOSSIM 仿真

TOSSIM 是 TinyOS 传感器网络的仿真器，可运行在普通的 PC 终端计算机上。在 TOSSIM 的仿真模拟环境下，TinyOS 的应用程序被直接编译到 TOSSIM 体系中。然而，TOSSIM 并不是 TinyOS 系统万能的模拟器，TOSSIM 只提供除传感器节点硬件以外的全部软件模拟，允许与实际节点有相同代码的模拟节点在普通计算机上的大规模模拟仿真。同时，能进行程序的调试工作。将写好的代码用 TOSSIM 调试，确认无误后再导入实际的节点中，可防止因为代码编写错误而导致的节点硬件损坏，减少了系统开发过程中

图 12.32　RealMain 程序的配件结构图

不必要的损失。

以 OscilloscopeM 的 StdControl 接口的 init 函数为例，针对 Oscilloscope 程序的 gdb 调试过程如图 12.33 所示。

```
$ gdb main
GNU gdb 6.5.50.20060706-cvs (cygwin-special)
Copyright (C) 2006 Free Software Foundation, Inc.
GDB is free software, covered by the GNU General Public License, and you are
welcome to change it and/or distribute copies of it under certain conditions.
Type "show copying" to see the conditions.
There is absolutely no warranty for GDB.  Type "show warranty" for details.
This GDB was configured as "i686-pc-cygwin"...
(gdb) break *OscilloscopeM$StdControl$init
Breakpoint 1 at 0x402601: file OscilloscopeM.nc, line 74.
(gdb) run 1
Starting program: /opt/tinyos-1.x/apps/Oscilloscope/build/pc/main.exe 1
Loaded symbols for /cygdrive/c/WINDOWS/system32/ntdll.dll
Loaded symbols for /cygdrive/c/WINDOWS/system32/kernel32.dll
Loaded symbols for /usr/bin/cygwin1.dll
Loaded symbols for /cygdrive/c/WINDOWS/system32/advapi32.dll
Loaded symbols for /cygdrive/c/WINDOWS/system32/rpcrt4.dll
Loaded symbols for /cygdrive/c/WINDOWS/system32/secur32.dll
SIM: Random seed is 656250

Breakpoint 1, OscilloscopeM$StdControl$init () at OscilloscopeM.nc:74
74          command result_t StdControl.init() {
```

图 12.33　使用 gdb 调试 Oscilloscope 程序的示例

利用 TOSSIM 进行模拟的过程如下所述。

打开一个 cygwin，输入命令 C:/tinyos/cygwin/opt/tinyos-1.x/apps/Oscilloscope 进入应用程序所在目录。运行 make pc，系统会自动编译程序，并在该目录下生成一个 build\pc 文件夹，其中就有生成的 main.exe。最后输入命令"export DBG＝am,led,"，该命令表示仅输出与主动消息和亮灯情况相关的信息。按回车键后，继续输入 build/pc/main.exe -gui 3（这里的"3"表示设置了 3 个无线传感器模拟节点），程序会自动连接到图形化界面 TinyViz。此时，另外打开一个 cygwin，进入目录 C:/tinyos/cygwin/opt/tinyos-1.x/tools/java/net/tinyos/sim，运行命令 make。在程序编译成功后运行 java net.tinyos.sim.TinyViz，系统会自动打开 TinyViz 的界面，如图 12.34 所示。

图 12.34　TinyViz 初始界面

　　该图的右半部分为控制面板,通过它可以与控制 TinyViz 的所有插件进行交互。该图的左边为传感器网络的图形显示区域,图中所示的三个点即为所模拟的三个节点,其分布是随机的,可根据需要拖动。三个节点中间有红、绿、黄三种颜色,如图 12.35 所示,分别模拟传感器上红、绿、黄三种颜色的灯,节点左上方的序号表示该节点的编号。

图 12.35　模拟节点

　　将 Plugins 菜单选为 ADC Reading、Debug messages、Radio model 后,单击 TinyViz 界面上的绿色按钮 ▷ ,软件开始模拟。模拟过程中可以看到,3 个节点中每隔 1s 就会有节点随机地亮起红灯,在右方 Debug 信息栏里同时显示节点收到亮灯命令和亮灯情况。利用上方的 Delay 进度条可调节延迟时间,如图 12.36 所示。

　　① ADC Reading:显示每个微粒附近每个 ADC 信道最近的数值,0 号节点旁显示 port 1:0x21d,如图 12.37 所示。

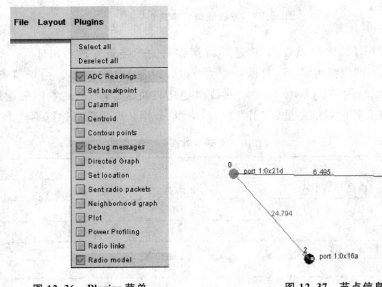

图 12.36　Plugins 菜单　　　　　　　　图 12.37　节点信息

　　② Debug messages:显示由模拟产生的所有调试消息的窗口。用户可以通过选中微粒组来选择查看消息,还可以高亮显示符合特定模式的消息,如图 12.38 所示。

　　③ Radio model:当某个微粒向另外一个微粒发送消息时,就在这两个微粒之间画上

```
[0] LEDS: Red off.
[1] LEDS: Red on.
[2] LEDS: Red off.
[2] Sending message: 7e, a
[2] 7e
[2] 00
[2] 0a
[2] 07
[2] 1a
[2] 02
[2] 00
[2] 04
[2] 01
[2] 01
[2] 00
[2] 05
[2] 03
[2] 57
[2] 02
[2] a1
[2] 00
[2] fa
```

图 12.38　Debug 信息栏

一个有向箭头。不管这些传输是否成功,都会显示出来。如果某个微粒试图发送一个消息但失败了或包丢失了,箭头仍将画出。

在 cygwin 中,对应显示的信息如图 12.39 所示。

```
0: LEDS: Yellow on.
1: LEDS: Red on.
2: LEDS: Red off.
0: LEDS: Red off.
1: LEDS: Red off.
1: Sending message: 7e, a
        7e 00 0a 07 1a 01 00 38 09 01 00 c1 03 10 00 f4 03 12 02 05 02 13 00 8c
03 6d 02 de 03 8c 02 00 00 00 01 00 00 00 00 00 00 00 00 00
```

图 12.39　发送数据包格式

从图 12.37 和图 12.38 可以看到,传感器将接收到的光强值发送到地址 0x7e00,应用程序类型为 0x0a,网络组为 0x07,数据长度为 0x1a,如表 12.10 所示。由于节点运行的过程中,Debug 信息栏和 Cygwin 所显示的数据变化较快,会有不同的数据被截取到,但是采集到的数据发往的目的地址、应用类型、网络组、数据长度等信息保持不变。

表 12.10　传感器消息

	目标地址	7e00
	主动消息句柄 ID	0a
	组群 ID	07
	数据长度	1a
数据	目标节点 ID	01 00
	计数器	38 09
	ADC 通道	01 00
	ADC 数据	c1 03 10 00 f4 03 12 02 05 02 13 00 8c 03 6d 02 de 03 8c 02 00 00 00 01 00 00 00 00 00 00 00 00 00

再打开一个 cygwin 窗口,转到 toos/java 目录下并运行如下命令:

java net.tinyos.sf.SerialForwarder &

一个 GUI 窗口将被打开,如图 12.40 所示。

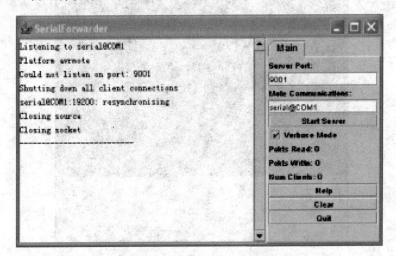

图 12.40　串口数据接收程序演示

其中,@ 后面的 COM1 表示节点连接在计算机的 COM1 口上,其比特率为 19200bps。SerialForwarder 程序用来从串口读取数据包的数据,并将其转发。

接着,以图形化的方式显示来自于传感器节点的数据。运行如下命令:

java net.tinyos.oscope.oscilloscope

可以看到一个 GUI 窗口,如图 12.41 所示。

在图 12.41 中,X 轴表示数据包的数量值,Y 轴表示所测得的光强数值。图形可通过下方控制面板上的 Zoom In X、Zoom Out X、Zoom In Y、Zoom Out Y 来放大、缩小,以便更清晰地读取数据。采集到的数据可通过 Save Data 按钮来存储,用于后续的分析和比较工作。

本系统所采用的无线传感器网络实现的环境监测与传统的环境监测系统相比,有以下突出的优点。

① 无线传感器节点体积小,整个网络只需一次部署即可,极大地减少了人为因素对监测环境的影响。这一特点对于那些对环境敏感的场所非常适用。

② 传感器节点数量众多、分布广,可以全面地采集被监测区域的数据。大量的数据给后续工作提供了极大的便利。

③ 无线传感器节点本身具有一定的数据计算能力和数据存储能力,可根据需要进行较为复杂的监控。另一方面,节点的无线通信能力使得节点间的协同工作成为现实,提高了无线传感器网络的实用性。

④ 程序设计采用分层设计思路,选用基于组件化的编程语言——nesC 语言,提高了系统的可复用性,同时保证了系统的升级和更新速率。

图 12.41 光强测量值曲线

本节设计的环境监测系统具有操作简单、方便实用、成本低廉、可扩展性能高、可靠性高等特点,具有广泛的应用前景,不但可以应用于大范围监控领域,如森林防火、洪灾预警、生态研究,也可应用于智能家居、智能建筑等小型监控领域。

参 考 文 献

[1] 熊茂华. ARM9 嵌入式系统设计与开发应用[M]. 北京：清华大学出版社,2008.

[2] 熊茂华. ARM 体系结构与程序设计[M]. 北京：清华大学出版社,2009.

[3] 杨震伦,熊茂华. 嵌入式操作系统及编程[M]. 北京：清华大学出版社,2009.

[4] 熊茂华,等. 嵌入式 Linux 实时操作系统及应用编程[M]. 北京：清华大学出版社,2011.

[5] 熊茂华,等. 嵌入式 Linux C 语言应用程序设计与实践[M]. 北京：清华大学出版社,2010.

[6] 熊茂华,等. 物联网技术与应用开发[M]. 西安：西安电子科技大学出版社,2012.

[7] 王汝林,王小宁. 物联网基础及应用[M]. 北京：清华大学出版社,2011.

[8] 王汝传. 无线传感器网络技术及其应用[M]. 北京：人民邮电出版社,2011.

[9] 张少军. 无线传感器网络技术及应用[M]. 北京：中国电力出版社. 2010.

[10] 陈林星. 无线传感器网络技术与应用[M]. 北京：电子工业出版社,2009.

[11] 林凤群. RFID 轻量型中间件的构成与实现[J]. 计算机工程,2010(9).

[12] 孙剑. RFID 中间件在世界及中国的发展现状[J]. 物流技术与应用,2007,12(2).

[13] 丁振华,李锦涛. RFID 中间件研究进展[J]. 计算机工程,2006,32(21).

[14] 王立端,杨雷. 基于 GPRS 远程自动雨量监测系统[J]. 计算机工程,2007(8).

[15] 伍新华. 物联网工程技术[M]. 北京：清华大学出版社,2011.

[16] 刘琳,于海斌. 无线传感器网络数据管理技术[J]. 计算机工程,2008(1).

[17] 赵继军. 无线传感器网络数据融合体系结构综述[J]. 传感器与微系统,2009(10).

[18] 孙利民. 无线传感器网络[M]. 北京：清华大学出版社,2005.

[19] 薛莉. 无线传感器网络中基于数据融合的路由算法[J]. 数字通信,2011(6).

[20] 成修治,李宇成. RFID 中间件的结构设计[J]. 计算机应用,2008,28(4).

[21] 褚伟杰. 基于 SOA 的 RFID 中间件集成应用[J]. 计算机工程,2008,34(14).

[22] 彭静. 无线传感器网络路由协议研究现状与趋势[J]. 计算机应用研究,2007(2).

[23] 蔡殷. 基于无线传感器网络的光强环境监测系统设计[D]. 广州：华南理工大学图书馆,2009.

[24] 褚文楠. 无线传感器网络中间件技术研究及在温室环境监测中的应用[D]. 广州：华南理工大学图书馆, 2009.